碰撞与冲突：帕拉斯玛建筑随笔录

JUHANI PALLASMAA,ENCOUNTERS–ESSAYS ON ARCHITECTURE

尤哈尼·帕拉斯玛简介

生于1936年的尤哈尼·帕拉斯玛（Juhani Pallasmaa）是芬兰当代建筑领域最重要的人物之一，他在多方面继承和发扬芬兰最优秀的设计文化传统。与芬兰现代建筑史上三位最伟大的导师老萨里宁、阿尔托和布隆姆斯达特（Aulis Blomstedt）一样，帕拉斯玛也是多才多艺并且精力充沛地完成多领域的工作。

作为开业建筑师，他的设计作品从城市规划和建筑设计一直涵盖到展览设计、产品设计、美术设计和艺术创作；作为建筑教育家，他曾经担任赫尔辛基理工大学建筑系教授和院长、赫尔辛基工艺美术学院院长、《芬兰建筑评论》主编，并多年担任普利兹克建筑奖评委及评委会主席，曾在美国华盛顿大学、哈佛大学、耶鲁大学等世界著名高校做兼职教授，并在欧洲、北美、南美、非洲和亚洲各地授课；作为一位著作等身的学者，他已出版40余部著作和作品集，并发表500余篇文章，其兴趣范围之广，包括从建筑史到建筑理论，从文化哲学到人类学，从艺术评论到影视研究。帕拉斯玛是当今世界公认的最重要的建筑评论家之一。他的作品集和著作已在世界各地以30余种语言出版。

其作品集包括：《尤哈尼·帕拉斯玛建筑师：感官性极少主义》（北京，2002年）；《静默的沉思：尤哈尼·帕拉斯玛建筑部件与草图》（马德里，1999年）；《静默的建筑》（巴黎，1994年）；《小型建筑》（赫尔辛基，1991年）。

其著作包括：《理解建筑》（伦敦，2012年）；《思考的手》（新泽西州，2008年）；《影像的建筑：电影中的存在空间》（赫尔辛基，2002年）；《动物的建筑：动物建造活动中的生态功能主义》（兰萨罗特，2001年）；《阿尔托·阿尔瓦：迈雷亚别墅1938—1939》（赫尔辛基，1998年）；《皮肤的眼睛：建筑与感言》（伦敦，1996年）；《梅尔尼科夫住宅》（伦敦，1996年）；《木材的语言》（赫尔辛基，1987年）等。

帕拉斯玛的多方面成就为他赢得了众多的国内外奖项，其中包括2000年芬兰国家大奖、1999年建筑评论让·乔米奖、1997年德国建筑艺术弗舒马赫奖、1996年俄罗斯联邦建筑奖、1992年芬兰建筑大奖。

尤哈尼·帕拉斯玛肖像

世界设计反思与探索丛书
方海主编

碰 撞 与 冲 突： 帕 拉 斯 玛 建 筑 随 笔 录

JUHANI PALLASMAA, ENCOUNTERS-ESSAYS ON ARCHITECTURE

（芬）尤哈尼·帕拉斯玛（Juhani Pallasmaa） 著
（德）美霞·乔丹（Meixia Jordan） 译
（芬）方 海（Hai Fang） 校

南京·2014

图书在版编目（CIP）数据

碰撞与冲突：帕拉斯玛建筑随笔录 /（芬）帕拉斯玛著；（德）美霞·乔丹（Jordan M.）译.—南京：东南大学出版社，2014.5

（世界设计反思与探索丛书 / 方海主编）

ISBN 978-7-5641-2806-7

Ⅰ.①碰… Ⅱ.①帕… ②乔… Ⅲ.①建筑—文集 Ⅳ.①TU-53

中国版本图书馆CIP数据核字（2014）第021086号

书　　名：碰撞与冲突：帕拉斯玛建筑随笔录
著　　者：尤哈尼·帕拉斯玛（Juhani Pallasmaa）
译　　者：美霞·乔丹（Meixia Jordan）　　校　　者：方　海（Hai Fang）
责任编辑：孙惠玉　徐步政　　编辑邮箱：894456253@qq.com

出版发行：东南大学出版社
社　　址：南京市四牌楼2号　　邮　　编：210096
网　　址：http://www.seupress.com
出 版 人：江建中

印　　刷：江苏凤凰扬州鑫华印刷有限公司　排　　版：江苏凤凰制版有限公司
开　　本：787mm × 1092mm(1/16)　　印　　张：21　　字数：462千
版　　次：2014年5月第1版　2014年5月第1次印刷
书　　号：ISBN 978-7-5641-2806-7　　定　　价：79.00元

经　　销：全国各地新华书店　　发行热线：025-83790519 83791830

前言：建筑的存在意义

我从来没有打算或者决心要成为一名作家。我也从来没有打算要成为一名建筑师，在我的高中时代，我本打算成为一名医生，更具体地说，成为一名外科医生。然而，在1957年，因为一些我自己也说不清的原因，我决定参加赫尔辛基建筑学院的入学考试。不过，当看到学校墙壁上由伊利尔·沙里宁（Eliel Saarinen）创作的鼓舞人心的彩绘时，我就确信，这正是一所合适我的学院。早在求学期间，除了正常的建筑设计工作，我开始进行展览设计和图形产品设计，也对写作萌发了兴趣。自从20世纪60年代首次发表了一些简短又羞涩的文章之后，在不知不觉中，我逐渐投入写作，直到在过去的几年中，从付出的思考和时间来看，我在文学方面的参与已经超出了我作为一名建筑师的工作。一年前，我已经完全停止接受任何设计任务，现在的我只专注于写作以及国际性的讲座、教学和管理工作。

我不认为我所从事的这两种基本职业之间存在着任何本质上的区别，因为设计与写作是观察建筑工艺的两种不同方式，并通过建筑而宏观地观察世界。我最欣赏的哲学家莫里斯·梅洛·庞蒂（Maurice Merleau-Ponty）曾经这样写道："我们不是来看这个作品，而是要看这个作品所展现的世界。"事实上，设计与写作始终既是同步的，又是背道而驰的；既从内心出发，走向世界，又向内发展，进入人的自我意识。任何真正的艺术项目，其主要兴趣，就是关于存在之谜。进行建筑设计与展开相关的写作，都起源于对世界和人类生活的好奇感，现象学哲学思考路线的创始人之一，埃德蒙德·胡塞尔（Edmund Husserl），曾经这样表达说，这种方式意味着对现象采取一种"纯观察"。我始终使用那种豁达的观察方式，坚持着"现象学"的态度，尽管最初我甚至根本不知道这个概念。

就职业服务的传统意义而言，我没有把建筑当做我的“专业”，我仍然觉得自己只是一位没有安全感的、时感惊奇的业余人士。对我来说，从事建筑行业意味着拥有一个特殊的良机，能够在同一时间对物质和精神的、实用和诗意的、物质和象征性的、文化和个人的现实进行探查。事实上，建筑似乎是今天存在的作为连接基本文化分界的桥梁的唯一一门学科—— C. B. 斯诺（C. B. Snow）把它命名为“两种文化”。我们当前的文化渴望对不相容的种类和对立进行分离与区分，但是，从体验角度来看，我们并非处于物质和精神分离的世界，这些看似相反的现实，与我们对有意义的、连贯的、世界性的体验融为一体。建筑是这些领域之间举足轻重的调解员。建筑扮演了和解的角色， 它是一个综合体和一门跨领域的学科。 它在实践中包含并融合了一些充满了矛盾的、不可调和的类别，例如物质性和精神意图、工程和美学、自然存在事实和文化信仰、知识和梦想、过去和未来。除了按照传统而依赖于沉默的永恒的建筑实践知识之外，建筑主要建立在其他领域的研究与知识的理论和研究结果之上。在文艺复兴时代，建筑渴望能把自己从一项工艺而提升到一个受人尊敬的，与算术、几何、天文和音乐（中世纪的四艺，quadrivium）并称的“数学艺术”。在过去的几十年里，心理学、精神分析学、人类学、结构主义语言学以及解构和现象学哲学都运用不同的理论观点对建筑进行过观察。最近的理论兴趣则来自于神经科学和建筑的相互作用。

在所有的艺术里，意义的出现是最有趣和最重要的方面。电脑能够制出非同寻常的复杂的图案和形式，但是，只有人的心灵、记忆和想象力才能够为物质世界赋予意义。究竟是什么促使某种物质情形或者条件可以传播和蕴含意义呢？艺术作品和建筑作品是如何激发和提升人的精神的呢？

我把建筑更看成是一种存在状况，而不是一个技术性的问题，因此，依我所见，建筑从本质上来说是一种艺术形式，尽管它的确基于实用的、物质和技术性的现实。建筑同时具备两种相反的起源：实用与诗意。我们的工艺所面对的关键任务就是要把诗性的意义体验灌输到我们的实用性、物质性的建造活动中去。在我们这个极端唯物主义和准理性的时代，诗意的维度比以往更为重要。按照我对建筑和生活的看法，就建造活动而言， 艺术现象始终占据一个决定性的地位。只有艺术才能够实在而清晰地阐明我们所面对的基本生存问题，对世界情况的体验与碰撞要比了解它们更为重要。 生活不是关于理解，而是把自己投身到现象中去，与其他人一起参与和分享责任。同样，制造建筑主要不是一个技术性更不是审美性的“专业”问题，而是关于个人认同、同情和怜悯。建筑作品，在它从我们共享的现实中得到具体化之前，必须由它的创造者通过其想象而真实地存在过、碰撞过。奇妙的是，建筑必须在被建造之前就经历过体验。

设计工作是对未知领域进行不断的探索，是设计师借助建筑媒介来重复表达其存在感。写作是一种类似的、对艺术和建筑的实质，以及它们与生活和文化传统的互动所进行的执着探索。作家的语言能够运用同样的方式制造出一种想象中的碰撞，它具有鲜明的思想和情感境界，就像我们与建成的空间、形式所产生的碰撞一样。

对于我来说，艺术的参与、设计和写作，主要并非是一些个体性的任务，这是因为它们和艺术文化的传统之间建立了一种耐心的、终身的对话。从本质上来看，所有创造性的作品都经历过历史和自身时代的思想家、制造者与艺术家的合作、对话和互动。我们所体验的不是一个孤立的艺术作品，它总是存在于其他作品的背景中。一个人的最亲密的导师或者想象中的同事可能早在几百年前就逝去了。作为一名作家和设计制作者，让我最感到满意的，就是我对文化传统的财富与活力有所参与、有所贡献，尽管它是微不足道的，以及在那种文化传统的连续性中感知一个人的谦卑的、难以发觉的角色。

从20世纪60年代开始，我已经用30多种语言出版了40多种书籍，以及500余篇论文。然而，在我写作的时候，我从来没有考虑过潜在的读者，因此，对我来说，我的论文最终能够拥有广泛的读者群，的确是一个真正的惊喜。同样出人意料的是，我体验到我的兴趣领域正在不断扩大，而不是缩小和集中。

对于这次中文出版的论文合集《碰撞与冲突：帕拉斯玛建筑随笔录》，我感到非常地高兴和自豪，我更感到高兴的是，它被列入由我的忘年交方海教授主编的、中国东南大学出版社出版的《世界设计反思与探索丛书》中。 在2002年，中国建筑工业出版社曾经出版过一本标题为《尤哈尼·帕拉斯玛：感官性极少主义》 的书，它由方海教授主编，该书介绍了我在建筑、展览、产品和图形设计方面的作品，并收录了我的4篇论文。而这本合集中的17篇论文和采访对话，跨越1985年至2012年计28年的岁月，主要来源于我的两部英文合集 Encounters 1 & 2（由赫尔辛基的Rakennustieto有限公司出版）。

尤哈尼·帕拉斯玛

2013年6月10日于赫尔辛基

目录

图0：模数制225，1968—1972年。工业化的夏日住宅系统，与克里斯蒂安·古力克森合作设计，1969年建成的第一个模型。作者：Kaj Lindholm

Figure 0: Modular 225, industrial summer hoouse system, 1968-1972. Designed in collaboration with Kristian Gullichsen. The first built prototype,1969. Photo Kaj Lindholm

图1：旅行速写，南非开普敦的魔鬼山，1998年8月23日。彩色粉笔画。

Figure 1：Travel sketch, Devil's Peak, Cape Town, South Africa, 23 August, 1998. Colour pastels

Chapter 1

感知的几何学：建筑中的现象学（1985年）

为什么只有寥寥无几的现代建筑物能够真正地吸引我们，而一个默默无闻的、坐落在老城区或者平凡农场的住房，却能够带给我们熟悉和愉悦的感觉？为什么在杂草丛生的牧场上发现的石基、一个破旧的谷仓，或者，一个废弃的船屋，能够激发出我们的想象力；相对而言，那座属于我们自己的房子，却似乎窒息和扼杀着我们的白日梦？我们这个时代的建筑物，也许能够凭借它们的大胆或者独创性而引起我们的好奇，然而，对我们的世界或者人类的生存来说，它们却意义甚微。

人们正在努力振兴走向衰弱的建筑语言，他们创造出更加丰富的建筑术语，并且重新采用复古的主题。尽管这类非常前卫的作品具备了多样化的特点，然而，就如同它们本身所反抗的、那种经过冰冷的技术方式创建出来的建筑物一样，这些作品也缺乏真正的意义。

在近期的建筑理论著作中，许多作者都抨击了建筑缺乏内涵的现状。有一些作者认为，我们现代建筑的缺点是形式上过于贫乏；其他人则声称建筑的形式过于抽象或者过于理智。从哲学角度来看，我们文化中的享乐唯物主义导致人类文明中有意义的那些部分正在逐渐消失，因此，那些值得我们用砖石来永久保存的事物也消失了。正如路德维希·维特根斯坦所言：“建筑，是赞美某物，并且使之永存不朽。如果值得赞美的事物不再存在，建筑，也不再存在。”①

玩弄形式的建筑

作为一门专业，建筑学已经逐渐脱离其最初有目的性的背景，而演变成一门能够自我确定规则和价值体系的学科。建筑学这个技术领域始终能为自己确认一种自由的艺术表现形式。《建筑学和现代科学的危机》是一本近年出版的、最为重要的建筑理论书籍之一，它的作者是墨西哥建筑师和学者阿尔贝托·佩雷斯·戈麦斯。在书中，作者指出建筑是这样进入理智的死胡同：

下面的这种假定——建筑能够从功能主义中获得意义，对形式进行游戏组合，风格的连贯性和合理性，宛如装饰性的语言；或者，在设计中使用生成结构——这些都标志着西方建筑在过去两个世纪里的演变。建筑理论从而退化成一种自我指涉的系统，在这个系统中，它的元素必须通过数理逻辑进行结合，从而伪装成其价值和意义是从系统本身派生而出的。②

我们很难找到充足的理由来反驳佩雷斯·戈麦斯的思路，因为历史提供的证据印证出他的观点的正确性。通过一些额外的现存证据，我们可以确认建筑的确已经脱离了它特有的背景和目的。我在此不得不对建筑形式和建筑体验之间存在的关系问题提出质疑。在建筑设计中，建筑师往往把精力过度集中在对形式的玩弄上面，而忽略了在现实中对建筑的体验。我们错误地把建筑当成一种形式的组合来理解和评估，而不再把它看成一个隐喻，更不用说去体验藏在该隐喻背后的那个现实。

总体而言，我们应该深思熟虑的是：形式或者是几何图案是否能够激发出人们体验建筑的欲望和情感？形式，是否是建筑中最真实和最可靠的元素？还有，墙壁、窗户或门这些建筑元素，它们是否是取得实际建筑效果的真正元件？

元素孤立论的假象

元素孤立论和简化论一直主导着现代科学的发展。每一个被如此定义的现象都会被分解成基本元素和相互关系；现象则被视为是这些元素的总和。卡尔·冯·林耐对植物的分类，安托万·洛朗·拉瓦锡对化学现象的分类，以及杜兰德的合理化建筑系统，这些都是该理论初期的代表产物。

元素孤立论也在艺术和建筑的理论、教学和实践中占据着主导地位。与此同时，这些艺术已经被简化成完全依赖视觉敏感度的艺术形式。在包豪斯的设计教学中，在对建筑的教导和分析中，建筑师需要玩弄形式，需要组合各种形式和空间的视觉元素。这种形式最终会获取某项特征，该特征通过调节视觉感知的强度来刺激我们的视觉感受（如同知觉心理学的研究）。建筑物被看成是按照人为选定的一系列基本要素组合成的一个实在的构成。然而，这样一种构成不再与除自身以外的任何现实体验接触，我们更不必期望它能够描绘和表达出我们的意识境界了。

佩雷斯·戈麦斯曾经描写过这种结果："现实生活中的诗意内容，世界的先验，这个具备真正意义的建筑的最终参考框架，被隐藏在一层厚厚的关于形式的解释下面。"③

然而，艺术作品难道不是和整个元素孤立论持对立状态的吗？我们能够确定的是，艺术作品的意义诞生于一个整体，诞生于那些融合局部的诗意图像，而不是简单的元素合并。

对建筑作品的形式结构进行分析，不一定能够揭示出该建筑的艺术质量，不一定能够阐明它产生影响的方式。对形式的分析，无法探知建筑蕴含的艺术精华，无法阐明它的影响方式。就让我们拿勒·柯布西耶设计的拉·图雷特修道院来举例说明。的确，我们可以对它的形式结构进行分析，这也是迄今为止大家采用过的唯一的分析方式。但是，这种分析方式却无法揭示出该建筑中对生命原始悲剧的隐喻，无法揭示出人们那种同时渴望活着和死去的复杂心情；人们既追求翱翔于九天之上，又期望固着于大地。这些感触都被强有力地调解和贯彻到建筑之中，与该建筑融合一体。这个建筑，既是一个可以提供安然休息的山洞，也是一个可以让你自由飞翔的飞行物。如果我们采用寻常的形式分析法，就不可能揭示出隐藏在这个建筑中的戏剧，"巨人的忧郁"，借用科斯特·阿兰德描述米开朗基罗雕刻在美蒂奇礼拜堂墙壁上作品的情感力量的措辞。[4]在这个神秘力量的中心，其重力要比日常生活中的引力密度更大，而其墙体的隐喻结构实际上是在抵抗着外面世界带来的压力，而不仅仅承担着普通的结构性的载荷。只有通过心理图像、联想、回忆，外加通过对作品的体验而产生的身体感受，才可能成功地传递出建筑的艺术信息。真正的艺术作品必然会影响我们的潜意识，让它不满足于平庸，促使我们把注意力集中到现实中更深层的结构上面。

意象建筑

艺术作品的艺术性尺度不存在于它的物理实体，而只存在于它的体验者的意识之中。对一件艺术作品进行分析，在其最真实的层面上，是对其所属意识的一种反思。艺术品的真正意义不存在于它的形式之中，而是存在于借助形式而传递出的图像里，以及在这些图像中蕴含的那些情感力量之中。形式，只有当它蕴含了某种象征意义，才能够对我们的感觉产生影响。

在教学和评判还没有澄清建筑学中的体验部分和精神部分之前，他们将与建筑学的艺术本质失之交臂。当前专业人士为了丰富建筑学的术语，挖空心思，创造出许多多样化的建筑形式，归根结底，他们对艺术的本质仍旧缺乏了解。一件艺术作品是否丰满，取决于人们在观赏它时能否带来图像的生命力。然而，让人疑惑的是，那些由最简单和最原始的形式引导出的图像往往最具诠释性。后现代主义者（表面上）虽然喜欢采用返古的题材，他们创作出的作品往往缺乏感性。他们之所以会失败，正是因为这些拼贴而成的建筑主题不再和建筑的现象学的真实感觉有任何关联。

埃兹拉·庞德在他的《阅读ABC 中》曾经对读者发出这样的警告：“…… 离开舞蹈太远，音乐就会枯萎…… 离开音乐太远，诗歌就会枯萎。”[5]同样的道理，建筑也有自己的渊源，如果离开这个渊源愈行愈远，建筑也会失去效用。复兴艺术，意味着重新发掘它深藏的本质。

艺术的语言，就是被我们的生存所认同的隐喻语言。如果艺术和栖身于我们潜意识中的、连接我们各种知觉的感知记忆毫无联系，艺术就会退化成毫无意义的、徒有虚表的装饰。体验艺术，就是让我们脑海中呈现的记忆和现实世界进行互相交流。正如阿德里安·斯托克斯所观察的：“从某种程度上来说，所有的艺术都起源于人体。”⑥

如果我们想要体验出建筑的意义和感觉，成功的关键，就是建筑效果必须能够与观赏者的体验相呼应。

建筑的本质

作为建筑师，在进行设计的时候，我们不应该把建筑完全当成一些实体；我们要先在自己的脑海中放入使用者的图像，设身处地去想象他们的情感，然后进行设计。正如保罗·瓦列里在他伟大的对话《尤帕里内奥，或者建筑师》中阐明的：“为了确保大厦流芳百世，一位建筑师可以运用无数高超的技巧，也可以努力揣摩未来观赏者的感觉，试图感应他们灵魂的振动。如果比较这两种不同的方法，那么前者的做法是不值一提的。”⑦因此，建筑的效果源自与建筑物相联系的或多或少的共享图像和基本情感。

现象学分析这些基本反应，其方法在近年来也成为研究建筑的一种更普通的手法。在对现象学哲学初期理论的研究中，我们肯定会经常遇到哲学家埃德蒙德·胡塞尔和马丁·海德格尔的名字。从本质上来说，现象学是内在的自我反省，它和实证主义者的追求客观性的立场正好相反。现象学描绘的是直接受意识影响的现象，而不使用任何自然科学或者心理学的理论和归类。因此，现象学就意味着我们必须要从意识的自身尺度出发来研究意识现象。因此，借用胡塞尔的概念，它是一种对现象的“纯观”，或者，是“直观其本质”。⑧现象学是一种纯粹的研究理论方式，完全符合希腊字Theoria 的原始本意，也就是“静观”。

因此，建筑的现象学是指通过正在经历、体验的意识来“静观”建筑物，通过建筑上的感觉，而不是对建筑的实体比例和特性进行分析，或者去设计出一个风格参考框架。建筑的现象学的主旨在于寻找出建筑的内在语言。

总体而言，因为缺乏客观性，对艺术采用的这种内在反省的方法，我们不得不仔细推敲和质疑。不过，对于艺术家的创意作品，人们似乎并不苛求它们具备同样的客观性。只有通过体验的艺术品才是现实的产品；所谓的体验作品，也就是再次创造出该作品的感觉部分。

在对建筑进行现象学分析时，其中最重要的“原始材料”之一就是我们对童年的记忆。我们习惯性地认为，童年的记忆是幼稚的意识的产物，并且，孩子的记忆力容量和精确度也是有限的。这些记忆虽然对我们自己来说具有巨大的吸引力，然而就像一切美梦一样，它们没有任何实用价值。其实这两个先入为主的想法都是错误的。我们能够确定的是，一些特定的、在早期记忆中形成的个人鉴别力和情感力量都被我们保存了下来，并且终生不变。这恰好可以证明出这些体验的重要性和真实性，就如同幻想和白日梦能够揭示出我们思想中最真实的和自然的内容一样。

在一篇估计写于1925年，尚未取过标题，也没有完成的论文中，阿尔瓦·阿尔托描述了他的一个发现：在一次聚会上，当男孩子们在挑选糖果的时候，他们会比较糖纸的颜色和包装的形状，而成人则偏向于那些印有城堡和村庄画面的“适宜旅游观光者的糖果”。他由此得出以下的结论：男孩子们会顺应他们被美丽的事物吸引时的瞬间本能行事；而成人的选择就具备很强的针对性。“不得不承认，美好的体验能够让我们本能地产生愉悦感。这个理论适用于所有直觉性的活动，比如创作时的喜悦和工作时的喜悦。遗憾的是，现代人，尤其是西方人，深受条理分析法的影响，以致他天生的洞察力和即时的接受力已经被大大地削弱。”⑨

目前，建筑现象学的任务就是仔细研究这个由阿尔托敏感地观察到的、反映出人类天生的纯意识的现象。

没有建筑师的建筑

建筑也在艺术的其他分支中出现或者被描述过，它们为建筑体验的现象论分析提供了丰富的原材料。在诗歌世界里，我们会经常读到相关建筑图像的语句，加斯东·巴什拉甚至把这些图像当做他的作品《空间的诗学》的原材料。巴什拉还曾经写过一篇关于白日梦的诗意的现象学作品——《诗学的遐想》，尽管它并非以建筑为主题，却仍然与建筑艺术有许多接触点。[10] 在小说、电影、摄影和绘画中，风景、建筑和物体都能够运用它们的秘密语言，打动人心，经常起到至关重要的作用。我在此可以列举出大量的例子：俄罗斯、德国和法国的经典文学作品，阿尔弗雷德·希区柯克和安德烈·塔可夫斯基的电影，沃克·埃文斯的摄影，或者在绘画作品中出现的建筑——从中世纪的微缩模型到爱德华·霍珀的形而上学的寂寥景观，还有巴尔蒂斯的充满焦虑色彩的房间。不论是作家、电影导演还是画家，都需要为他想描述的故事搭立起一个舞台、一个地点；实际上，他们就仿佛在一种没有客户、没有结构性的推算、没有建筑许可证的情况下进行建筑设计。在艺术的其他分支中，建筑的显现方式仅仅是“纯观”，类似于孩子体验生活的方式，这是因为建筑专业的规则并不能控制它所呈现的体验。

记忆的建筑

我们思维中源自体验和记忆图像的内部建筑，不同于那些通过专业方式发展出来的建筑。举例来说，我已经不记得童年时曾经看过的任何一个窗户或者大门的具体样式，不过，我仍然能够坐在我记忆中的那个窗边，眺望那个在现实生活中早已消失了的院子；或者，看见那片空地，尽管现实中的它已是树木丛生。我也能够穿过记忆的重重大门，感受到那黑暗的温暖和对面屋子散发出的特殊气味。

我已经淡忘了那些童年时熟悉的建筑物的屋顶或者壁炉的细节，不过，每每人在屋檐下，听着急雨敲打房顶的时候，我就会记起那雨水洒落到皮肤上的快感；或者，当我因为寒冷而四肢僵硬时，走进温暖的壁炉前的那种舒服的感觉。

我已经记不清我爷爷的那张木桌的具体图像，但是，我仍然能够想象自己正坐在它的旁边，感受着它的聚集力。在农舍中，它是我们家庭成员和偶尔来访客人的聚会中心。在我的童年时代，这张木桌是大家都感觉熟悉的一件物体。它标志着我们生活中的规律性，也是家人热情好客的象征。在圣诞节期间，我们会按照节日惯例，对这个日常生活的中心进行精心的装饰。一条长长的、窄窄的彩色印刷蜡布会被铺在桌面之上，在这条布上绘画着许多埋在冬雪中的房屋，它曾经深深地吸引了我的想象力！

住宅的两面性

随笔《从家门口到客厅》是阿尔瓦·阿尔托最出色的著作之一。该文曾经作为样本出版于1926年的家庭杂志 Aitta 中。[11] 这是一篇使用微妙的现象学研究来调查基本的建筑体验的文章。阿尔托在他的文章中，选择了安吉利科的一幅报喜画插图（*Annunciation*）。“在微型图中，我们发现了许多能够帮助我们，阐明我们面临的问题真相以及进行细微改良的方法。这幅画恰好为我们提供了一个关于‘进门’的完美例子。”[12]

值得注意的是，阿尔托谈到的体验，不是指视觉的或者建筑的“元素”，例如门廊或门，而是指一个使用动词词性，并非名词词性的事件。

在谈到“家的两面性”的时候，阿尔托指出建筑中一个重要的、隐喻性的实质。第一面，是指和南欧传统相关的、直接和室外相连的环境；而第二面，也就是被称为“冬天的那一面”，则强调“温暖气氛中的室内装饰”。人们也能够通过对调来表达建筑具备的隐喻性意义，也就是把花园的图像当成室内，而把大厅看成“房顶下的自由室外的隐喻”。

阿尔瓦·阿尔托本人亲自设计的建筑，都充满了不同寻常的感性力量，这无疑基于他在这篇早期文章中揭示的多层面意象。

我分析过阿尔托的玛利亚别墅的分层意象，并且尤其关注他如何像拼贴画般地把现代派图像和匿名的芬兰农家传统的暗示融合一体。[13] 这幅直观表现的建筑“画”，包括其局部的色彩、焦点和光影区，更加接近乔托或塞尚创作的建筑场景，而不是建立在我们那些经过证实的建筑观念之上。从设计原则上看，玛利亚别墅是立体派拼贴艺术，而不是根据建筑逻辑而组织出的结构。

建筑的基本情感

我曾经说过建筑不仅仅是对形式的玩弄。该观点不单单来源于一个显而易见的事实，也就是，建筑是与它的实际用途以及许多其他外在条件紧密相关的；而且，如果一个建筑不能满足其现象学的基本条件，也就是，它作为人类生存的隐喻而存在，那么人们在观赏建筑时有感而生的那些图像就不可能牵动我们的感情、打动我们的灵魂。建筑的效果建立于人们产生的一系列的基本情感之上。建筑学中真正的“基本词汇”正是由这些情感组合而成。正是通过对它们的正确运用，一件作品才可能被称为一个建筑，而不是一个大型的雕塑或者布景。

建筑能够直接表现出生存，表现出人类在这个世界中的存在，建筑主要以人体语言为基础，不过，建筑的建筑者和体验者可能都没有意识到这一点。

以下几种类型的建筑体验，就是由建筑引发的一些基本情感：

- 房子作为景观中的一个文化标志；房子反映出人类生活，是景观中的一个参照点；
- 接近建筑，认识到它是人类的居所，或者是以房子形式出现的某种机构；
- 进入建筑的影响范围，逐步进入它的领地，靠近建筑；
- 在你的头上有屋顶，你得到庇护和遮蔽；
- 走入房中，进门，越过区分室外和室内的那条分界线；
- 回到家中或者为了某种原因而进入建筑，例如期望和满足，陌生感和熟悉感；
- 停留在房间中，安全感，归属感或者孤立感；
- 处于建筑中焦点的影响范围之中，例如桌子、床或者壁炉；

- 邂逅控制空间的光明或者黑暗，光的空间；
- 眺望窗外，与景观的联系。

体验孤独是由建筑赋予的基本感受之一，这一点和路易斯·康经常描述的对沉默和光的体验非常类似。让人震撼的建筑体验总是会让人产生孤独感，进入沉默，这和实际在场的人数或者周围音量的大小无关。体验艺术就是在作品和体验人之间发生的一次私人对话，是排除任何干涉的一种交流。“艺术，是一个孤独者送给另一个孤独者的礼物”，西里尔·康诺利曾经这样描述。[14]

在感性体验现实中，尚且存在的事物和已经消失的事物一样重要。当我们路过一个因为是冬季而关闭的海滩赌场时，会自动缅怀起什么？难道不是关于夏天的欢乐回忆？当我们的视线落到户外餐馆那些倒置在饭桌上面的椅子上时，为何会有所触动而倍感忧郁？不正是因为在我们的记忆中还保留着那些人头攒动、欢宴私语的快乐时光吗？

自然景观永远不可能像建筑那样表现孤独。自然，并不需要人去解释它自身，而建筑则代表着它的建筑者，宣扬着建筑者的不存在。持形而上学观点的画家们一心谋求表现出来的那种痛苦的孤独感，其实就是精确地建立在人的构造标志基础之上，用以提醒观赏者原有的孤独感。

其中最复杂的，或者也是最重要的建筑体验，就是让人们感觉到他们正立足于一个独一无二的地方。为了让人们获得对地方的深刻体验，建筑必须传递出它具备的那种神圣使命的印象——这是一个高尚的地方。房子的建造也许只是为了满足人们的实用目的，实际上，建筑还是一件形而上学的器具，一个帮助我们在短暂的生存中，把瞬间化为永恒的一个虚构性的工具。

阿尔瓦·阿尔托也辨认出建筑的第二个现实。在我们前面提到过的那篇没有写完的文章中，阿尔托借用了阿纳托尔·法朗士书中的男主人公艾比·柯雅的话：

在我们的面前是一个小镇。快来看看它的塔楼、大门、房屋和通道！这是一幅多么精美和细腻的嬉闹场面！这是一幅多么完美的整体图像！我们又是多么欢喜地看到它。然而，我们却相当清楚地知道，住在那里的人们其实和其他地方的人们一样，是卑鄙的、可笑的、笨拙的、自私的和虚伪的。在这个小镇里面充满了冲突和欺骗。这并不是一个和谐的团体，而是一个蛇窝，就像人类所有其他社会一样……我的孩子，这是上天的启示，是为了救赎满是瑕疵的人类。上帝交付给人类的，是一件他们无法实现的事情。[15]

在这篇文章中阿尔托用到了一个重要的概念——“形式的灵魂”。

建筑存在于远离我们日常生活和追求的另外一个现实之中。当我们看见一座废弃的房子，或者其他一些被人们丢弃到一边的物品的时候，会自然而然地产生出一种怜悯之情。正因为这些人工制品使我们不由自主地去想象和分担它们的原有主人的命运。因为它们，我们的想象力悄悄地从日常的现实世界中溜走了。建筑的质量并不是取决于它所表现的现实感，恰恰相反，是它能够唤醒我们的想象力的能力。

建筑一直是精神的居所。房子里住的人，可能是我们认识的，但是，他们也不过是一些存留在正在苏醒的梦中的临时演员。在现实中，建筑始终是精神的家，是形而上学主义存在的地方。

目前建筑学中人性化理论的维护者声称，建筑应该是为了满足“民众真正的需要”而设计。我认为这个观点是完全错误的。每一个真正在建筑史上留名的伟大建筑，都是为了理想化的人类而创造出来的。要设计出一个优秀的建筑，首要条件就是要给手边和设计项目创造出一个理想化的客户。

多重感官体验

一种令人印象深刻的建筑体验会使我们的整个身心都处于一种敏感的接受状态。因为感觉本身具备的广大性和多样化，我们很难掌握感觉的结构。在每一种体验中，我们可以发现不同的组合：生理和文化的，集体和个人的，有意识和无意识的，分析型和冲动型的，心理和身体的，灵魂和表现的。

对艺术语言的象征和结合，我们能够赋予许多解释，使我们的意识从一个可能性的解释转移到下一个解释中去。举例来说，阿德里安·斯托克斯就曾经指出大理石、浅浮雕技术和水的梦幻，这三者之间在体验上的紧密联系。[16]他还曾写过“维罗纳大理石的口头邀请”。[17] 我还记得属于格林兄弟的、坐落于洛杉矶的甘博住宅的白色大理石门槛，它也曾经向我高声发出口头邀请呢!

现在，让我们想象一下，偶尔当水珠滴落到阴暗和潮湿的地下室时的声音——空间感；教堂钟声创造出的城市空间感；当我们在夜晚熟睡时，被轰隆作响、奔驰而过的火车吵醒后感受到的距离感；或者，一家面包店或者糖果店拥有的气味——空间感。

无论在世界的任何地方，为什么大家都觉得一个被遗弃许久、没有暖气的房子的味道与死亡带来的气味是一样的？实际上，我们感受到的气味会不会是视觉的产物呢？

起源

有一次，我曾经和一位教堂神职人员讨论关于教堂的设计问题。他不停地强调称职的设计师应该懂得祈祷，对画像有研究，还应该了解其他的与教堂内部裁决相关的事项。而我却回答道，只有一位没有任何宗教信仰的设计师，才可能设计出一座真正富有表现力的教堂。对此，他深感不安。我后来解释说，在对教堂进行设计的时候，如果该设计师仅仅对那些选定的形式进行组合，那么，建筑的效果必然只会是空洞的感伤。在我看来，只有当设计师自己坚信的信仰部分是生动的、新鲜的和直接的，他才可能把信仰的象征点化成不朽的宝石。

在这次交谈结束之后，我忽然想起路易斯·康描写的关于起源的意义。他这样写道：“…… 让思维回到起源是一件好事。因为人类所有行为的初期都是最美妙的。所有的精神和创造力都聚集在起源，我们必须不断地从中获取目前最需要的灵感。”[18]

注释

① Ludwig Wittgenstein.Culture and Value[M].Georg Henrik von Wright,in collaboration with Heikki Nyman(editors).Oxford: Blackwell,1998:74.

② Alberto Pérez-Gómez.Architecture and the Crisis of Modern Science[M].Cambridge:The MIT Press,1990:4.

③ Alberto Pérez-Gómez,1990:6.

④ Kyösti Ålander. "Rakennustaide Renessanssista Funktionalismiin"[M]//Anon.Architecture from the Renaissance to Functionalism. Porvoo-Helsinki: WSOY, 1954:169.

⑤ Ezra Pound. ABC of Reading[M].New York: New Directions Publishing Corporation,1987:14.

⑥ Adrian Stokes.The Image in Form[M].Richard Wollheim(editor).New York: Harper & Row, 1972:122.

⑦ Paul Valery.Dialogues [M].New York: Pantheon Books,1956:74.

⑧ Edmund Husserl.The Crisis of European Sciences and Transcendental Phenomenology[M].Evanston: Northwestern University Press,1970; Edmund Husserl. Phenomenology and the Crisis of Philosophy[M]. New York: Harper & Row,1965.

⑨ Alvar Aalto."Undated Manuscript"[M]//Göran Schildt, Alvar Aalto: The Early Years.New York: Rizzoli International Publications,1984:193.

⑩ Gaston Bachelard.The Poetics of Reverie[M].Boston: Beacon Press,1971.

⑪ Alvar Aalto."From Doorstep to Living Room"[M]//Göran Schildt, Alvar Aalto: The Early Years.New York: Rizzoli International Publications,1984:214-218.

⑫ Göran Schildt.Alvar Aalto: The Early Years[M].New York: Rizzoli International Publications,1984:215.

⑬ Juhani Pallasmaa."Image and Meaning"[M]//Juhani Pallasmaa (editor).Alvar Aalto: Villa Mairea 1938—1939 .Helsinki: The Alvar Aalto Foundation and The Mairea Foundation,1998: 70-103.

⑭ Cyril Connolly."The Unquiet Grave"[M]//Emilio Ambasz.The Architecture of Luis Barragan.New York: The Museum of Modern

Art,1982:108.

⑮ Alvar Aalto."Undated Manuscript"[M]//Göran Schildt, Alvar Aalto: The Early Years.New York: Rizzoli International Publications,1984:192.

⑯ Adrian Stokes.The Image in Form[M].Richard Wollheim(editor).New York: Harper & Row,1972:49.

⑰ Adrian Stokes."Smooth and Rough"[M]//Adrian Stokes.The Critical Writings of Adrian Stokes, Volume II. London: Thames and Hudson, 1978:316.

⑱ Louis Kahn."Form and Design"(Lecture, 1961)[M]//Alessandra Latour (editor), Louis I. Kahn. Writings, Lectures, Interviews.New York: Rizzoli International Publications,1991:114.

图2：椅子模型，1991。层压胶合板和碳纤维，镀铬的弹簧钢底板。作者：Rauno Träskelin

Figure 2: Chair prototype, 1991. Laminated plywood and carbon fibre, chromed spring steel base. Photo Rauno Träskelin

Chapter 2

从隐喻主义到生态功能主义（1993 年）

一个世纪的终结

世纪之交，新世纪缓缓地出现于我们的视野之中。我们习惯使用十年期和百年期的叙述来划分历史时期，因此，在今天这个充满了象征意义的日子里，人们热切期望着戏剧性变化的出现。在一百年之前，在上一个世纪结束的时候，放眼世界，到处都洋溢着积极向上的观念，尤其以乐观的90年代（美国，The Gay Nineties）、美好的时代（法国，La Belle Époque）、新艺术（法国，L' Art Nouveau）和新艺术风格（德国，Jugendstil）为代表，他们都曾经热切地盼望着新世纪的降临，我们则把即将到来的日子看做是我们这个世纪的终结。乐观的90年代，最终梦想成真，等到了一个精彩的新未来。而处在一个世纪之后的我们，却根本不知道自己应该期待和希望什么。在我们的视野中，一切都是空洞的，我们也丧失了对未来的好奇心。面对未来的日子，我们不但不感觉兴奋，反而是忧虑重重。

在过去的二十年里，在哲学、史学和艺术等许多领域都显著而频繁地出现了许多关于“结束”和“终结”的主题。

终结的主题

美国哲学家阿瑟·C. 丹托已经宣告过“艺术的终结”[①]，而德国史学家汉斯·贝尔汀则对“艺术史的终结”作出假设。[②]

阿尔文·克南，美国普林斯顿大学的人文学科教授，最近出版了一本关于时代结束的书，它有一个让人倍感沮丧的书名——《文学的死亡》。[3]某些音乐类型，特别是交响乐和歌剧，也被宣判走到了生命的尽头。甚至早在1967年，法国作曲家和指挥家皮埃尔·布列兹就这样建议道："把歌剧院都炸掉吧！"。在他看来，在歌剧艺术中，阿尔班·贝尔格的《沃采克》已经获得了最高成就，因此它也代表了歌剧历史的终结。[4]

美国的政治历史学家弗朗西斯·福山曾经在其颇有争议的文章《历史的结束》中，把"结束"的概念贯彻到一个更博大的背景之中。[5]福山的观点主要建立在黑格尔以及黑格尔的注释者亚历山大·考叶维的理论基础之上。他认为，经济上的自由主义在全球的胜利已经耗尽了历史持续叙述的辩证力量，故此导致了历史的终结。

早些时候，我曾经和其他人一样，也质疑过建筑在消费社会的可行性。我担心建筑会脱离其存在的根基而变成一种一次性的商品和大众的娱乐。[6]

1983年，彼得·艾森曼发表的文章（在期刊*Perspecta*上）结束了此类的讨论（至少在建筑思维方面），他最终的结论是："经典的终结：开端的终结，结束的终结。"[7]

艺术的终结

我希望这听起来不像是一个对世界末日的预言，不过，我觉得与建筑相关的功能主义和现代主义之中的重要的乌托邦概念，正好激发我们对有关历史发展的叙述和结束的一些问题进行思考。顺应阿瑟·C. 丹托的推理路线，我们就能够明了为什么建筑目前会处于如此混乱与矛盾的状态。艺术界的最新发展，展示出我们的文化存在的一些核心问题，而这些问题也反映在建筑方面。

当然，在继续推测功能主义的未来之前，我们应该确保，它尚未终结。

这种关于艺术形式正走向末路的悲观想法，并不是因为我们得了千禧年神经紊乱症。亚里士多德认为，悲剧艺术的表现在他的时代就已经达到了顶峰：“最初，悲剧艺术不过是诗人们即兴创作的产物，随后，他们逐步为之增加了一些新的内容，让其渐渐发展壮大，并且经历了许多变化，当它已经实现了自身的本性之后，悲剧艺术就停了下来。”[8]

根据黑格尔的观念，这里的“实现了它自身的本性”，暗示出其本性已经被用尽，或者，自我认识的降临。黑格尔引入了历史即将结束的论点，他解释说，当自己本身的意识——自我认识获得完全实现之后，历史的进程就会自动地停止。

瓦萨里通过他的《意大利最杰出的画家、雕塑家和建筑师的生活史》一书，深刻影响了文艺复兴时期艺术的叙述发展。他认为，艺术在那个时期就已经发展到最完美的境界，鼎盛期文艺复兴大师的作品也已达到了巅峰。米开朗基罗所取得的成就是前无古人、后无来者的。他不相信还有任何人能够超越米开朗基罗取得的艺术境界（当然，瓦萨里顺便借用他的自传来完满结束他对艺术的叙述）。[9]

耗尽一种风格

当然，在希腊诗人消失之后，悲剧艺术仍旧得到继续发展。从瓦萨里和米开朗基罗的时代悉数至今，艺术不仅仅继续存在，我们甚至还见识到不少极其伟大的艺术。关于艺术走到尽头的说法，实际上是针对某些历史性的叙述，它们必须从特定的叙述内部出发来考虑，这一部分已经精疲力竭走到了终点。每个风格母体能够拥有的变化形式都是有限的；当它蕴含的表现潜力被全部挖掘出来之后，风格自然会变得枯燥无味。按照丹托的看法:“走到尽头，几乎是一种非常逻辑的必然，因为叙述是不可能永无止境的。”[10]

现代建筑学的叙述，或者，更具体地说，建筑中功能主义的叙述，是不是已经到达终点？那些无意识状态下的主题和力量是否已经表面化并沦落为一种外部的矫饰？如果是这样，我们只能作为局外人来欣赏现代建筑，任何创造性的尝试最终都只不过沦为重复和模仿。

也许，我们不得不听从莱昂·克里尔的命令：“前进，同志们，我们必须回去！”[11]

仿造艺术

当人们讨论某种艺术形式的表现潜力处于穷途末路的时候，经常会把肖像画这种类型作为一个实例。还有另外一个突出的例子，就是目前流行的艺术仿造。该艺术已经停止向前发展而开始不断地进行自我重复。它目前唯一的选择就是循环利用以前创作使用过的意象。“无论我们看向何处，‘原始版本’和副本，或者与副本的副本之间的差异，都变得越来越难以区分。模仿已经取代创新而成为一种创造价值。我们循环一切。”托马斯·劳森在他的著作《现代梦想》中的一篇标题为《用怀旧来抵抗》的文章中这样地描述。[12]

仿造艺术，体现在麦克·比德洛创作的《毕加索》和《莫兰迪》，谢莉·莱文翻拍的沃克·埃文斯从20世纪30年代开始的摄影作品，马尔科姆·莫利仿造维米尔的明信片《艺术家的工作室》的绘画，理查德·普林斯翻拍的杂志广告中刊登的，一些毫无意义的图像的细节照片，还有拉塞尔·康纳对历史名作的拼贴仿制品。

距离的增加

这些新艺术（最后的艺术）典范揭示出艺术家与艺术主题的距离在不停地增加。现代艺术中蕴含的感官力量和情感力量，试图消除主题与物体之间存在的距离；在对物体的体验中就已经包含和容纳了主题。今日的艺术显示出艺术共鸣、体验共享和责任感的消失，而这些原本属于艺术的融合功能。艺术家，变成了一个站在遥远的角落、自觉遵从他自身的情况和自身的使命的局外人。在摄影式现实主义和超现实主义中，我们都能够感受到这种令人不寒而栗的情感分离。

在过去二十多年的建筑刊物中，指责建筑作品缺乏怜悯之情，指责一些设计师有计划地循环使用图像的文章也比比皆是。除了孤芳自赏之外，今日的建筑还经常流露出玩世不恭甚至腐朽的倾向。参照胡塞尔的现象学观念，导致现状的原因就是建筑渐渐疏离了它的“生活世界”。

与此相反，在二十五年前，克拉斯·奥尔登堡就开始推崇流行意识形态。他坚决提倡消除一切距离，让艺术和日常生活互相融合。他曾经这样介绍说：“我追求的艺术，要像裤子一样，可以穿起，可以脱下；像袜子一样，会穿出窟窿；像一块馅饼，可以被品味；或者，像一块狗屎，让人带着极大的蔑视把它扔掉…… 我要一个你可以坐上去的艺术。…… 我要的艺术，能够告诉你当时是几点钟了，告诉你这里或者那里的街上都有些什么。我要的艺术，可以帮助老太太们过街。”⑬

艺术转向自身哲学

丹托解释说，他所指的艺术即将走向终点，“不完全是指创造力的消失，尽管这可能会变成（也是）真实的。之所以这么说，是因为艺术最初起源于对它自身的哲学个性的质疑，可以说，它是在艺术媒介中来探讨哲学”⑭。根据丹托的观点，艺术已经变成它自身的哲学，而艺术作品则只和它们自己的理论共存。从拉斯科洞穴壁画开始，艺术作品就运用它们神奇的力量，深深地打动了我们的灵魂，让我们体验到永恒的人性。为此，我们不需要任何详细的理论框架，甚至，也不需要了解艺术家的意图。相对而言，现今的某些艺术作品，如果我们不事先了解与之相关的哲学基础，就完全无法识别它们。

现今出现的另外一个明显的现象，就是哲学构想和其相对的建筑作品缠绕成一团。通常，在建筑的材料语言方面，建筑师要传递出的理智的姿态比感官体现更加重要。

现代的前卫建筑只是作为一种文化批判的形态而存在，而不再回应社会委托。然而，这种批判形态暗示的却是距离和隔阂。在最近加州大学举行的研讨会上，我们也能够感受到这种态度。研讨会的标题就是《后现代主义和超越：建筑作为对当代文化的批判艺术》”。⑮

布里洛盒困境

1964年，安迪·沃霍尔在纽约的斯塔博画廊举办了一个“布里洛盒子”的展览，丹托认为它代表了艺术史上一个哲学性的转折点，他是这样评价的:“（沃霍尔）展示了人类的肉眼并不一定能够对艺术作出正确的定义，从而将历史引入一个终点。为什么这些（沃霍尔展览的）盒子是艺术作品，而它们的原体也不过就是些盒子？从此，我们不能够再依靠样品或者通过举例来教导和理解艺术作品的定义了。”[16] 的确，在20世纪60年代，由于艺术制度的根基受到如此猛烈的冲击，艺术历史学家汉斯·贝尔廷曾经无奈地对此发表下列的言论：“我们不得不根据1960年之前和1960年之后来划分出两个不同的定律，或者说在几年前，历史就已经永远停止前进，而在这之后发生的一切，都成为非历史性的事件。”[17]

绘画和雕塑这两种艺术形式显然已经发展到了一个决定性的界限，它们不得不进行样式的转变。我们是否能够期望建筑继续行进在现代主义和功能主义的大道上，与此同时，仍然维持它的根基不会被动摇，不会被质疑？

依我所见，建筑显然也开始对它自己的本质进行自我定义和哲理推究。在最近建筑理论推理中已经出现一个典型变化:人们不再把建筑内部结构和元素的综合分析当做是重点；人们更加关注的是如何定义建筑的存在，它外部的边界以及它的周长。在建筑讨论中，人们不再关注什么是一个好的建筑，也不追究建筑到底是什么。衡量真正的建筑质量的标准，原本存在于建筑的整体性之中，却显然已经被建筑刊物刊登出来的图像而代替。罗伯特·斯特恩曾经这样举例说明我们面临的这一损失，他对他在哥伦比亚大学学习的学生们说，在他们给自己的建筑作品拍过照之后，就不必再担心什么了。[18]

建筑的自我参照

在2000年降临之前，艺术和建筑都处于极度的自我参照的状态。它们只关注自身的存在以及自我定义，导致在今日的艺术中，关注的只是艺术作品，而漠视整个世界；建筑，仅仅关注建筑物，而冷淡整个生活。艺术和建筑都更关心表现方面而不是内容方面的哲学问题。建筑中的功能部分和实用部分，基本上全部被建筑师边缘化。

让我们仔细观察彼得·艾森曼在“模型理念”展览中的一座同构失真的房子，我们可以发现它清楚地显示出自我参照的特征。他设计的轴测三维模型，迫使人们只能从一个角度去观察才能正确地理解它。另外一个类似的例子是汉斯·霍尔拜因在绘画《大使》中创造的奇怪的变形头骨。这一类型的建筑，只强调表现形式，而完全放弃了生活。

完全以自我为中心，还意味着不再从社会角度看待事物。难怪，今日的建筑很难让观赏者产生任何深刻的体验，也不会激发出他们拥抱世界的愿望。事实上，恰恰是这种愿望曾经促使现代建筑深深扎根于其文化背景之中，从而辐射出一种乐观的精神。

乌托邦的不可能性

当今的状况也意味着乌托邦和空想观念的消失。从总体上来说，在过去的二十年中，建筑师这个行业并没有关注过与建筑相关的社会问题。例如：房屋住宿问题，为进行大规模生产而完善工业生产材料或规划的问题，这些都是现代运动的核心关注事项。有谁能够举例说出，自1960年以来，在建筑史上曾经出现过的任何一个重要建筑的乌托邦、城市愿景、城镇规划，或者，任何一项认真的工业化尝试？

今日，如果我们冷静地去研究日本的新陈代谢论，尤纳·弗里德曼的上层建筑，康迪利斯、若西克和伍兹的城市项目，或者，20世纪60年代出现的阿基格拉姆集团的图形乌托邦，它们也许只能被称为幼稚的尝试。尽管如此，它们仍旧向我们证明了一个空想视野的存在。我们已经失去了那份天真和纯洁，然而只有拥有它们，我们才能规划出一个乌托邦。这种状态导致的后果是我们对未来不再充满信心，忧郁的乌托邦也只属于过去。它栖身于现代建筑没有实现的诺言之中，散发出想象的，甚至色情的吸引力。

反乌托邦时代

我们的时代是一个反乌托邦的时代。尽管现代运动的先驱们深受它的启发，在乌托邦垮台之后，我们已经逐渐醒悟过来。举目望去，乌托邦在各条战线，包括科技、文化和社会方面，全部以失败而告终。早在20世纪60年代末，人们就曾经严重质疑过乌托邦审美学的合理性。近代一些伟大社会实验的破产或失败（例如共产主义乌托邦和美国的市区重建工作），促使了空想主义的最终破产。除此之外，科学技术的发展，原本应该是促使乌托邦实现的有效工具；但实际上它却剥夺了现实中蕴含的那个诗意的部分。诺曼·梅勒的《月球上的一把火》描绘了1964年人类第一次登陆月球的事件。他明确地指责道，这"是科学对人文主义文学和艺术的殴打，它强行占用了诗歌之神阿波罗的名字，让它成为该行动的一个代名词。他们把一个从古至今，人类浪漫幻想的传统对象——月亮，转化成一个死气沉沉的科学研究物体。"⑲ 未来派艺术家的那一声"月光下来吧！"，在四十年之前还是一种诗意的召唤，阿波罗飞行任务却标志了这个诗意的探索和好奇的终结。

艺术的批判

近期构造主义者和解构主义者对艺术的批判，也进一步加深了人们的幻灭感。对伟大艺术的道德权威的质疑，让我们深感视野的消失。

阿尔文·克南曾经对此这样描绘过："传统的浪漫派文学和现代派文学的价值观已经被完全逆转，作者拥有的充满创造性的想象力，原本被公认为是文学的源头，而现在，它已被宣告死亡，或者，变成一种语言和文化片断的大汇编。它们不再是艺术作品，而是一些文化拼贴或者'文本'…… 曾经风靡一时的文学著作，例如莎士比亚的戏剧或者福楼拜的小说，如今，或者被看成是毫无意义的东西，或者，其实最终结果都是一样的，被恭维成包含了无限的意义 …… 文学，不再是人类体验世界和自我的近乎神圣的神秘，不再是人类文化中最珍贵的收藏品，不再是对人类不变的和重要的人性抒发出的普遍性的陈述。文学，越来越被看成是一种专制，它对人类的自由只能产生一种破坏性的作用。”[20]

早在1960年代末期，马克思和列宁主义的信仰者就对建筑学和建筑职业提出质疑，就算不去追究社会性的委托，他们对建筑师的道德权威也提出质疑。在芬兰，这一思想学说的影响力格外强大，它严重动摇了建筑行业传统的唯心主义的自我认同感。

功能主义的逻辑

对艺术中存在的现行的哲学问题，我们应该展开迅速地调查。只有这样，我们才能够理解，为什么建筑的未来，或者，关于未来的思想，似乎已经到达了终结点。

从总体上来说，信奉功能主义的那些建筑的图像，以及现代建筑中蕴含的诗意创造，都曾经给予过我深刻的启发。因此，对阿尔瓦·阿尔托研讨会“功能主义：乌托邦或者前进之路？”的中心问题，我当时立即给予了肯定的回答：是的，功能主义的模式不仅为我们提供了一条前进之路，它也是我们唯一的出路。作为一名现代主义者，使用辩证的立场来看待现实，对现实的理解和解释进行永恒的追问，这才是我们远离大众媚俗设计的唯一生存之路。我当时的确是这样认为的。然而，参考艺术的现状，我意识到我在那时候下的结论仍然是过于仓促的。

在对功能主义的主要观点进行反复思考之后，我意识到，不论是从理论性还是从历史性出发进行考虑，该概念其实都是极端模糊的。功能主义，除了单纯地叫嚣口号外，并没有为我们提供任何可行的理论或者方法。除了对建筑作品的外部风格下定义外，它没有为建筑作品的分类提供任何基础。此外，贯穿本世纪的不同阶段，在理论解释方面，现代主义、功能主义和理性主义都过于频繁地相互重复。

斯坦福·安德森在他的文章《功能的虚构》中曾经这样描

述："功能主义是一个薄弱的概念，它无法对任何建筑提供出有力的描绘或者分析。功能主义是一种虚构，一种从错误的意识中产生出的虚构。"[21]

功能，作为有意识性的设计思想的核心，如同一条实用的杠杆，把建筑从它的历史性风格的负担中解放出来。然而，功能主义理论的组成部分，却显示出对建筑学的误解或者过度简化。实际上，那些被设计师明确标上功能主义的少数建筑作品，通常表现出对新世界的感人体验——那里充满了热火朝天的热情、希望和怜悯。即使是极端的功能主义抽象派还原艺术家的某些概念，例如，汉内斯·迈耶的极端唯物主义方程式：建筑 = 功能 × 经济，也能引发出充满诗意的建筑图像。[22]

作为图像的建筑

这是一个大家能够想象得出的自相矛盾的地方。笼统地说，建筑真正关注的并非理论、技术或者功能，而是世界和生活。建筑能够创造出一些图像，而这些被创造出的图像又能够唤起我们对某种特殊的生活形式的体验。斯坦福·安德森曾经谈到萨伏伊别墅，他这样写道: 建筑"创造出一个虽然不决定什么，然而，却可以影响和改变我们思想行为的一个世界。"[23] 如果我们从未体验过萨伏伊别墅、玻璃之家、流水别墅和玛利亚别墅这些建筑物，那么，我们在现代世界范围内获得的体验将会是充满遗憾的。这正阐释了马丁·海德格尔的理解之前（Vorverständnisch）这一概念的涵义，在生存主义哲学中，它奠定了人类状况的基础。我们只能理解那些符合我们独特的生活条件的事物，而建筑为我们提供了关于体验和理解的最重要的视野之一。

功能主义的神话

在建筑历史学家威廉·柯蒂斯的著作《从1900年开始的现代建筑》中，有一个章节涉及功能主义的神话。我们可以清楚地了解他的见解："就算是已经经过人们详细定义的那些需求，也可能最终获得不同的解决方案；而和建筑的最终外观相关的先验图像，则会在某个特定时期进入我们的设计过程。因此，功能，只能通过一种风格的屏幕而加入建筑的形式和空间。在这种情况下，功能，作为一种象征性的形态风格，在众多所指中，尤其意味着功能观念。”[24]

建筑具备两个重点内容：从艺术角度上来说，它提供了隐喻性的反应；同时，它还满足了功能、结构、执行和经济方面的实际需求。在20世纪20年代和30年代，纯粹的功能主义的准则在德国和瑞典的厨房研究方面得到完美的体现，还有按照人类工程设计的椅子。然而，事实证明，任何建筑都不可能单单依靠它的功能价值而被列入建筑史的记载。只有当我们真正承认功能主义具备的深刻的隐喻性性质之后，我们才能够理解它的风格矩阵。这种象征性的表现，既适用于具有继承特性的建筑语言，同样也适用于与传统的建筑领域无关的一些意象，例如内燃机、远洋客轮或者是机车。人们对运动、力量、透明度或者失重的体验，往往比建筑中的任何功能性的发明或者实际性的那些方面更为重要。

斯维尔·费恩曾经这样浪漫动人地描述:“鸟巢，绝对是实用主义的产物，因为，鸟，不会意识到它的死亡。”[25]

机器和米洛的维纳斯

伴随着现代建筑的诞生，人类的美学偶像也发生了更新替换，轮船取代了帕台农神庙，机器取代了米洛的维纳斯。人们对机器的崇拜往往会沾染上迷信和色情的特征。甚至人类自身的形象也以机器的形式出现了。“现代绘画的主题应该是物体，我们要把人形图案从宝座上拉下来。如果能够把人物、人的脸或者身体换成物体，现代艺术家才享有伟大的自由……对我来说，不论是人脸或者人形，还是一串钥匙或者一辆自行车，从意义上来说，它们是没有什么差异的。”弗尔南·莱热如此评价。[26]

耐人寻味的是，尽管人们崇拜机械性的美学，现代建筑（和艺术）仍然辐射出对人性的怜悯。

尽管功能主义作为一种生成理论来说是一个神话；然而，

由这个神话引导或者按照其风格矩阵构思而出的作品，则继续为我们提供灵感，提供一个充满希望的视野。

虽然功能主义的概念中有回避现实和虚构的性质，我仍然愿意继续运用它。我们都知道，神话是永恒的，它们能够深切地影响我们的思想。神话能够激发人们产生出不同的反应，促使人们寻找新的诠释。我相信，这就是功能主义神话所具备的最有价值的地方。人们通过理智思考而获得的理论观点，以及各种相关而生的感官体现和艺术体现，这两者之间的相互作用比单纯的理性阐明更能够深入我们彼此类似的内心世界。

心理学意义上的功能主义

在20世纪30年代，功能主义中的还原理论延伸到了心理学的领域。最明显的一个例子，就是阿尔瓦·阿尔托所发表的言论："我们现在已经抛弃了现代建筑，然而，在它的发展初期，它的合理化本身并没有错。错误的是这个合理化并没有得到进一步的发展 …… 在其最新发展阶段，现代建筑对唯理论方式没有做出反抗，它试图把理性方式从科技的领域中引导出来，并使之与人文和心理学产生联系。"[27]

十年后，刘易斯·芒福德在他的文章《建筑学的功能和表现》中，对功能主义的概念做出了极其相似的阐述："这（功能主义自我引发的贫困状态）并不意味着，如同一些批评家的贸然断言，功能主义是注定失败的。这仅仅意味着，从现在开始我们应该促进物体功能和主题功能的相互融合，我们应该平衡机械设备和生物需求之间的关系，要致力于对社会的承诺，实现个人价值观 …… 关于形式追随功能的观点，不是一个误导。真正虚假和华而不实的，是通过应用这个公式而创造出的那些狭隘而肤浅的产品 …… 当我们从整体个性出发来考虑问题的时候，表现或者象征主义就成为我们在建筑中需要重点关注的问题之一。"[28]

理查德·努特拉的新奇的"生物现实主义"概念，则是关于功能主义思想范畴的另一个例子。[29]

在北欧国家，现代派仍旧保持着优势地位。在过去二十年中，该思想从功能主义出发，顺沿阿尔托的路线和芒福德的教导，逐渐得到扩大和延伸，甚至批判现代运动的后现代主义也被纳入当代北欧的新功能主义。

功能主义的起源

功能主义的概念逐渐延伸扩展到生物、心理和象征方面。阿尔托和其他一些侧重有机体的功能主义者都对此概念表示赞同。这促使我们去探索关于形态和功能之间相互依赖的这个论点的起源。在后来涉及功能主义理论的文章中，功能主义的语调经常是纯机械性和确定性的，仿佛功能主义理论是完全从机械学的训练中派生出来的。

19世纪的美国雕塑家霍拉提奥·格林诺夫是第一位把功能规定为形态的标准的作者，他对生物学和雕塑都深有研究。根据拉马克的生物定理“形态追随功能”，格林诺夫发表了一系列的文章，制定了新的机器审美观，并且把它的使用范围扩展到美的所有形态。格林诺夫认为，这种通用模式适合所有有机和人为的形态。对格林诺夫来说，美，是“功能的承诺。”[30]

社会使命的消失

在过去的二十五年中，建筑不再承担它的社会使命，因此变成了一个令人担忧的自闭症患者。在大多数的工业化社会里，人们不太承认建筑是一种严肃的艺术创作。建筑师的客户，从权力的骨干转移为文化的骨干，最终结果，今日的前卫建筑师成为他自己的客户。在艺术自治的领域，建筑已经变得强大起来了。

文森特·P. 皮科拉曾经狠狠地拒绝了这种情况：“最后，这些声音（今日的前卫）证明，一切不过是一个庞大的（主要是男性的）的幻想，在华而不实却仍然精神百倍的前卫建筑作品中，存在着一种普遍的对社会文化阉割的恐惧。”[31]

以自我的利益为中心的建筑成为一种文化的小生态环境，它忽视了由人类命运所代表的真实的社会挑战。在60年代末，可怕的全球定量问题曾经短暂地袭击人类，但在人类进入大恐慌之前，该意识窗口又被匆匆地关闭。1973至1974年的能源危机再次改变了当代建筑学的态度，激发人们创造出一系列的实验性和生态性的建筑模式。在技术浪漫建筑图像派之后，嬉皮社区、太阳能加热实验、《全球目录》和圆顶食谱，就像一个人们刚做过的关于世界末日的噩梦，很快又被大家遗忘。巴克明斯特·富勒的乌托邦计划，以及他的世界资源清单，被人们看成是毫无根据的理想主义、技术浪漫主义和天真的政治。

迈向生态功能主义

今天，放眼未来，我觉得只有适应生态学观点，让建筑回归到其初期的由生物学派生出的功能主义理想，我们的建筑才有希望。建筑必须重新扎根于属于它的文化和地域的土壤里，我们可以把它命名为生态功能主义。在这里，我并不想展开对它的未来远景的探讨。在我看来，它意味着建筑面临了一个矛盾的任务：建筑需要变得更原始，同时也更精致。更原始，是指用经济形式来满足人类最基本的需求，采用必要和自由的方式来调解人类和世界的关系；更精致，则指无论是在物质方面，还是在能量方面，能够使用更先进的手段来适应自然循环系统。生态建筑还意味着人们更重视建筑的过程，而不光把建筑看成是一件产品。它还建议了一个新的时间观念——建筑时间和人类的时间，相对再循环和超越个人生命范围的责任。同时需要重新确定的，还包括建筑师在工艺和艺术这两极之间的角色。

现代建筑的功能部分主要仍旧停留在一个象征性的水平上，隐喻性的功能主义将不能满足21世纪的生态需求。功能主义必须是一个人们能够真正运作的功能主义。当前，对建筑中的哲学限度的测验，将被新技术（替代能源、新材料、自然通风系统、自我调节的建筑外观）的真实试验和生活新概念代替。性能优先将取代外观优先。

建筑，在度过了长达几十年的充裕和富足状态之后，很可能会返回到作为必需品的美学观念。在这个观念中，暗喻性的表达和实用工艺融为一体，实用与美观再度统一。这种关注生态环境的生活方式为我们带来了一种新的道德姿态：高贵而简明的美学，以及所有与其相关的哲学实体的责任感。

刘易斯·芒福德在他写于1968年的文章的结尾，这样预言说："人类是他自身的创造者和塑模机。在这个过程中，建筑成为人类使用的一个主要的手段……去改变并让后人看到他的理想中的自我……建筑回归大地，为人类重建家园的时机已经降临了。"㉜

注释

① Arthur C. Danto."Narratives of the End of Art"[M]// Arthur C. Danto. Encounters & Reflections: Art in the Historical Present.New York: Farrar, Straus & Giroux, 1990:331-345.

② Hans Belting."Das Ende der Kunstgeschihte?" Referenced in:Arthur C. Danto,1990:331.

③ Alvin Kernan.The Death of Literature[M].New Haven: Yale University Press,1990.

④ Pierre Boulez, as quoted in: Kalevi Aho."Taiteilijan Tehtävä Postmodernissa Yhteiskunnassa"[C]//The Artist´s Task in the Postmodern Society.Synteesi 1–2 .Helsinki,1991:59.

⑤ Francis Fukuyama."The End of History?"[J].The National Interest,1989(16).

⑥ For instance: Juhani Pallasmaa."Architecture and the Reality of Culture—The Feasibility of Architecture in a Post—Modern Society"[J]//Arkkitehti. The Finnish Architectural Review (Helsinki),1987(1): 66-76; Juhani Pallasmaa."The Limits of Architecture—Towards an Architecture of Silence"[J]. Arkkitehti. The Finnish Architectural Review (Helsinki),1990(6):26-39.

⑦ Peter Eisenman."The End of the Classical: the End of the Beginning, the End of the End"[M]// Carter Marcus, Marcinkoski Christopher,Bagley Forth et al.Perspecta: The Yale Architectural Journal.Cambridge: The MIT Press, 1985:155-172.

⑧ Aristotle, as quoted in: Arthur C. Danto,1990:309.

⑨ Giorgio Vasari.Lives of the Most Eminent Italian Painters, Sculptors and Architects[M].London: H. G. Bohn, 1907.

⑩ Arthur C. Danto,1990:309.

⑪ Leon Krier."Vorwärts, Kameraden, Wir Müssen Zurück"(Forward, Comrades, We Must Go Back)[J].Oppositions,1981(24).

⑫ Thomas Lawson."Nostalgia as Resistance"[M]//William L. Shirer. Modern Dreams—The Rise and Fall and Rise of Pop. Cambridge: The MIT Press,1988:163.

⑬ Quoted in Lawson,1988:105. Reprinted from Store Days(New York: Something Else Press, Inc),1967.

⑭ Danto,1990:333.

⑮ Referred to in: Diane Ghirardo(editor). Out of Site: A Social Criticism of Architecture [M].Seattle: Bay Press, 1991:9.

⑯ Quoted in: Danto,1990:287-288.

⑰ Hans Belting, quoted in: Danto,1990:7.

⑱ Referred to by Weiss in: Modern Dreams, 1988:141.

⑲ Referred to in: Kernan,1990:204.

⑳ Kernan,1990:2.

㉑ Stanford Anderson."The Fiction of Function"[J].Assemblage,1987(2): 19–20.

㉒ Hannes Meyer."Building"(1928)[C]// Claude Schnaidt, Hannes Meyer. Buildings, Projects and Writings. Teufen AR/Schweiz: A. Niggli,1965:94.

㉓ Anderson,1987:29.

㉔ William J R. Curtis, Modern Architecture since 1900 [M].Englewood Cliffs: Prentice-Hall,1983:182.

㉕ Sverre Fehn in a private conversation with the author, in conjunction with the Third Alvar Aalto Symposium, 1985-08.

㉖ Fernand Léger.Maalaustaiteen Tehtävät(The tasks of painting)[M]. Jyväskylä: K J. Gummerus,1981:63,69.

㉗ Alvar Aalto."The Humanizing of Architecture,"excerpts in: Alvar Aalto

1898—1976[C].Aarno Ruusuvuori, Juhani Pallasmaa（editors）. Helsinki: The Museum of Finnish Architecture, 1978:120.

㉘ Lewis Mumford."Function and Expression in Architecture"[C]// Jeanne M. Davern(editor).Architecture as a Home for Man.New York: Architectural Record Books, 1975:155,158.

㉙ Richard Neutra, referred to by Kenneth Frampton in his essay, "Reflections on the Autonomy of Architecture: A Critique of Contemporary Production," in: Diane Ghirardo(editor),1991:22.

㉚ Horatio Greenough, as referred to by Lewis Mumford(1988:156).

㉛ Vincent P. Pecora. "Towers of Babel," in: Diane Ghirardo(editor),1991:73.

㉜ Lewis Mumford,1988:153.

图3：可延展的餐桌，1985。层压桦木，胶合的钢底板。结合点中藏有半圆中空以便于末端木板的移动。作者：Rauno Träskelin

Figure 3：Extendable dining table, 1985. Laminated birch, blued steel base. Semicircular cavities hidden in the joint enable the pivoting movement of the end plate. Photo Rauno Träskelin

Chapter 3

建筑和文化现实：建筑在后现代主义社会中的可行性（1987年）

序言：建筑与哲学

阿尔瓦·阿尔托在1958年出版的《芬兰建筑评论》中，有一段和希格弗莱德·吉迪恩（也包括苏格拉底的一句评论）的虚构对话。他赞美了在芬兰建筑师中普遍存在的注重实效、反对理论的态度。“上帝创造了纸张，是让我们在上面绘制建筑。其他的一切，至少对我来说，全部都是对纸张的滥用。真是疯狂啊（Torheit），如同查拉图斯特拉的评语。”阿尔托对他的朋友吉迪恩这样感叹。①

即使在今天，在我们的行业中，我们也会听到和读到这种反对理论、反对推理的观点。幸运的是，阿尔托在他最后的几年中并没有再坚持执行他宣传的理论。实际上，许多富有创造精神的人都发展出一种个性的分裂，从而使其同时具备了两种相互排斥的个性。阿尔托后来写下了大量的可定义为建筑哲学的重要文献。我并不想在此断言，对建筑的诞生和确保其质量而言，一个经过人们有意识地编制而成形的哲学理论框架是非常重要的。其实，我认为建筑中概念性的分离与创造性的行为根本是两回事。在分析事物的时候，我们应该与被分析的对象保持一定的心理距离。如果想消除这种距离，则需要让自己和被分析对象等同起来，这对艺术合成是至关重要的。那些试图在履行设计任务的同时，又进行设计写作的建筑师，必须尝试发展出双重个性。如果没有这种二重性，他的理智就会过早地妨害那个脆弱的、受感情操纵的设计过程。因此，虽然创造并非起源于哲学，所有口头和书面的言论最终会合成一个意识基础，从中诞生出创造性的观念。例如，自从我听过斯维尔·费恩在威尼斯的专题讨论会发表的一句警言之后，我对城市规划的概念就从此发生了永久性的改变。这句警言是这样的："一个城市规划者，也应该想想那些被放置在鞋店橱窗里面等待人们购买的鞋子。"[②] 这种人格化的惊人图像完全颠覆了我对一个城市的看法。

本世纪最伟大的雕塑家之一，亨利·摩尔，曾经劝告艺术家不要过于频繁地谈论他的艺术，因为这会缓解压力，而压力的存在对作品来说是至关重要的。然后摩尔又补充了一点，这一点精炼地概括了建筑中哲学审视的价值："艺术家必须高度集中他的整体个性，让个性中有意识的那个部分去解决冲突，组织记忆，防止艺术家试图同时迈向两个不同的方向。"[③]

在阿尔托20世纪50年代的虚构对话中，他曾经谈到对建筑的预测："今天的建筑星座，传递给我们的都是些负面的话，它让人读起来感觉很不舒服。"现在，站在我本人的文化角度和哲学角度，我也打算鉴定一下20世纪晚期的建筑星座。我在这里展示的关于我们时代的图像可能不会让所有人高兴，但是它的确与许多文化哲学家的声明不谋而合。因此这也证明并非只是我一个人在如此推测。对于那些可能在我以前发表的文章中已经读到过类似主题的读者们，我只好自我辩护说，我们大多数人都坚持自己的某种观点，会不断地在自己内心的图像中构建一所房子。

文化的中断，意识上的变化

在过去的几十年中，现代建筑的标准概念经历过一段困难的时期。

现代运动中的技术乐观主义已经不再存在，人们对建筑技术保持冷漠的态度，甚至站在反技术的立场。在现代运动中人们通常着迷似地普遍避免使用对称、装饰品、古典图案和典故影射，这些恶习却意外地重新回到当前的建筑期刊里面。现代建筑中的流动空间已经停止了流动，并且实行自我分解，把自己分割成许多隔层。静止替代了运动；重力和大地取代了轻盈状态。

这在过去十五年中突然出现的彻底变卦到底意味着什么？

显然，现在正在发生的分裂状态是极其激烈的，它甚至超过了工业乌托邦的没落，以及建筑从天真的唯心主义过渡到幻想破灭，人们开始质疑，或者开始干脆的讥讽。在整整一个世纪中，科学技术被当做工业人的乌托邦的乐观代表，然后它突然被看成是文化发展中所有消极的和有破坏性特点的综合体现。技术不再是一个解放者，它预兆着即将发生的巨大灾难。对许多人来说，工业化的建筑反映出的是精神上的沮丧、背叛和敌意。

这种变化的影响是非常深刻的：在二十年内，在不知不觉中，我们的意识已经达到了一个新的水平，我们的价值观也彻底改变了。这种意识上的变化也正在改变我们对时间和历史的概念，改变着我们对知识和道德的想法，还有，最根本的，改变着我们的自我形象。新艺术和建筑最清晰地体现出这些变化。

后现代主义文化

我们身处的新的文化阶段拥有许多不同的标签：消费社会、媒体社会、信息社会、后工业或者高科技的社会，以及富裕社会。在建筑辩论中，有人还提出了“后现代主义”这个称呼。然而有趣的是，许多文化哲学家，例如哈贝马斯、詹姆逊、艾柯和斯科利莫夫斯基（在这里我仅列举这几位代表），是通过检视建筑的变化而得出他们的结论的。上面提到的所有名称都或多或少地描述了我们这个时代的特性，但是，在它们之中没有任何一个名称能够包容这个时代的全部特征。“后现代主义”这个词暗示了恶性的操控，仿佛世界正试图影响历史的进程。不仅如此，这一概念是值得我们商榷的。例如，哈贝马斯建议把它称为“现代主义未完成的项目”。

因此，虽然我们的新时代还没有名称，我们已经能够辨认出它具备的一些特点。我们已经进入的这个阶段是以一种新的意识为特征，这个新意识潜移默化地更新了我们对世界和相关体验的见解。这种新的意识、新的生活现实，标志着幻想的破灭和偶像的消失，如同迷雾一般，它是零散的；对价值观和道德原则来说，它是破坏性的，它缺乏历史和风格的一致性，笼统地说，它是意识和生活视野的随机拼贴。弗雷德·詹姆逊为我们的时代提供了以下定义：政治的和美学的民粹主义，唯物主义和产品的拜物教，暂存性的崩溃和当前的殖民化，情感的衰退，主体的分裂，还有独特的、个性化的消失。[4]另一方面，让·弗朗索瓦·利奥塔使用“淡漠”这一概念来描述当前的形势。[5]哈贝马斯则谈到“一种新的犹豫不决的状态”（混乱，视野的消失）。[6]

詹姆逊把近代历史的发展分成三个阶段：现实主义、现代主义和后现代主义。例如，本雅明和阿多诺把诗人波德莱尔出现的时间规定为现代主义的开始。可是，哈贝马斯（和许多现代建筑史学家，例如约瑟夫·里克沃特）认为，“现代主义的项目”在一个世纪之前就已经开始了。[7]从20世纪50年代末期开始，现代主义被认为过渡到了一个新的阶段。根据詹姆森的意见，这三个时期的文化对应了资本主义的三个阶段。关于这三个阶段的描述，大家可以在欧内斯特·曼德尔的著作《资本主义晚期：市场资本主义和跨国资本》一书中找到。许多人认为，导致我们这个时代现状的首要原因就是跨国资本的垄断地位。[8]

后现代主义时期是一种“生活方式的帝国主义”，它处处存在。[9]因此，我们建筑师应该停止皱着眉头，对后现代主义的产品进行百般揣摩，而应该把注意力转向它表现出的那些现象的背后，进行有效的原因分析。艺术，包括建筑，总是和与其相关的文化背景密不可分，无论喜欢与否，无论我们选择如何去称呼它，我们都不得不生活在这个后现代主义的文化现实中。现代主义者认为建筑能够脱离其文化背景而复活成为社会的救星，这个观点在本世纪内已经被证明是毫无根据的唯心主义论点。

一双鞋的证词

弗雷德·詹姆逊在他的文章《后现代主义或者晚期资本主义的文化逻辑》中，曾经把两幅画并列摆在一起，以此来体现现代主义与后现代主义在文化意识方面的差异。[10] 我在前面的一篇文章中曾经涉及过关于一只鞋的比喻，现在我要借用詹姆逊的比较而对这个主题展开讨论。詹姆逊使用文森特·凡·高的那幅画，借用一位农夫的一双旧鞋子来代表现代意识。安迪·沃霍尔的画《钻石灰尘鞋》则是后现代主义的代表。典型的现代派艺术的作品代表了更庞大、更广泛、比自身更为理想的事物。现实主义要求主题必须填满整个画布，而现代主义却能够运用一个碎片、一个部分，或者，蒙太奇，向我们诉说整个的故事。

凡·高的一双鞋，在我们眼前变成一首史诗，一个关于荷兰农夫的传说。这双平凡的鞋代表了一种完整的生活方式，借助一双破旧的鞋子，生活被显现出来。在他的杂文《艺术作品的起源》中，马丁·海德格尔对凡·高的绘画效果进行了精辟的分析。海德格尔用充满雄辩的感人手笔，这样写道：

在那黑糊糊的敞口中，鞋子磨损的内部，赫然显示了劳动者步履的艰辛。在这硬邦邦、沉甸甸的鞋子上，聚集了她那迈动在寒风瑟瑟中，踩在一望无垠而又几乎没什么不同的田垄上的步履的坚韧与滞缓。在鞋子的皮面上粘留着泥土的湿润。夜幕降临，她的鞋底下悄悄流淌着田间小道的孤寂。在鞋子里回响着的，是大地无言的呼唤，是大地对正在成熟中的谷物的悄然馈赠，是大地在冬闲荒芜田野里的神秘的自我选择。这一器具，弥漫着对是否必然能够拥有面包的无怨的忧虑，弥漫了再次经受了匮乏的无言的喜悦，还有生命来临之前的颤抖，以及，来自四周的死亡威胁的战栗。[11]

当我们转向安迪·沃霍尔的后现代主义的鞋子，我们惊奇地发现，它不过是一个干瘪的图像，一个人们盲目崇拜的产品。这个图像不再蕴含任何信息；它不再代表任何相关的体验。它已经失去了深度和共鸣，也不再传递出人性的信息。这个图像是彻底失败的，它不过是艺术市场中的一件商品。归根结底，沃霍尔的后现代主义艺术作品是唯物主义和拜物教的产品。在他的画里面，甚至人物也变成商品，形成了他们自己的形象，他们自己的商标。我们再也找不到标志和象征中孕育的内涵，我们也无法感受到画面里面的生活气息。

当现代主义的图片散发出怜悯和共享的时候，后现代主义的画面传递给人们的却是孤芳自赏、以自我为中心以及情感的消逝。

在詹姆逊以鞋子打比喻的基础上，我想加上第三双鞋子。这是一双后期现代主义的鞋子，它属于在捷克出生的伊日·科拉尔。它们被覆盖在旧纸币的碎片下面，作为一个纯诗意的形象，显示出对一个失落的世界的怀旧和惆怅的联想。凡·高的早期现代派的鞋子使得现在的生活显得那么生动，而科拉尔的鞋子则可以同时唤起人们对过去时光的愉快感和伤感。这第三双鞋子蕴含了文化的记忆，以及整个中欧文化遗产的精神深度。它是充满活力的，洋溢着微妙的情绪波动和细腻的性感。而沃霍尔的鞋子却是冷冻僵化的，它完全脱离现实。这些鞋子存在于我们现在见证的文化变化的中心。现在看来，我可以这样说，这第三双鞋子代表了在后现代主义时代，艺术获得的一个积极的机会。不过现在，我要从鞋子过渡到对建筑的讨论上来了。

建筑之死

维克多·雨果在《巴黎圣母院》的第八版中附加了一个神秘的段落，标题是“这个会消灭那个”（Ceci Tuera Cela）。在这里他对建筑宣判了死刑：“在15世纪，人类想出了一个办法，让自身能够保持不朽，而且比建筑更耐用、更坚固、更简单和更容易。在奥菲斯的石头字母之后，出现了古登堡的铅字母。”[12]

雨果进一步研究了这个思想，他借用巴黎圣母院的副主教的嘴巴这样诉说道：“这个声明揭示出一个预言，当人类改变想法的时候，它的表现形式也会相应地更改。每一代人的主导思想不可能被同样的物质和同样的形式记录下来。就如同结实而持久的石书，最终也必须让位给更加坚固且更加持久的印刷书籍。”[13]

尽管雨果的预言已经一次又一次地被人们引用过，我认为，它对历史进程的意义还没有被人们正确地阐述清楚。雨果的关于建筑将不再是人类最重要的文化媒介，它将被新媒体代替的预言，无疑已经成为现实。但是，和雨果的意见恰恰相反，新媒体推翻建筑的原因，不是因为它们本身更强大和更耐久，而是因为它们具备了飞快的速度，稍纵即逝，并非必不可少。在消费社会中，甚至风格都沦落成为一项消费物品的时候，建筑已被证明是存在于这些一次性的传媒媒介中的一个绝望的、笨重的媒介。建筑的基本意义是整合和稳定，而这些特质却与消费的意识形态产生公开的冲突；消费主义战略需要的是短暂、疏远和意识的分裂。如果有条理地看待世界，我们就会发现在强迫消费状态中出现的混乱场景。

在通讯和艺术表现的所有领域中，我们的文化更偏爱那些快速的、有力的、令人眼花缭乱的方式，而不是建筑这种缓慢的和低效率的通讯方式。在所有的艺术表现形式中，不断增强的效果冲击取代了艺术中的细微差别和微妙。甚至在建筑内部，人们追求以商业为导向的图像效果，追求一种形象冲击，他们为了得到超级大城市的关注而展开激烈地竞争。今天的建筑逐渐流落为蓄意的商业主义的产物，流落为追求轰动效应和图像形成的产物。“目前的倾向是图像决定形式，而不是形式决定图像。”[14] 在我们的广告文化中，建筑本身已经在不知不觉中履行了广告的功能。但是，当艺术质量和文化的象征被图像效果所取代，那么任何含有形象价值的事物都可以被人们利用。众所周知，在今天颓废和衰败的图像就极其流行。最近，火葬场和墓地的建筑设计就是世界各地的建筑学院最渴望接受的项目。这种兴趣除了透露出人们的情感发生弱化之外，还显示出存在于我们的文化中的对死亡的迷惑。

到目前为止，建筑始终是一种缺乏幽默感的艺术形式。的确，建筑是持久的，而幽默是短暂和受情势影响的，这两者之间明显会产生冲突。那种认为建筑应该充满了乐趣和幽默的想法，其实显示出人们对现实和今日盛行的艺术的扭曲理解。比如说，人们肯定不会指责米开朗基罗的建筑缺乏幽默感。后现代主义，精打细算地利用那些从前在建筑学中几乎无人知晓的时尚和风格价值，例如幽默、滑稽、嘲弄和讽刺等等，企图以戏剧化的表达方式重新夺回它在公众意识中的地位。

在不久的将来，超级大城市的前卫建筑师们无疑将展现一些新建筑，那些建筑将完全背弃它们对人类和人类的制度提供保护的主要职能，而会成为对人类提供酷刑、威胁和终结的器具。我们的煽情文化甚至会创造出可能塌陷和粉碎的建筑物。充溢在漫画书和音乐录影带中的一些仪式般的残酷情节就预兆了这种可能性的爆发。

现实与梦想——空洞的图像

在一个极力设法控制人类思想的社会中，现实和梦想变得可以相互替换。正如安伯托·艾柯所见，我们已经创造出一个超现实，并且对时间和历史进行了伪造，它将成为现实的新标准。[15]因此，创造性的思维必须重新占领这个真正的、真实的世界。创造性艺术家的工作会经历一个奇怪的倒位：它从扩大人类的想象境界，人类的可能性，变成解释和确认我们在现实中的地位。依我所见，在文化历程中，艺术和建筑已经开始履行他们重要的道德任务：在这个正在迅速演变为一个世界性的蜡像展的文化中，艺术必须是一个坚固的堡垒，能够捍卫个体的独特性和体验的真实性。

根据柏拉图的定义，在我们的文化中，人工现实的特征就是模拟：一个从未存在的正本的正宗副本。它不但不制造张力，也就是促使过去与目前进行对话，相反，我们的目前正在吞噬过去。我们已经失去了“与死者对话”的能力，而这种能力曾经被艾略特描述为一种有生命力的传统的核心。[16] 类似沃霍尔画的舞鞋，我们的环境已经变为一幅非历史的自身肖像。新的超现实呈现出的是我们无法梦想的症状。即使饱受打击的现代建筑也并没有失去它与人们沟通的能力，只是我们无法理解它的内涵。迪斯尼世界是一种文化的避难所，这是因为生活在我们这种文化中的人们已经不再能够自动地去梦想和想象。这个看似完美的超现实的假象，实际上已经丧失了可塑性、深度和立体感。超现实主义是一面反映出一个已经丧失深度感的文化的镜子。

在其令人捧腹的的文章《狂欢后你要干什么》里面，让·鲍德里亚介绍了一个在蓬皮杜中心举行的超现实主义的展览：

他们在那里，那些雕像，噢，不完全是雕塑，更像是假人，完全现实的，肉色的，绝对是赤裸裸的，姿态既不是挑衅的，也不是色情的；一切是清楚明白的，乏味的…… 人们的反应很有趣：他们探身向前，一心想仔细看看某些部位，比如皮肤的纹理啦，阴毛啦，所有的细节，可是他们什么都看不到。有些人甚至想触摸这些身体来测试它们是不是真的，当然，这是不成功的，因为一切都已经摆在那里了。它们没有欺骗你的眼睛。因为如果眼睛被欺骗了，那么你所拥有的判断感就会去尝试理解自己是如何被欺骗的，而当没有人试图欺骗你的时候，一个形状就会引发一系列的猜测，变成一种吸引人的、美好的、具体的乐趣。他们更加屈身靠近，最终发现了这个惊人的事实：那里的确没有什么可看的。淫秽，就在于在那里没有什么可以看的。[17]

同样，无论是在购物中心、酒店大堂，还是那些餐厅的装饰，许多次，我也被那些超现实的建筑产品弄得莫名其妙，我最终得出了同样的结论：它们之所以淫秽，是因为在那里没有什么可以看的东西。你是否曾经试图集中精神倾听餐馆等处的背景音乐？这是一个很令人沮丧的经历，因为那里没有任何值得你听的东西。

在同一篇文章中，鲍德里亚涉及影像文化的另外一个特点。他敏锐地指出，今天我们更喜欢欣赏一张绘画中的细节部分的照片而不是绘画本身。同样，我们宁愿从照片上观察建筑物的细节，而不是从建筑物本身。形象已经成为一种迷信。同样，大家可以发现自己在国外时，会把建筑景点或者景观当做一幅幅已经失去了可塑性和独特性的图片来欣赏，就好像它们正出现在一份时尚杂志的页面上，或者出现在电视节目的旅行电影介绍里面。我们的现实几乎是呈密封状态的，并且到处都塞满了复制的图像。

商业化的建筑看起来似乎充满了丰富的思想与创新，但是，我们不能被它误导。这样的建筑不能激发出独立的、自然形成的图像，它提供的不过是一件局限和肤浅的代用品。今日建筑中的曲折和突起、拱门和轮廓，飞檐和角落都不再用来勾画世界，它们仅仅是一堆自动粘贴在一起的图像，借用炫耀的宇宙哲学性解释来赞美它们自己的聪明而已。

在餐馆和商店的装饰方面已渐渐出现一次性的建筑形式，这正是建筑加速消费的一种表现。一次性的建筑开发了时髦的事物。这样的建筑建立在让人们立刻满意，然后在必要的时候又立即抛弃的原则之上，它实现了快速转向下一个周期的图像消费的可能性。内在的陈旧过时甚至成为当今建筑的一种风格或特点。这种消费文化实际上是把建筑变成不痛不痒的环境背景音乐，它提倡在人的生活中采用梦幻的和满不在乎的消费方式。

可用性的篡夺

在适宜性城市中，建筑物和事物的艺术表达通常起源于实用的人工制品。但是，在超级大城市中，建筑和人工制品已经脱离了它的功能而成为一些标志，变成为自主社会的偶像；它们的实际功能已经转化为一种假想的文化货币。“所有的价值都变成标志价值，因此，它们是冷漠的互相交换。”鲍德里亚这样地评价。[18]

一种痴迷生产的文化，在市场真正需求，或者，当短缺的事物已经呈现饱和状态的时候，就不得不把生产转移到讽喻和虚构的事物上面。这正是资本主义最后阶段中的美学基础。正如杰姆逊所说的，后现代主义的美学生产恰巧与物品的生产吻合。从那些用来作为普通穿戴和防护功能的服装，到那些已经不再拥有任何原始功能的艺术对象，或者，如同许多尚未考虑人体工程学要求的当代设计，这些都是说明功能已经被侵蚀的例子。事实上，今日的设计对象的形象价值往往建立于对功能的质疑，或者，对功能嘲弄的基础之上。因此，后现代主义的文化是对功能主义思想的蓄意破坏。

我想在这里指出，我并没有低估诸如新纺织品艺术的艺术价值。对沃霍尔的作品，我也不打算进行任何价值方面的品评。我真正关心的是人们对它背后的那个世界的看法。我使用这些例子的目的，是试图表明在我们的文化中出现了功能价值转移到象征价值或者标志价值的现象，它对消费社会的发展是非常关键的，并最终导致功能性的艺术脱离了它传统的功利基础。在建筑中，这样的发展也不可逆转地发生了。

第二个现实的消失

正如赫伯特·马尔库塞和艾里克·弗洛姆的预测，我们的文化已经变成“单向度”的文化。保护性城市试图消除所有的冲突和紧张的局势，在这样做的时候，它把我们的生存变成一种不痛不痒的消费，也就是说，我们变成我们自身生活的消费者。

马尔库塞认为，当“第二现实”、理想世界与每天的现实之间的冲突消失的时候，工业化人类的思想就会变成单向度。[19] 我们的文化认可理想世界和日常的世界，因此，它勾销了艺术对两者的调停作用。在这个物欲横流的世俗文化中，艺术被人们用来建造出一个世俗的现实，而不是唤起那个能够超越日常生活的形而上学的意识部分。在《单向度的人》中，马尔库塞写道：“今天的小说的特征，是通过删除高尚文化中那些对立的、陌生的和超越性的元素来消除文化与社会现实之间的对立，而高尚文化正是借助这些元素构成现实的*另一维度*。这种对*两维文化*的清算，不是通过对‘文化价值’的否定和排斥而产生，而是通过对它们的复制、大规模的展示，把整体性纳入既定的秩序中。”[20]

等级制度的消失，所有的一切保持平衡——神圣和世俗，现在和今后，还有精神和物质的平等性和互换性，这些已经用光了建筑的信息容量。建筑在视觉上可能显得情趣横生，然而在精神方面或者存在方面，它却是空虚的。根据维特根斯坦的推理，我们的建筑物，最后和所有的逻辑条款一样：它们众口一词，却毫无意义。就如同波兰裔的——美国生态哲学家亨里克·莫斯基说的，现在上帝已经死了，我们必须要按照我们的图像来创建世界。[21] 可问题是，在下一世纪，人类的形象又是怎样的呢?

理想的消失

早期的现代建筑能够影响我们，是因为它们起源于一个理想，一个乌托邦。正如我曾经多次重复强调的：希望是建筑的守护神。我们已经丧失了那些早期开拓者具备的天真的乐观和理想主义。我们的建筑只能是惊人的或者是出于艺术名家之手、诙谐的或者戏剧性的，可是因为缺乏理想，它们很难真正触动我们的灵魂。

让我们用另外一些比较来继续关于鞋的那个对话。勒·柯布西耶为其高层花园项目所做的绘画作品感人地介绍了一种新的生活形式、新的理想以及人类关系。这种建筑具有可塑性和怜悯心，它是一种融入生活的建筑。

理查德·迈耶在密歇根州港口泉建造的道格拉斯住宅（1971—1973年），继承了勒·柯布西耶的风格，却奇怪地让我们感觉它仍然缺乏生命感。缺乏生命感，并不是指照片中没有人像的出现。尽管该建筑设计得如此巧妙，让老柯布和该建筑师比较起来就像一位业余建筑师，但该设计仍然是缺乏内涵的。[22] 在这里，建筑已经成为一种文化的标志，一幅虽然巧妙，然而内容却空洞的图像。

我的第二个比较是由维斯宁兄弟设计的列宁格勒真理报塔。它洋溢着对未来的乐观和信心；它将科技塑造成为一种纯净的奇迹，一种对美好明天的承诺，但也服从于建筑的诗意。

诺曼·福斯特在香港的上海汇丰银行，理查德·罗杰斯在伦敦的劳埃德建筑，都代表了高科技建筑的胜利。然而，在这里，技术已经发展到人们无法控制的局面，它成为以自我为中心的杂耍技巧，以及与生活脱节的工匠式的结构性功用。乌托邦和信仰，天真和理想主义，这些已经全部消失；这样的建筑冷冰冰地站在它们的单向度的“现在”状态之中。

一个建筑项目对功能、技术和经济方面的要求并不能保障建筑的精神信息和建筑质量。和穿越日常生活的诗歌、音乐、绘画和戏剧一样，建筑也起源于相同的精神部分。建筑不单单是有形的构筑物。建筑的任务不是美化或者“人性化”我们的日常生活世界。实际上，它的任务是打开我们意识中的第二个维度，那个拥有梦想、图像和记忆的现实。

理想的缺乏也阻止了激进主义的出现。如果失去了任何可见或者可以想象的社会乌托邦，人们也就失去了革命的理由。漫无目的的不满和焦虑感导致荒谬和虚无主义行为的泛滥，这正是恐怖主义出现的根源之一。

在1856年，卡尔·马克思曾经这样写道：“我们这个时代的所有一切，似乎都包含着自身的对立面……艺术的成就，是以道德品质的丧失为代价的。”[23] 在当时，这个声明显示出来的是人们对待艺术抱有一种保守的观点，但是在130年之后，该观点却被证明是极其正确的。

文化的富营养化

超级大城市的核心问题是太多：在物质和文化方面，一切都被太多地生产。当一切变成色情的、政治的和社会的，当种类如同癌细胞一样到处增生和扩张，它们的意义也就随之消失。就如鲍德里亚的悲观的预言，最后的结果就是文化跌入一种停滞不前、优柔寡断、精神错乱的状态。[24] “文化渗透所有的社会现实，最终，一切都成为文化。”这正是詹姆逊的见解。[25] 这种生长过度，这种文化的富营养化和生产过剩，会造成一种精神上的缺氧，一种文化中的马尾藻海。

随着文化领域中逢场作戏的广告的扩大，人们建立出一套新的艺术道德价值观。在一个生产过度的社会，艺术不应该创造出更多，而是更少的作品。在狂欢作乐的后现代主义之后，新简约主义、新禁欲主义、新否定和崇高的贫困一一到来。质量，作为衡量精神深度的度量，被重新当做艺术的唯一标准。

毫无疑问，在我们的这个环境中，建筑之所以会丧失它的精神品质，是由于集体的智慧“土壤”——培育建筑的土壤，已经消失。因此，这使得福利、富庶和监护的社会成为令人不敢相信的建筑守护神。

随着消费社会的发展，它具备的准民主的特性已经无法再隐藏下去，这让我们严肃地质疑建筑的功能，质疑把社会习俗当做设计目的的正确性，最终，甚至质疑建筑在未来社会的生存可能性。

在消费社会的最终时期，建筑又将是怎样的情形呢？我们的答案是不可避免的：建筑，将不再存在。当建筑学脱离了它的形而上学和生存性的基础，它就成为一种消遣、娱乐和建筑的背景音乐。那个曾经让我们意识到生活中存在的生存问题的建筑，将被另外一种建筑代替。那种建筑形式是和它自身的天性相矛盾的，将所有重要的问题都隐藏在舒适与愉悦，但却导致僵化的表象中。这种形式的文化将为大家建造出一所世界性的敬老院。

在我们的专业中出现了一些分裂的迹象：既存在着一种完全听从和执行业主的约定和命令的设计行为；也存在着一种严肃的建筑，它的功能就是按照艺术的本质来理解我们生存的本质。这样，整个艺术领域被分裂为两个部分，一个是满足文化消费的娱乐分支；另外一个是和音乐、文学和电影一样，为人们提供一种严肃的艺术。

许多年轻的建筑师们也得出自己的结论：在一个消费社会中，建筑只有在发表简短的社会辞职声明之后，退回到自主的、无政府状态的艺术和文化世界，它才能够继续生存下来。在消费社会中，严肃的建筑正慢慢接近文化中的无政府状态，它不遵从任何社会规范，也不去强化社会规范。

例如，法兰克·盖瑞的那些传神的建筑，很大一部分是呈现无政府状态的，它们抨击了高生活水平下出现的虚弱的唯物论和金钱专政。凡·沃霍尔的绘画显示出的是在金钱面前卑躬屈膝的态度，盖瑞的房子则对我们这个时代出现的金融之神表示藐视，或者，不屑地背过身子。

在一个专注于效率而缺乏生活的精神尺度的社会中，真实的建筑必须要和它的功利基础分离。为了保持其精神部分的存在，建筑必须与其本质——那个和社会现实密切相关的部分，产生冲突。因此，为了确保它的生存，建筑必须进行自我否定。

今日美学面临的主要问题，不是“什么是美丽的”，而是“艺术是什么”，就如蒂埃里·杜弗恰当提出的。[26]我们的文化发展使得艺术中的道德内容再次成为人们瞩目的焦点。在这方面，受人尊敬的芬兰哲学家格奥尔格·亨里克·冯·赖特，在他的领域中采用了无政府主义的观点。引用尼采的思想，冯·赖特认为，当文化的基本价值被削弱，变成错误的时候，哲学家的任务就是“使用大锤来进行哲学理论研究”。“哲学家应该宣扬的是——这种无政府状态是形成一个健康社会的先决条件。”冯·赖特这样阐述道。[27]

后记

这似乎是一个对未来表现得非常悲观的看法。然而，悲观正是和期望成正比的。我希望建筑师们能够尽可能明确地感知我们的文化现实，只有这样，我们才能为艺术的领域和道德基础下定义。从热火朝天的现代运动初期就开始存在的、一个创造美好世界的梦想，在今天，应该被一个更现实的看法所取代。我把这种观点称为“文化抵抗的策略”。文化创新的任务仍然是与现时的主流习俗进行斗争，否则，它就不会有创新。看看水流动的方向，我们就会明白建筑该如何自我定位。请思考我所提出的那些意见，让我们从逻辑和道德动机方面对“现代主义未完成的项目”作出进一步探索。

最后，我想率性地引述在1986年5月，弗兰克·盖里在接受《芬兰建筑评论》采访时的对话。盖里若有所思地说：“我记得，在我年轻的时候，我也很乐观……可是，当你变老了，你有时候就会变得愤世嫉俗……这时候，年轻人就会劝告：‘别担心，老爹，我们会解决它的’。”[28]

注释

① Göran Schildt(editor), Stuart Wrede(translator).Alvar Aalto:

Sketches[M].Cambridge: The MIT Press,1978:160.

② Oral quote from a lecture given by Professor Sverre Fehn at the La tradizione moderna symposium in Venice, September 23-25,1982.

③ Henry Moore.Henry Moore on Sculpture[M].London: MacDonald,1966:62.

④ Frederic Jameson."Postmodernism, or the Cultural Logic of Late Capitalism"[J].New Left Review ,1989(146):53–92.

⑤ Jussi Kotkavirta,Esa Sironen.Moderni, Postmoderni(Modern/ Postmodern)[M].Jyväskylä: Tutkijaliitto,1986:27.

⑥ Jürgen Habermas.The Philosophical Discourse of Modernity[M]. Cambridge: The MIT Press,1992.

⑦ Joseph Rykwert.The First Moderns—the Architects of the Eighteenth Century[M].Cambridge: The MIT Press, 1983.

⑧ Ernest Mandel. Late Capitalism (London: 1978), as quoted in: Fredric Jameson.Postmodernism or, the Cultural Logic of Late Capitalism [M].Durham: Duke University Press:35.

⑨ Interview with Fredric Jameson in Helsingin Sanomat,1986-11-17.

⑩ Frederic Jameson,1989:6-11.

⑪ Martin Heidegger. "The Origin of the Work of Art"[M]// Martin Heidegger.Basic Writings.New York: Harper & Row,1977:163.

⑫ Victor Hugo, quoted in: Pekka Suhonen, Talot ja kirjat (Houses and books), Teekkari,1959:20–21.

⑬ Hugo, quoted in: Pekka Suhonen,1959:20–21.

⑭ Juan Pablo Bonta."A Propos the Tribune Projects 1"[M]//Anon.Late Entries vol. II. New York: Rizzoli International Publications,1980:96.

⑮ Umberto Eco.Travels in Hyper-reality [M].San Diego/New York/ London: Harcourt Inc,1986.

⑯ Eliot T S."Tradition and Individual Talent"[M]// Eliot T S.Selected Essays.New York: Harcourt, Brace,1950.

⑰ Jean Baudrillard."What are You Doing After the Orgy?"[J].Traverses, 1984(20).

⑱ Tiina Arppe, presentation of Baudrillard in: Jussi Kotkavirta, Esa

Sironen(editors). Moderni/Postmoderni[M].Helsinki: Tutkijaliitto,1986.

⑲ Herbert Marcuse.One Dimensional Man: Studies in the Ideology of Advanced Industrial Society[M].Boston: Beacon Press,1964.

⑳ 斜体部分是借用了马尔库塞的原始用词，可参见：Herbert Marcuse, 1964:57.

㉑ Henryk Skolimowski.Eco-Philosophy [M].Boston: M. Boyars,1981.

㉒ 对勒·柯布西耶 和迈耶的房子的比较,尽管是为了不同的目的，可参见: William Hubbart.Complexity and Conviction—Steps Toward an Architecture of Convention[M].Cambridge: The MIT Press,1980.

㉓ Karl Marx, Speech in London, 1856, as quoted in: Jussi Kotkavirta, Esa Sironen(editors),1986:18.

㉔ Jean Baudrillard, in: Jussi Kotkavirta, Esa Sironen(editors),1986:185.

㉕ Frederic Jameson,1989:6-11.

㉖ Thierry de Duve, as quoted in: Jean-François Lyotard."Vastaus kysymykseen: Mitä postmodernismi on"(Answer to the question: What is Postmodernism),in: Jussi Kotkavirta, Esa Sironen(editors),1986:149.

㉗ Suomen Kuvalehti (Helsinki),1986(23):3.

㉘ Interview with Frank Gehry."Collisions Between Spaces in Built Sketches"[J].The Finnish Architectural Review, 1986(5):33.

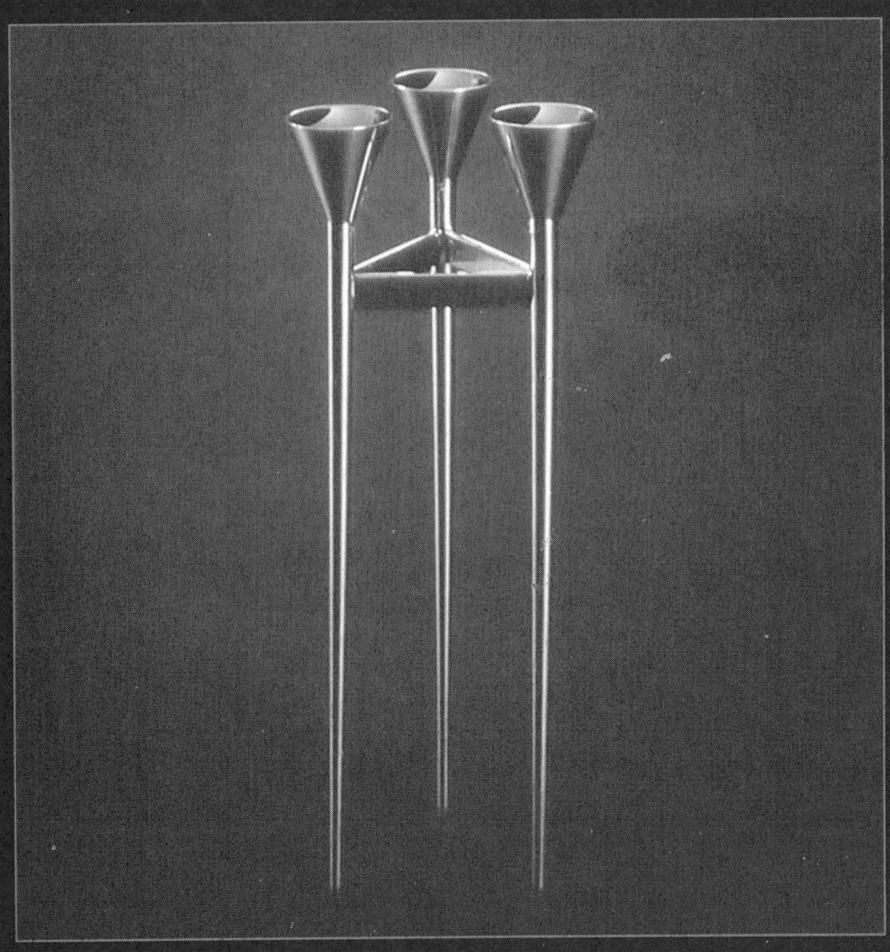

图4：烛台模型，1991年。抛光的青铜，实际物件是作为一个小型化的建筑来设计的。作者：Rauno Träskelin

Figure 4：Candle holder prototype, 1991. Polished brass. A utilitarian object conceived as miniaturized architecture. Photo Rauno Träskelin

Chapter 4

传统和现代性：后现代社会中地域建筑的可行性（1988年）

技术乌托邦和身份

现代运动热切渴望建立一种世界性的文化。这些新的“居住的机器”，设置在“空间、光线和绿化”之中，要将它们中的居民从对过去的牵挂中解放出来，最终培育出一种新的、世界性的人类。①

然而，在半个世纪之后，那些我们早就司空见惯的、过于偏重技术理性和痴迷经济的建筑物，却破坏了我们对地方性和身份的感觉。今天出现的标准化建筑物，不但无法帮助我们把世界观和自我意识融为一体，反而加速了隔阂和疏远的产生。总而言之，我们已经对乌托邦丧失了信心。

与此同时，我们学会了欣赏本土出产的那些独特、真正的艺术形式和本地传统。在早期阶段，人们甚至不认为它是属于建筑领域的一个部分。我们崇尚自然和物质条件之间的有形结合，崇尚传统社会中的生活模式和建筑形式的结合，这些都强化了我们对因果论和存在的感觉。

在传统社会中，当地的条件和文化特性的影响都为建筑带来了多样性。在我们现在的文化中，与流动性、大众传媒和生活方式的同一性相结合的工业技术的强大力量，正在导致差异性最小化的文化之熵产生。当遍及世界各地的20亿人能够在同一时间聚集在电视机前观看同一场足球比赛的时候，地域文化和建筑的可行性究竟意味着什么？我们难道逐渐脱离了我们在地理和文化土壤中的立足点，开始栖居于一个虚构的、编造出来的文化之中，正如安伯托·艾柯所描写的，处于那个“幻影文化”之中吗？[②]我们难道正过渡到一种全球性的消费主义传统、一种已经脱离其根源的印象和信息的马赛克吗？我们的文化注定要失去它的真实性，而演变为坐落在一颗行星上面的蜡像展吗？

多样性对统一性

我们的建筑物正逐步丧失它们的地域感和人性的信息，这无疑要归咎于隐含在建筑行为中的那些文化因素，它们支配着我们文明中的价值、思维和行动方式。

我们是否能够改变我们的文化进程？地域建筑的复苏，是否可能出现在后工业社会和后现代社会中？真实的建筑，真的能在我们生活其中的形而上学唯物主义中存在吗？

显然，一种世界性的、标准化的、抽象出来的环境，对我们的身份和精神的康乐是无益的。文化人类学已经揭示出我们的物质世界与精神世界是不能分离的。这两个领域是融合一体的。因此，我们对物质世界的安排会产生出一个精神上的投影，反之亦然。

能够维护我们身份的建筑必须是能够顺应情况的，是文化意义和象征意义的整体合成。我认为“区域主义”这一称呼不太妥当，因为它暗示了地理和民族的内涵意义，最好能够称之为“情境的建筑或者文化特性的建筑”。

建筑的基本信息是一个关于存在的表达：在这个世界中人类是怎样被感知的？建筑的任务就是协助我们在体验自身存在的同时，挖掘出更深的意义和目的；建筑帮助我们了解并且牢记我们的身份。在此，我们可以引用阿尔多·范·艾克的评价：“建筑，不必多做，也不应该少做，它就是协助人类回家。”[③]

地域的要素

究竟是什么构成了一个特定的地域感觉？它的构成要素显

然是自然的、物理的以及对社会现实的反映。它们是特定的自然、地理、风景、当地材料、技能和文化模式方面的总体表现和体验。然而，顺应当地文化的建筑特性并非是单独存在的，它们已经不可分割地融入当地的传统之中。如果没有一个连续性的真实传统，就算人们善意地采用那些可以构成地域特点的表面元素，它仍然最终注定成为一种多愁善感的透露，成为一件幼稚、肤浅的建筑纪念品。

文化，不是由那些可以随意拆卸，然后再重新组装的元素组合而成的。文化必须是富有生命力的。当文化与文脉和传统的连续性相融合时，就会慢慢地成熟和沉淀。文化是一种现实和信仰、历史和现在、物质现实和精神状态的统一。文化在不知不觉中前进，不受外部操纵。因此，真实的、依照不同的文化而有所区分的建筑，只能从不同的文化模式中诞生，而并非来自所谓设计中的时尚理念。这些条件，是否真的存在于我们的这个时代呢?

例如，墨西哥路易斯・巴拉甘的意义深远的建筑作品，呼应了墨西哥文化和生活的深层结构特征，其中尤为突出的是人们把死亡看做合乎常规的生命中的一部分。他的建筑把这些文化成分转化成一种独特、形而上学和超现实的艺术；一种既是传统的，又是个人的，既是永恒的，又是激进的艺术。

阿尔瓦罗・西扎的建筑是一种对奥波尔图的社会与建筑传统的抽象和结晶。他的建筑是如此的抽象，以致人们很难辨认出这一传统，只能从他的饱含权威的作品特征中感受它的存在。

从匈牙利人伊马尔・马克维兹的地域主义建筑作品中，我们可以明显地辨识，它们实际上诞生于匈牙利的神话和民间传说所激发出的图像中。他的作品渗透出文化透视感，它向人们暗示了古老仪式的存在，仿佛期待人们再次披上中世纪的长袍出现在场景之中。

今天，地域的身份只能存在于尚未被消费社会所征服的文化边缘。

隐藏的文化维度

正如结构人类学家对我们的告诫，人类、人工产品和文化之间的关系是错综复杂的。因为它们之间具备的决定性相互作用是产生于一个无意识的生物文化的层面上，我们很难对这些关系进行合理的设想。人类学家爱德华·T.哈尔所写的那些关于无意识、受文化制约的空间使用的著作，对建筑师来说是非常宝贵的，他出色地观察到这些隐藏的维度。对这些差异做出否认则显示出纯粹的无知。越来越多的人赞同这种文化制约着我们在空间和地域行为方面的观点。比如，近期关于隐藏在语言中的空间几何学的研究，就展示出按照特定语言的特定方式，语言也可以制约人类的空间行为。[4]

在挪威出生的芬兰教授富若德·史东姆斯曾经进行过一系列的心理语言学研究，研究结果显示，使用芬兰语和瑞典语的人们在空间意象与空间的使用方面具备十分惊人的差异，这些差异毫无疑问也反映在芬兰和瑞典的建筑上。[5] 我们很难分析在建筑中究竟是什么构成了瑞典性或者芬兰性，然而，我们却能够一目了然地感觉到它的差异。语言本身也可以用来创造建筑。除了对芬兰景观的形态学研究，瑞玛·比尔蒂拉在他的建筑作品中曾经有意识地尝试表达出芬兰语言的节奏感、复杂性和拓扑性质的特点。

我们芬兰人倾向于按照拓扑结构来组织空间，把无固定形态的“森林几何”当做基础，它和指导欧洲思想的“城镇几何”完全不同。阿尔瓦·阿尔托的作品最清楚地显示出森林几何的定义，特别是玛利亚别墅的设计，以及1939年纽约世界博览会展馆，他都精心地运用了森林意象和隐喻方式。比较哈尔所观察到的法国人的辐射状空间思维或者美国人的网格空间思维模式，阿尔托所采用的这种独特方式并不显得奇怪。

某些特定于当地文化的深层结构属性会坚决抵制任何改变。例如，史东姆斯观察到某些地区特有的说话腔调，即使在这个家庭从原本的地区迁移离去之后，仍然会固执地保存着流传许多代。还有，某些在特定的文化中形成的手势和身体语言特征也同样具备惊人的持续性。我们能够通过对方的手势来分辨出对方是法国人还是意大利人；或者，通过对方的行走方式而确认他是美国人。另外，在欧洲的范围内，当一个美国人提高嗓门大声地说话的时候，我们也能就此猜测出他的国籍。

人类的身体和它的肌肉系统都与文化身份强烈地联系在一起。一种真正的建筑传统显然与人类的潜意识因素紧密相连。例如西非的泥巴建筑传统，相对于与视觉感受的联系，它与人的触觉联系更多。时下的文化中出现了一种令人不安的文化倾向，就是人们的设计渐渐脱离了触感而偏重于视觉感受。然而，在某些情绪状态下我们会返回到触觉的模式，例如当我们爱抚亲人或爱人的时候。

因此，适应文化的建筑就不仅仅是视觉风格的问题，而是文化、行为和环境的综合问题。否认文化差异是愚蠢的，一种特定文化的特征或者风格是不可能自觉地学会或添加到设计中的表面的。它深受特定文化模式影响的结果，也在个体与集体的对话中融合了有意识的意图和无意识的限制，是记忆和体验的创造性综合结果。

所有的艺术家都会通过自己的艺术作品来阐述他们的自我形象，一种与众不同的建筑传统能够支持整个文化中整体性的自我形象。这个原则也适用于显然缺少传统的美国建筑，例如，拉斯维加斯的建筑。

个人和传统

创造性的艺术家与历史之间的关系也同样是很复杂的。真正的艺术家们通常更关心时间和历史的总体感觉，而不是对某段真实的历史或者这段历史的产物感兴趣。艾略特在1919年的论文《传统和个人才能》中敏锐地描述了这种“历史感”以及诗人在面对传统挑战时应该采取的态度：

传统具备一种更加广泛的意义。它不能被继承，如果你想得到它，就必须为之付出巨大的努力。它首先涉及重要的历史感 …… 历史感又涉及人们的感知能力，不仅是对过去的过去，还有过去的现在状态感知；历史意识驱动着作者不仅使用骨子里的自己的时代，而且还使用他对文学的整体感觉去写作 …… 它具备一种同时性的存在，并且建立了一种同步的秩序。这种历史感，既是永恒的，也是暂时的，更是永恒和暂时合成一体的。同样的道理，一个有历史感的作家，既是传统的，同时，他也能够极其敏锐地意识到他在自己的时代中应该保持的立场。

没有任何诗人和任何形式的艺术家可以单独拥有完整的意义。他的意义、他的评价，都是建立在对他和那些已经逝去的诗人与艺术家进行关联比较的基础之上。你不能单独评价他，你必须把他安置在逝者的行列中来进行比较。[6]

今天，在一些艺术家中流行使用历史性和地域性的主题，他们试图借此重现地域性以及体现出那种扎根于历史的感觉。然而，这些尝试通常都以失败而告终。失败的原因，就是他们对文献的单向度使用，以及他们对主题采用的肤浅操纵方式。

现今的历史主义变成一种智力操纵形式，它不再诞生于完整的文化力量 ——“内在需要”（按照康定斯基的命名）。文化被看成是一种在设计中人们可以有意识地运用和表现的客观化的、外部的和特定的现实。往昔被看成是一个用来满足个人意图而任意选择的资源，而不是一个创造性作品的连续统一体。人们不再把文化当做一个自主的过程，而是一个蓄意制造出来的对象。

目前对地方主义的关注面临着明显地转变为情绪化的乡土主义的危险。在我们的专业文化中，重要的艺术作品总是从一个公开的对立中诞生：普遍和独特的，个人和集体的，传统和革命的。

艾略特在他的文章《什么是经典》中描述了精神上的乡土主义：“ …… 一种乡土主义，不是空间上的，而是时间上的：对它来说，历史不过是人类器件的编年史，它已经过时了，已经报废了，对它来说，世界只是属于活人的财产，死人不再持有任何股份。”[7]

阿尔瓦·阿尔托的地域主义策略

在北欧国家以及在作为一个整体的现代主义运动中，最直言不讳地提倡适应环境的现代性的，当然是阿尔瓦·阿尔托。

在经历了对现代主义运动主流及其普遍主义理想的短暂狂热之后，阿尔托开始对普遍性的概念和技术乌托邦的思想体系表示出强烈的怀疑。按照阿尔托的看法，建筑的任务就是调解人类和技术两者之间的关系，并且支持人类社会和文化的融合。

阿尔托的设计拥有一种难以言表的根源性，一种芬兰式的感觉。他的建筑作品能够在观赏者中激发出一种深沉的反应；他的生物形态主义给人一种与有机世界的潜意识联想，而他层次化的构图则给人一种由传统和历史构成的环境印象。阿尔托的意象激活了潜意识联想。例如，小镇和景观的浓缩暗喻图像会让人们联想起中世纪的绘画。在他的一篇早期创作的散文之中（据推测，该文是对某一本书的介绍，该书只保留着文章的开头，并没有写完）。阿尔托赞美了安德烈·曼特尼亚的油画《葡萄园中的基督》，他认为这是一个相关“建构主义风景”和“人造景观” 的杰出代表。[⑧]在阿尔托的一生中，他始终坚持在作品中创建出一个“人造景观”的愿望。这种愿望显然解释了为什么他的建筑具备自我适应的特征。阿尔托的建筑不仅和芬兰的风景相映，还洋溢着芬兰特有的气质。

阿尔托的作品往往对一些重要的组成要素，比如入口，采取一种有节制的表现方式，他更希望把人们的注意力引导到别的地方。这种轻描淡写的处理方式使人不由自主地联想到彼得·勃鲁盖尔的画，在他的画中，神话般的事件被隐藏到日常生活之中。阿尔托的作品给人一种轻松的、本土的感觉，一种邀请性的、好奇的气氛，而不是企图强加权威以及迫使人们进行沉默的参与。

阿尔托的建筑体现出的是广泛意义上的时间和地点，而不是与任何特定的风格或者地点相联系。他的作品既向人们暗示出一个古老的历史、古代的风俗习惯、民间的地中海建筑，也体现出一种匿名的芬兰农民传统。他的作品走的不是所谓绝对典型的现代运动的主线。因此，阿尔托能够在运用历史主题和本土传统的同时，结合现代语言，最终创造出非凡的、扎根于时间和地点的建筑。

乡土风格通常是一种非正统的影响力和主题的混合物，它们已经丧失了大部分的原始意义和完整性。采用类似的方式，阿尔托运用现代主义的词汇，大胆地与浪漫主义、历史小说和民间主题进行非正统的组合。不过，阿尔托对主题的运用方式不是生搬硬套，它们是他重新创作的结晶，只在某处隐隐暗示出它可能的起源。通过对乡土主题的运用，阿尔托的建筑创造出一种轻松、谦逊的气氛，这个优点肯定也非常有助于公众接受他的设计。他的家具设计同样深受一般民众的喜爱，这些都是为数极少的现代乡土设计的代表。有许多其他的设计师参照了阿尔托的设计作品，对之进行了无数次的变异设计和修改，这个现象清楚地显示出大家对这种设计的承认和接受。

由建筑中学院派自我意识的宏伟风格与地方适用的非自我意识之间所形成的相互作用，是这种发展演化的一个基本方面。风格，因为能够制造出一种匿名的应用传统而具备了重要的社会意义。从总体上来说，现代运动的一大缺点，就是它始终无法形成一种生动积极的乡土风格。

适应文化的建筑能够回应传统。它融合并反映了永恒的地方用语，因此一种真正的具备文化特性的建筑不可能是被创造出来的。我们只有通过表现明晰的风格特点，或者，更令人信服地，通过引用隐藏在文化中的维度，来重新认识和振兴属于传统的那些部分。

联合的对手

阿尔瓦·阿尔托和路易斯·巴拉甘的建筑，表明建筑的文化特性并不是对可辨别元素进行一种简单处理。文化孤立主义和保护主义都无法保障该建筑具备独一无二的特性。

地方性的特征，可能，也经常性的，是从完全矛盾的因素中诞生而出的。美国的弗兰克·劳埃德·赖特的建筑是北美和墨西哥的印第安文化、欧洲建筑、日本传统建筑的主题合成。日本的传统艺术对20世纪的西方美学理想的总体影响是一个更具广泛性的例子，它显示出文化具备的不可思议的综合天性。另一方面，强烈受到地中海乡土传统影响的勒·柯布西耶的建筑，已经在日本和印度形成当代最强大的传统之一。从安藤忠雄，查尔斯·科雷亚和许多其他人的作品来看，这种影响又反过来影响到欧洲和世界的其他地区。路易斯·康的建筑之旅，从他的祖国，属于爱沙尼亚的沙任玛岛，通过美国费城和其他地区，最终发展到孟加拉国，在那里，他的几何建筑演变为一个强大的学派，这同样是非常惊人的。今天，芬兰最直言不讳的地方主义团体——北部的奥卢大学，也深受查尔斯·穆尔的影响。今天充满活力的爱沙尼亚的前卫艺术，是俄罗斯的建构主义与美国的后现代主义的奇妙融合，是列昂尼多夫和迈克尔·格雷夫斯的艺术联姻。

一位同事最近发表意见说，在今天，世界各地的地域性建筑看起来都是一样的。所有伟大的艺术往往都趋向于成为地方主义的，原因很简单，因为它是一种开放性的诠释，因此，它能够对所有的文化条件产生回应。一切伟大的艺术都是人类共享的财产和遗产。

在发展能够适应文化的建筑过程中，出现了许多相关灵感和冲动的改革运动，不过，这样的运动并不仅仅发生在我们的信息时代。人们通常认为，芬兰的农民教堂是从一种真正的、土生土长的传统中诞生而出的，然而，它显然和欧洲大陆的宏伟风格相呼应。同样，芬兰自治大公国的建筑个性来自于新希腊的精神。当然，对当时还不算发达的森林地区来说，它还是一种极其陌生的风格。在世纪之交，芬兰的民族浪漫主义者从本土神话和传统中公开征求灵感，希望借此制造出一个本民族的风格。其实，这个风格最终更接近于当时的德国和苏格兰，甚至接近于那些出现在大西洋的另一边——美国中西部的作品。在20世纪20年代，北欧古典主义从意大利北部的古典民居中发现了灵感。半个世纪之后，在北欧国家，一个具备国际化风格的普遍性的理想，成为一种战后现代性的人文主义并带有浪漫色彩的风格。

亨宁·拉森在利雅得设计的沙特阿拉伯外交部是以外国文化为背景、最具备说服力的西方建筑之一。该建筑清楚地显现出在北欧文化同化方面的敏感性。这座建筑是一个非常成功的建筑外交的典型。心理学家所说的“情境身份”，是指在不同的环境状态下，一个单独的个体处于不同的环境状态会相应性地产生出许多不同的行为。比较而言，在相同的环境状态下，不同的个体所产生出的行为则差异不大。或者，我们应该把一个设计师所表现的优越的文化适应性，归功于他具备的特殊的能够适应情境的个性。

关于这里涉及的地域主义，还有另外一个值得大家注意的例子。在1921年，当伊利尔·沙里宁在芬兰南部的树林里为美国摩天大楼——芝加哥论坛报大楼设计蓝本的时候，他的画家朋友卡伦·卡里拉——芬兰民族浪漫主义时期最伟大的画家，在芝加哥开始了对伟大的芬兰民间史诗《卡勒瓦拉》的插图制作。“……（只有）在芝加哥的沙漠中，我父亲的想象力才能迸发出来。”画家的女儿如此描述。[9]

风格的要素

建筑，不是用来表达知识和明确性，而是一种对生存和信仰的表现，是向着和谐方向作出的永久性追求。

一种建筑风格，在个人和集体的层面上，都是通过某种精神定位的组合来限定的。风格的演变就像一个钟摆，随着优先性的改变，从一个极端转移到另一个极端。下面用相反的概念来举例说明这些倾向：

普遍化的/情境化的

集体的/个人的

标准化的/独特的

自觉的/潜意识的

面向未来的/面向历史的

理想的/现实的

结构取向的/形式取向的

理性的/情绪化的

专制的/相对的

理论的/正统的/注重实效的

排他性的/包容性的

第一组倾向代表了国际风格主流的特征，第二组倾向则代表了存在于这个世纪的北欧建筑的特点。今日，似乎存在着一种相当普遍的背离国际主义风格而转向后一种倾向的变化。因此，一种文化特性的趋势正在普遍地获得力量，并且在北欧建筑中可以预见到一种重新开始了的兴趣。

我并不想为建筑辩论创造出更多含糊的术语，然而我们必须承认的是，在过去的二十年中，现代建筑已经发展到一个新阶段。因此，我想使用“第一代”和“第二代”现代主义的概念来区分它们。它们显示出现代主义在外部风格特征上的变化，更重要的是，它们还揭示出人类在心理因素方面的转变，以及人们对文化的新认识。

米兰·昆德拉在他的发人深省的著作《小说的艺术》中宣称，现代主义已经转化成媚俗：“因为时局需要，大众传播媒介的审美转变为媚俗的审美；随着大众媒体逐步扩展和渗透到我们生活的各个方面，媚俗变成我们日常生活的审美和道德。就在前一段时间，现代主义不再循规蹈矩，而开始对它接收的思想和媚俗作出了反抗。如今，现代性已经融入充满旺盛活力的大众媒体中，现代化意味着要努力跟上时代并且适应时代，甚至比最具适应性的还要更能适应。在现代性的肩膀上，披着媚俗的长袍。”[10]

我们无法否认，昆德拉对现实给予了一个严厉的判决，但是，只有认真考虑现代主义和历史、文化以及社会的辩证关系，我们才可能把建筑从媚俗中重新解放出来。我深信，目前正在形成的新的现代主义必将再次摆脱媚俗的纠缠。

两种现代主义

第一现代主义是一种乌托邦式的、理想化的、纯粹的和蛊惑人心的运动，它从由新建筑和艺术所带来的单纯信任中汲取自己的艺术力量。这是一种具有推动力并引起争论的令人惊骇的运动，它相信文化扩张和剧变具有导向更为人性化、健康与完善世界的可能性。

第二现代主义是一种未被幻象遮住双眼的文化现实主义的观点。人们已经不再单纯地相信人文主义会立刻获得胜利，它的潜在功能仅仅是一种文化抵抗所采取的战略以放缓那种讨厌和缺乏人性的发展进程。第二现代主义放弃了解放世界的梦想，取而代之的，是渴望建立一些单独的、能够代表文化意愿和文化抵抗的样板。

风格的变化同样是多面性的。第一现代主义向往无形和失重的运动；第二现代主义则经常显示出重力与稳定、物质感和土地。作为建筑的表现手段，重新回归到土地和重力象征了超凡的意义；在经过了傲慢、野心勃勃的乌托邦之旅后，建筑终于回到安全的大地母亲的怀抱，回到重生和创造力的源泉。

第一现代主义追求使用纯净的造型表达方式，避免使用任何象征意义、典故和比喻，这些特征却是第二现代主义表现方式的重要组成部分。现代主义第一阶段的任务是给人们留下永恒的印象，新现代主义则试图通过材料、回忆和比喻来寻找对时间的体验。第一现代主义钦佩的是完美和有限性；不完善、过程和缺陷，则是新现代主义表达方式的一个部分。第一现代主义旨在永久地创新，第二现代主义则自觉地借用风格。然而，我想强调的是，当代的引用发生于历史的两个方向上，对过去赋予一个新的含义，不是折中主义的定向占有方式。折中主义的艺术，由于无法使已经死去的东西复活，因此表现出的是一种恋尸癖的姿态。

变化的动机

导致这种转变的动力是过去二十年中意识的改变，这种改变实际上比我们中的大多数人愿意接受的程度还要激进许多。第三世界、能源危机和大学革命的出现，以及大规模的通讯和信息技术的发展，都是变化的景象与后现代主义辩论的组成部分。但在第二现代主义背后存在着对极端的科技发展所隐含的危险的认识，以及对西方民主取得的结果的失望。

现代主义的转型不是从天而降的。即使在其早期阶段，表现主义、有机论和地方主义的倾向就已经存在于现代运动之中。第一现代主义的动力在20世纪50年代开始耗尽，新兴的变化从长达十年的国际现代建筑协会讨论中逐渐显现出来。路易斯·康和阿尔多·范·艾克是建筑界的两位最直言不讳的变化先驱。康，恢复了建筑中古老和形而上学的哲学维度；范·艾克，则向大家介绍了一种从人类学和结构主义角度研究问题的观点。

我对连续的现代性的看法立足于一种发展的辩证法观点，它比现代主义已破产的流行思想更具解释性和希望。从根本上来说，我把现代主义看成一种文化方面的辩证法观点，它永远挑战过去，并使其复兴。

新传统

早期现代主义运动具备的感人和乐观的生命力，来自于传统和改革之间的对抗点。随着几代人接二连三地把风格当成一种现成的审美学，而忽略其文化背景和传统的连续性，现代建筑慢慢失去了它的精神深度。

建筑与文化的相互依存关系尚未得到人们充分的认识。如今国际化的消费主义建筑媒体杂志，强硬地把建筑物从它们的文化背景中分离出来，迫使它们孤零零地站在单独运作的建筑舞台。

第二现代主义必须重新学习把建筑看成文化传统的一部分，并对其永恒的本质进行分析。值得注意的是，第一现代主义的创造者们，他们自己往往就是艺术家，或者，是与艺术家密切合作的一些人。现代建筑的精神萎靡则和战后的几代人相关，因为流行性的教育实践和浅薄的敬业精神，这些人和一切艺术都疏远了。今天的新建筑要重新在艺术的沃土中寻求灵感。

民粹主义

建筑师作为一种神话英雄的虚构的失败，导致了设计中民粹主义形式的诞生，对统一意见或者流行品味的崇敬，变成了衡量设计成功与否的唯一权威。这种看法否认了文化发展的本质动力，否认了具有创意的个人和流行的大众之间的对话和对立。

我曾经提到过安伯托·艾柯的信念，他认为，只有当作家构造出一位理想的读者之后，他才能创作出有意义的文学作品。[11] 一位建筑师如果想设计出一个令人难忘的建筑物，也必须先在思想上构造出一位理想的客户，最终构造出一个理想的社会。这种观点并不意味着空洞的乌托邦或者把建筑看成救世主。感人的艺术诞生于充满了希望和理想化的现实之中，以及对更加美好的未来的信念之中。当建筑艺术失去了诗意和形而上学的那个部分，只把满足流行愿望作为它唯一的职责的时候，它就变成一件消费社会的商品。“把猫爱抚到死”，这是一句波兰谚语对我们明智的警告。

建筑和所有的艺术一样，既是自治的，同时也受到文化的制约。受文化制约是指传统和文化背景提供了个人创造的基础，而自治则是指一种真正的艺术表现，从来无需回应人们规定的期望或者定义。人类根本的生存之谜处于建筑的核心，与这个谜语的对抗一直是独特和自主的，完全和“社会委托”的规定无关。对一位建筑师来说，他被委托设计一座教堂，或者，一个纤维素工厂，这两者是没有什么区别的。

建筑的人文使命并不是美化或者教化日常现实世界，而是为我们的意识、想象的现实、记忆和梦想的拓展通向第二维度的视野。

准智能化

在今天神经质的建筑气氛中，理智的建设似乎常常显得比从感官和情感上去面对建筑作品更为重要，也更具核心意义。这种激烈的准理论化和智能化只会加速建筑与社会现实的异化和分离，而不再支持建筑与文化、人工产物和人类的大融合。

今天，有一些建筑师试图尝试要比他们自己的作品更聪明、更明智。米兰·昆德拉曾经谈及过“小说的智慧”，他认为所有真正的作家都明白下面这条超级个人智慧：所有伟大的小说，都比它们的作者更加聪明。比他们的作品更加聪明的作家，应该考虑改变他们的职业。[12] 在我看来，昆德拉的说法也适用于我们的行业，这里也有“建筑的智慧”。

我相信“建筑学的自然哲学”的存在，它使得理论、实践和经验紧密关联。我认为这种自然哲学指的是静默的北欧传统传递出的信息。一种共享的北欧意识是否存在，它又是否能够上升到一种共享的北欧建筑传统？

尽管存在着民族差异，但特定的地理、气候、政治和文化环境必须塑造出一种可识别的北欧思想模式。与许多其他文化中对纪念性、对宏伟的渴望相比较，北欧文化是一种农业小城镇世界观与对尺度的独特感受、对轻描淡写和细致的欣赏的综合体。

北欧的思想状态是以一种强烈的因果关系和文脉性为特点，结合一种比较务实、非教条的生活态度。基于共同的文化和社会的视野，它深具社会凝聚力和团结的意识。

北欧的思想状态具备的另外一个常见的特点就是避免两极分化，无论是在思想上，还是在社会场景中。因此，北欧建筑的特点就是——它一般避免采用极端或者纯粹的态度。建筑已经发展成为一种把从各种渠道接收到的影响和启示融合一体的逐步同化的过程。尤哈·莱维斯卡的当代作品具备了这种感性表现：风格派平面审美、古斯塔夫·洛可可的精致、巴伐利亚·巴洛克的光线高清晰度、一种阿尔托式现代意象，这些特征都体现在他的建筑中。克里斯蒂安·古力克森最近设计的考尼埃宁的教堂是另外一个显示同化的例子，它融合了芬兰中世纪教堂的主题、从柯布西耶那里（根据作者自己的介绍，入口结构的设计直接取材于勒·柯布西耶和让纳莱的《作品全集》的第123页，1910—1921年）的引用、丹麦的尺度感以及阿尔托的材料感。

北欧艺术和文化还具备一个特点，就是对浪漫主义和合理性这两个对立关系进行的融合。这一点，我觉得正好阐释了《北极光》和《夏夜之梦》这两幅北欧绘画标题的本质。它们是在最近面临世纪之交时节出现于国际展览中的两幅作品。卡尔·拉尔森在田园诗般的场景中很好地体现出那种明智的小资产阶级的态度。

对自然的天生的敏感，以及神秘主义和泛神论的色彩，还有农民背景的影响，进一步软化了对理智的渴求。在芬兰的视觉艺术中，理性和建设性的传统始终保持惊人的强劲。与农民生活相关的简单性和禁欲主义的理想，比笛卡尔的理想更加激励着北欧建构主义和纯粹主义。

北欧建筑和日常生活的审美学经历过各种阶段明显的有机发展，从永恒的农民传统，各种古典阶段，功能主义，直至今天。例如，在20世纪20年代，北欧古典主义转变为功能主义的过程，就是一个极其罕见的、不需要经历任何对抗却发生一种决定性的文化转型的例子。尽管它是古典主义和现代主义的理想之间的公开冲突，在北欧国家，这个转变仍然是出奇的顺利。北欧古典主义审美学的禁欲主义精神为现代主义铺平了道路。北欧建筑的特征就是具备理想社会的同情心和责任感，这些观念早在北欧古典主义时代就已经萌芽了。

然而北欧建筑最显著的特点是建筑与社会的融合。现代主义的哲学和审美学已成为北欧社会现实的一部分，这种状态在世界上是独一无二的。在北欧的民主中，现代主义是一种不言自明的条件，我们无法想象另外一种更广泛的折中主义，或者能让历史主义在北欧文化重新复兴方式的出现。

在令人困惑的消费主义文化里，物体和建筑物都逐渐脱离其使用价值，一切转化为适销对路的标志，因此北欧的传统道德、克制和禁欲主义，在这里获得一种更广泛的文化价值。文化转变为一种拥有太多商品的马尾藻海洋，太多的信息、太多的意识形态、太多的一切，“高尚的贫困”的理想和审美有了一种新的道德价值。当我们的唯物主义文化在歇斯底里地生产适销对路的新形象，甚至，把犯罪、暴力和颓废转换成利润的时候，北欧传统代表了一种运用常识的哲学和平凡事物所蕴含的诗意。

工业世界的地域主义无法再建立在一整套孤立的、完美结合的条件限制之中。也许，文化生存最有意义的形式是一种精神上的地域性，抵制性的策略，一种安静的、坚韧的、尊重真实性、追求真实性的特定文化。不是那种建立在所谓人种论上的真实性，而是建立在人类的体验与合作基础上的真实性。

北欧建筑的使命就在于不断发展一种能够关注社会、反应灵敏、可以吸收现代主义思想的传统。

注释

① Le Corbusier.Towards a New Architecture[M].London: The Architectural Press,1959:89.

② Umberto Eco.Travels in Hyper-reality [M].San Diego/New York/London: Harcourt Inc,1986.

③ Aldo van Eyck,Herman Hertzberger. Addie van Roijen-Wortmann[M]. Francis Strauven(editors).Amsterdam: Stichting Wonen,1982:65.

④ See, for instance: Edward T. Hall.The Hidden Dimension[M]. New York: Doubleday,1966； Frode Strømnes.A New Physics of Inner Worlds [C].Tromsö: Institute of Social Science, University of Tromsö,1976.

⑤ Frode Strømnes.“On the architecture of thought”[C].Abacus Yearbook 2. Helsinki: The Museum of Finnish Architecture,1980:6-29.

⑥ Eliot T S. “Tradition and Individual Talent”[M]// Eliot T S.Selected Essays.New Edition.New York: Harcourt, Brace & World,1964.

⑦ Eliot T S. “What is a Classic,”in: Eliot,1964.

⑧ Alvar Aalto.Unfinished Manuscript (c.1926)[M]//Göran Schildt.Alvar Aalto: The Decisive Years .Helsinki: Otava,1986:11.

⑨ Kirsti Gallen-Kallela.Isäni Akseli Gallen—Kallela (My Father Akseli Gallen-Kallela)[M].Porvoo: Werner Söderström Oy,1992:612.

⑩ Milan Kundera.Romaanin taide(The Art of the Novel)[M].Helsinki: WSOY,1986:165.

⑪ Umberto Eco."Postscript to the Name of the Rose"[M]//Matka Arkipäivän Epätodellisuuteen(Travels in Hyperreality).Helsinki: Werner Söderström Oy,1985:331–364.

⑫ Milan Kundera,1986:160.

图5：新步行街和内庭院，赫尔辛基中心，1987—1991年。3个不同形状和材料做成的柱子组成的廊子，其目的是在人一进入庭院时唤醒一种强烈的触感。作者：Al Weber

Figure 5：New Pedestrian Passage and Courtyard, Helsinki Center, 1987—1991. Colonnade of three columns of different shape and material. The intention is to evoke a tactile sensibility in the person entering the courtyard. Photo Al Weber

Chapter 5

建筑的局限性：趋向静默的建筑（1990年）

“愿他活在有趣味的时代。”据说，这是一句中国古人经常引用的咒语。[①]

毫无疑问，我们这一代人正巧承受着这句古老的中国咒语。旧世界以令人震惊的速度发生着如此深刻的剧变，以至于今日文化的真正先锋似乎只能出现于政治舞台，而冷落了艺术舞台。然而，在这些表面上活力盎然和乐观的发展前景之外，还出现了其他的一些情景：例如美国的弗朗西斯·福山就声称，我们正生活在一个“历史的终结”时期。[②]

关于历史终结的想法，绝不仅仅只是福山一个人的看法，卡尔·马克思就认为在共产主义乌托邦建立的时候，物质力量与经济力量的相互影响就已经结束了。其实在这一点上，马克思借用了黑格尔的概念，他把历史看成一个具有开始、中间和结束的辩证过程。黑格尔宣布，伴随着为法国革命的理想而战的耶拿战役以及其后诞生的普遍同质国家，历史，在1806年就已经结束了。

按此推算，历史的进程其实获得了近两个世纪的额外时间。

福山认为“历史的终结”意味着伟大的历史叙事和意识形态斗争的终结，取而代之的是历史的真空、通过统一性而持续的当下和全球的自由主义。福山对后历史条件抱有清醒的估计，并努力寻找一种乐观的方式：“历史的终结将会是一段非常悲哀的时期。人们所付出的那些努力，那些争取获得承认的奋斗，以及人们为一个完全抽象的目标而甘冒生命风险的决心，在世界范围内、在意识形态方面的奋斗中被激发出的大胆、勇气、想象以及唯心主义，全部将不再存在，取而代之的是经济的计算，对技术问题、对环境关注方面的问题进行没完没了的解答，以及尽量去满足复杂的消费者需求。在后历史时期，将不再有艺术，也没有哲学，剩下来的只能是人们对人类历史博物馆进行永久性的看管……也许，在历史终结时，这种未来几个世纪都将处于无聊状态的前景，能够促使历史从头开始再次发展起来。”③

建筑一直被认为也是按照一种渐进的叙事逻辑发展，但也许建筑的伟大故事也即将结束。今后，我们是否只知道随机突变？随着“历史的终结”的宣判，我们是否也面临着“建筑的终结”？当今建筑中出现的分裂以及死气沉沉的折中主义，是否在向我们发出它正接近历史终结的警告信号？对技术和理性，包括与其相关的建筑风格的普遍失望，是否表明文化中辩证过程的结束？或者，它预示了今日建筑领域的多样化种子必须尝试在另外一片更具创造性的沃土上耕种？

迈向一个新的中世纪

从20世纪60年代开始，在某些意大利著作中出现了对历史终结的当代论述观点的支持，并进一步认为我们的文化正向一个新的中世纪方向漂流。

例如，罗伯托·瓦卡的新中世纪观点，预测我们技术时代的庞大制度必然会解体。归根结底，这些基础设施的规模过于广泛和复杂，以致中央当局无法协调，即使是以企业为主的管理系统，尽管它们比中央系统更有效率，然而也注定要灭绝，并且将导致整个工业文明的减速发展。④ 根据这个观点，瓦卡对我们的未来作出了预言，即新的中世纪，它类似于芬兰人潘悌·林可拉写的那些关于启示和拯救的著作。

相对这个主题，安伯托·艾柯提供了一个有趣的延伸讨论，他既从研究家又从分析家的角度，阐述了当代的一些奇妙的现象，例如，迪士尼乐园的符号学和蜡像馆。⑤ 对艾柯来说，没有什么比当代结构主义逻辑、逻辑形式主义，或者，现代科学中的物理和数学更接近中世纪的理智主义。“如果想建立一个良好的中世纪，我们需要什么条件呢？”他提出这个疑问。答案是：“首先，我们需要一个正在崩溃的伟大的和平，还有一种伟大的国际力量，它能够统一世界各国的语言、习俗、意识形态、宗教、艺术和科技。然后，在某一个特定时刻，由于它自身无法控制的复杂性，它崩溃了。它之所以会崩溃，是因为‘野蛮人’在边界紧紧相逼，这些野蛮人不一定是没有教养的野人，但是他们带来了新的习俗，还有，对世界的新看法。”⑥

现在，苏联共产主义国家的瓦解，是不是正好符合了艾柯的关于野蛮人在门外攻击的预测？也许，我们正处于一个新的大迁徙和文化交汇的开始？

尽管在这里讨论并非是文化史的主题，请允许我在此介绍一下艾柯的关于中世纪与我们这个时代的艺术相似性的见解。例如，这两个时期都试图通过视觉上的沟通来消除受过教育的人与普通百姓之间的差距。“中世纪的大教堂，是一本用石头、海报、屏幕和神秘的漫画构成的伟大著作，它的功能是向观赏者阐述一切……”，艾柯这样写道。⑦“简而言之，”他继续解释说，“（通过中世纪）现代西方人已经变得成熟了，如果我们想了解自己的时代正在发生什么变化，那么，对中世纪的例子进行研究，一定会对我们有益”。⑧

新炼金术

对我们文化中出现的中世纪化这个主题，我不适合从专业学术的角度做出进一步延伸，我准备做的，是在艾柯的意见基础上，加上我在艺术和建筑界所观察到的一种新的炼金术形式。炼金术是这样显现的: 人们在或老或新的知识领域中费力地挖掘，努力寻找一颗哲学家的试金石，然后，为了把生命力注入该原料之中，他们把那些平庸的、琐碎的、无价值的，以及被人们拒绝的东西，赋予一个神圣的光环。在最近出现的许多建筑项目和著作中，作者都表示他们希望回归到中世纪的神秘和迷信的愿望，他们甚至还描绘出一种实际的回归。我们日常生活中的物体和房子，在收到实证主义思想赠送的死亡之吻之后，又重新复活了。

令人惊讶的是，今天建筑先锋的设计经常表现为不含任何目的隐喻性的机械设备。与此同时，当这些设备对人类感官的自然世界表现出一种防御性的回归时，它们远离我们这个时代的电子化的无情，也表达出对中世纪精神的迷恋。

近年来，许多建筑学校对中世纪的思想和艺术都暗暗显示出兴趣。在创造"建筑阅读机"（一个基于中世纪的阅读器具）时，丹尼尔·里伯斯金的学生们从衣着、居住到工作都模仿中世纪的僧侣，该作品是在1985年的威尼斯建筑双年展赢得金狮奖的三个"机器"之一。

一个自由和挫败的时代

我曾经阐述过"历史的终结"和"新中世纪"这两个概念，并把它们作为我对目前建筑与现实关系讨论的开场白。随着"柏林墙"的轰塌和欧洲一体化的出现，也许还有更加深刻的变革正在我们身边发生。我希望我的观察对大家既有提示性，又是中肯的。

与其他艺术一样，建筑，是文化现实中的压力冲突和在艺术中争取自治的内在斗争的产物。艺术，既能够反映出现实，也能够在同一时间引发意识变化——它既是原因，也是结果。维克托·冯·维兹萨克曾经这样写道："现实处于明显的反面。"[9]现实，既不是原则性的，也不是揭露性的。现实，是主题性的，人们能够通过艺术的重要方式去理解它。由于现实和艺术紧密交织在一起，因此，我们很难对它们的关系进行分析。

我们生活在一个既充满挫折又充满自由的时代。有一些人认为，旧秩序能够把我们破碎了的世界观重新组装，让它恢复完整，对他们而言，这个时代是充满了挫折的。另外的一群人认为，这个时代饱含着自由；在我们那些澎湃的、马赛克的、分散的意识中，他们看到了一个崭新的、更加精彩的、更加充满活力的系统的出现，总而言之，这将是一个更高的系统，一个脱胎于混沌系统的可能性。在最近的许多建筑项目中，我们都清楚地发现，建筑设计从古典的欧几里得的几何与形态过渡到充满了混乱和机遇的美学法规。

乌托邦的终结

总而言之，今天的建筑体现出伟大的乌托邦的终结。那个争取创建一个畅通、进步的世界秩序的努力，最后以失败而告终。它的伟大的世界景象，在快要被实现之前，就已经被毁坏得面目全非，让我们无法识别出它最初的模样。

伴随着对乌托邦的抛弃，我们的文化也似乎最终失去了它的单纯性。然而，一个失去单纯性的文化不再具备任何好奇心，也就失去了对发明和发现的喜悦或者对唯心主义的狂喜，因为意识到人类能够掌握的知识是有限的，我们的思维也趋向庸俗。伟大的探索时代已经结束，甚至连太空探索都成为一个常规（编者注：然而最近发生的一些悲剧使这些项目暂停发展）。当真正的发明时代终结的时候，剩下来的就全是伪造出的新形式。意识形态、理想主义和启蒙运动已被玩世不恭、自恋态度和人们对转瞬即逝事物的追求所取代，人们渴望通过瞬间的辉煌来获取持久的声誉。

当人们付出的所有认真改善世界的努力，最后都以失败而告终的时候，生命，就会转变成一种娱乐和消遣的组合体。当人们无法控制或者理解某些事物的时候，他们就会觉得自己没有必要再去进行尝试。正如弗雷德·詹姆逊悲观地指出的，对后现代主义者来说，真理根本就不存在。[10]

今天的建筑也表现出这种肤浅和缺乏信仰的特征。建筑，变成众多游戏中的一个，它缺乏事关生存的严肃性，正如康定斯基所概括的，它缺乏艺术必需的“内在需要”。

乌托邦的可能性和先锋

我们的文化核心问题是：乌托邦是否可能实现？我认为，伟大叙事时代的结束导致了乌托邦的终结。在詹姆逊看来，乌托邦理想的消失也意味着尊严的消失，以及生活中另外一个选择机会的消失。乌托邦，现在已经被科幻小说和科学童话所代替，对它们，人们不必付出信仰，更不需要因为实现这个信仰而牺牲自己的生命。在缺乏乌托邦基础的时代，只可能出现一个预言性的反乌托邦，的确，反乌托邦思想已经滋生于艺术的各个领域了。

乌托邦的不可能性促使我们去考虑先锋的可能性。这个时代的先锋，是否可以在投入媒体消费文化所敞开的无所不能的怀抱之前，与社会惯例保持足够的距离和抵抗力？未来派艺术家的格言“打倒月亮！”，是否只是那些艺术演员在扮演先锋角色时挂在嘴边的一个口头禅？艺术，是否会再次把我们的日常生活情绪推入低谷，甚至在它表现得最出色的时候，也只能给我们带来一些类似轻微搔痒的愉悦感？艺术，在媒体充斥了我们的意识，日常现实因此变得夸张的时候，是否能够给我们带来一缕真实呢？

建筑的社会内容

现代建筑从它的社会内容和乐观主义精神中获得一种抒情的特征。现代主义的先锋是以社会为动机，它的艺术灵感来自对社会的愿景，来自对一个美好未来的思量；甚至对现实世界的基础表示出质疑的超现实主义和达达主义艺术也以解放社会为宗旨。在今日的先锋作品中，这种综合性的动机以及社会理想化，也就是艺术道德层面的本质，似乎都已经减弱了。从许多方面来看，这个综合性的视野已经成为一种语言形式、一个扮演的角色，或者，是对意义和历史的一种思维解构和译码。

现代建筑所面临的挑战，就是要解决那些实际的社会问题，而从存在主义的角度看，我们现在的福利国家建筑只能解决一些表面上的问题。现今建筑的目标，往往只关注事物的表象而不是它的本质。可悲的是，今日的先锋作品往往只是为了获得人们的关注，或者，缓解无聊感，而不是把对社会的愿景作为它们的动机。

“如果对艺术的社会影响力和外部重要性缺乏理解，那个激发艺术的自我陶醉感就会演变为一种病态。”美国艺术评论家唐纳德·B. 卡斯比特曾经这样评价说。[11]

不难预期，未来建筑最伟大的改革者，将是一种新的、不可避免的生态生活方式。它将恢复建筑中道德的必要性。“力量，生于对立，死于自由。”正如列奥纳多·达·芬奇的理解。[12]

建筑作为图像

建筑创造了图像。最有力的那些图像成为构造出文化整体的神话。

现代派历史中重要的建筑作品，能够反映出逼真的现实图像和一种崭新的、解放的生活方式。而我们这个时代的作品显示的则是建筑本身的图片，以及一种不反映任何真实生活方式的专业教条。从这个角度上来说，这些作品不过是一些空洞的图像，其中许多甚至传递出一种无意识的恋尸狂的氛围。

依照禁欲主义的信条，震颠教徒放弃了所有感官上的乐趣和舒适。虽然他们崇尚的是禁欲主义，他们建造的建筑物反映出来的却是深具灵性和崇高感的图像，和他们的作品比较，我们拥有的不过是繁茂而空洞的背景。彼得·艾森曼的理性而机智的项目就表现出建筑自闭症的症状，它们已经完全丧失了与生活的关联。根据我的判断，艾森曼的异化方式是有意识性地拒绝生活。他创造出来的文化箴言是否是正确的呢？那些渴望在建筑中看见一张人脸的愿望，是否代表了迷惑的浪漫主义？

大撤退中的先锋

尤尔根·哈贝马斯把我们这个时代的特点归纳为“大撤退中的先锋”。[13] 它的代表特征就是民粹主义文化的前进步伐导致了大众理想的破灭。人们对当代建筑所产生的真实的失望情绪推动了审美原教旨主义的发展。但是，沉浸在这些情绪中的人们，天真地忽略了文化的发展，忽略了个人和集体的、先锋和惯例的辩证关系。同样，许多学术专家在我们的建筑刊物中申明，人民的呼声才是建筑的真正客户、建筑质量的仲裁者。在过去的几十年中，建筑的确引发人们产生出一些负面的情绪，这让人悲哀，然而，如果就此认为，建筑的目的就是为了满足大众的口味和期望，那就意味着民粹主义文化取得了胜利。这种好像是大众纪念品似的建筑风格，在今天的家庭和餐馆的室内设计中，已经屡见不鲜了！

英国的威力王子在任命克里斯托弗·雷恩爵士作为保卫传统的证人时，其实忘记了雷恩的建筑史。在修建圣保罗大教堂时，雷恩在工地附近修筑了一条五米高的围墙，以便人们可以安心地工作，免受皇室批评家的任何干扰！五米高的围墙！尽管从艺术和结构上看，雷恩的这次设计，和他以前的、因为不符合惯例而遭到拒绝的作品来比较，是比较温和的！[14]

两个现实

让我们停止幼稚地搜索现今美学灾难在当前建筑师和“大众”之间具有矛盾的环境起因。矛盾产生的原因，不是因为今天的建筑师与大众现实之间的距离过于疏远；相反，是因为建筑师们一直无法与我们文化结构中那些不人道的部分保持适当性、批判性、对立性的距离，并由此导致大众和建筑师价值观的扭曲。新建筑的过错，不在于其极端的激进主义，而是因为它的激进主义无法对文化现实提出质疑。

在以前的演讲和文章中，我曾经提到赫伯特·马尔库塞的一个思想量纲的观念，它指的是当理想和日常现实世界之间的紧张关系消失的时候，就会产生“其他层面的现实”。在我们目前的文化中，理想和日常生活相互融合，因此，艺术丧失了作为这两个世界之间的调停者的中心功能。正如马尔库塞展示的，在消灭了较高文化中对立、疏远和超越的元素后，文化和日常现实之间的相互作用也消失了。[15]

媚俗——一种新民俗

在我们的文化形式中，媚俗，无疑是唯一保留的一个民间传统，在世界历史中，它可以名正言顺地被称为第一个具备世界性风格的传统。当文化中缺乏一种引导传统的时候，它就会求助于剽窃先锋产品和生产媚俗。根据艺术评论家克莱门特·格林伯格的见解，当先锋本身开始模仿艺术进程的时候，媚俗，也会复制该仿制品产生的影响。[16]“传统之外的一切，都是剽窃，”伊戈尔·斯特拉文斯基在《音乐诗学》中，这样既矛盾又明智地描述。[17]

精华和流行文化之间的互动一直是文体理想的发展和传播的机制。现在，比其他任何时期都猖狂出现的，是人们把媚俗、实施项目的外行以及糟糕的品位都错当成是先锋的文体装置。罗伯特·文丘里、罗伯特·斯特恩、史丹利·泰戈曼等人的美国牛仔的古典风格，就是已经被先锋接受了的媚俗。这种接受导致了人们对保罗·瓦列里的“美的暴政”发起自觉性地反抗。这种明显的美国审美沙文主义对享有传统文化的欧洲拥有清晰的潜意识的妒忌，并进而转变成嘲弄。

媚俗的印记也同样出现在模仿现代主义语言的建筑中。即便是技能高超的建筑师理查德·迈耶，其建筑作品，或者包含了强烈的现代派折中主义元素，或者变为媚俗的先锋。

传统的可能性

那么，传统是否可能存在于我们这个时代？一个真正的传统是一种生活方式的总和，其中，建筑形式的确定则受到许多已知和未知因素的影响，它几乎不可能是人们审美选择的直接结果。在我们的文化中，究竟是否存在着建立起一个共同的生活方式的基础呢？

举例来说，饱含民俗气氛的匈牙利区域性建筑，算不算一种真正的传统？在我看来，它还不算。我们不能仅仅因为伊姆雷·马克维兹和他的学派对传统进行了主题化，并且使用这些主题来创造建筑形式，就承认它是一个真正的传统。传统，作为题材和主题的结合，只能唤起人们对失去的传统的怀旧之情。正是这种渴望，能够强化民族的个性，因而具备着一种重要的政治意义。我并不打算在这里否认马克维兹作品确定无疑的艺术价值。需要注意的是，当谈到我们自己时代的传统的时候，要意识到，它和已经建立的社会中存在的建筑传统，其实是两回事。

现代传统并不存在于建筑的某种特殊形式和风格中，而是存在于它所具备的勇于提问和辩证思考的态度。如果现代建筑学改变其勇于质疑的立场,而听命于死板的风格指令，它也会陷入媚俗。

克莱门特·格林伯格认为，在艺术内部存在的批判特性，“康德哲学的内在评判”，是现代主义的精髓，也是艺术的基础。“在我看来，现代主义的精髓，是使用科学分支的特有方法，来对该分支进行批判，不是为了推翻它，而是促使它在自己的领域中变得更加强大。”他这样写道。[18]

巨大的质疑

在过去的二十年中出现了自本世纪初以来，人们对建筑发出的最尖锐的质疑，人们不仅仅抨击了那些已经成立的建筑风格，而且还对建筑体验的基础提出了质疑：重力，垂直度和水平度，稳定性和结构的逻辑性，秩序和一致性，有效性和实用性。“大撤退的先锋”随后对维持了一个世纪之久的现代运动，提出了其总体发展可能性的质疑；在这个过程中，正如莱昂·克里尔要求的，一部分人期望能够完整地回归到前工业时代。克里尔的审美回归思想也并行于生态圈中。

在仅仅二十年的岁月里，建筑的形式方面就发生了原子弹式爆炸，它相当于在激进主义中立体主义的爆炸。正交的秩序被混乱的、倾斜的角度和重叠的坐标取代了；人们在创作时只使用一个主导性主题的原则被多方面的主题和缺乏层次体系取代了；在现代建筑中，封闭、完整和完美的形式被蓄意的混乱、缺陷和不完整取代了。

如果引用19世纪时波德莱尔对安格尔肖像的批评，那么，这个爆炸可以被看做是对古典艺术传统“专制性完美”的反应。

拼贴和编制文化

在现代主义的纯粹主义之后，最引人注目的，是今日建筑中出现的“不纯粹”，也就是说，逻辑和不逻辑的、结构化和非结构化的、功能性和非功能性的元素之间，能够产生宽容的结合。事实上，是阿尔瓦·阿尔托率先推出这种“混合的”建筑，它鼓励对建筑的多重阅读。

我们这个时代的艺术的主要方式，包括它传达出的信息，是中断的、碎片型的，是无关元素的大拼贴。这些方式清晰地表现为新的信息现实的马赛克和不受任何约束而自由流动的意识，其熟悉的表达模式则是一串梦幻般、不包含日常现实的逻辑和意义的图像。

这种偏好把不相关的元素和图像结合在一起的习惯，与艾柯的关于我们这个时代趋向中世纪化的见解相关。他曾经解释说，我们的时代和中世纪时期相比，有一个相似点，就是人们都通过重新组合和拼贴的方式，对过去的文化遗迹进行收集、库存和使用，“我们这个时代的艺术和中世纪的艺术一样，缺乏系统性，最终沦落为添加剂和复合材料。人们做出巨大的努力，进行复杂的精英实验；除此之外，在这个过程中还存在着持续性地交换和借用的行为，按照人们所需，前一个世界的遗迹被拆卸，然后被人们重新估量……”[19]。

在《超现实旅行》中，艾柯列举了波希米亚的查尔斯四世宝库中的一些珍宝：圣阿德尔伯特的头骨，圣斯蒂凡努斯的剑，基督王冠上的一根刺，十字架的一些碎块，一块圣维塔利斯的骨头，圣索菲亚的肋骨，圣伊欧巴努斯的下颌，鲸鱼的肋骨，大象的象牙，摩西的拐杖以及童贞玛利亚的衣服，还有许多其他的碎片。[20]这种对奇物的收集，不正类似于我们这个时代特有的艺术汇编吗？例如，约瑟夫·康奈尔、阿尔曼、丹尼尔·施珀里、罗伯特·劳森伯格，或者约瑟夫·博伊斯的作品？我们文化中的另外一个特点，就是喜欢把不值钱的遗物神圣化。否则，我们该怎么解释史密森协会最近纳入收藏、在有名的美国电视系列剧《全家福》（*All in the Family*）中，由剧中人物阿奇·邦克用过的摇椅？总结、引用、借鉴，这些都是现代建筑经常使用的方式。同样，在目前的许多设计中，人们也召回了中世纪收藏品中的遗物和奇物，收集圣柯布、圣阿尔瓦或者其他圣人的建筑“骨头”。

今天，人们不再相信现代主义中那个关于独创性的神话。正如威廉·福克纳所说的："艺术家是被恶魔驱使的生物……他完全没有道德观念。只要能够完成他的工作，他可以去剥夺、去借用、去乞求和抢夺任何人、每个人。"[21]

使用价值与形象价值

当代设计的表现之一就是它对功能主义的怀疑，另一表现则是漠视设计中对人体工程学的要求。这两点，都是对严格的功能主义决定论在形态方面做出的明显反应，但也说明，在消费主义后期，有效性和实用性已经变得不再重要。功能主义代表了稀有性和必要性的道德美学，而后现代主义则创造了丰富的自恋美学。当一把椅子已经演化成一种社会地位的象征的时候，或者，成为一个能够揭示扮演角色的对象时，它就不必去履行一把椅子应该为人们提供舒适感的需求了。椅子不再是椅子，而是一种形象。设计和艺术品，甚至房屋，都成为一些标志，或者，成为引发想象的对话，然而它们不再拥有任何使用价值。在我们当代的文化中，功用物件只是看起来有用；房子，也只是看起来像房子。

事实上，艺术作品不再是创造形象价值的重要因素，它自己成为产品的创造者。艺术家实际上是在销售他的个性、他的神话，也许最终，是在销售他那令人羡慕的自由，还有他那不屈服于惯例的独立性。正如罗兰·巴特的评价："因此，一件被销售的艺术作品，就意味着一个被购买的艺术家的身体：在这种交换中出现的是我们不得不承认的类似卖淫的一切迹象。"[22]

从这个方面来看，建筑和所谓的"自由艺术"之间并没有什么区别。建筑也已成为一种产品，一个包装好的形象，它的社会魅力可以被人们购买和出售。的确，我曾经遇到过一位建筑物收藏家，他拥有一个"弗兰克·劳埃德·赖特"和一个"密斯·凡·德罗"，他还刚刚收购了一个珍贵的"勒·柯布西耶"。在日本，收集建筑物的爱好尤其流行，那些在国际建筑媒体中大出风头的建筑师们，可以期待借助于此而迅速接到他们的项目。

否认和否定

随着本世纪走向结束，人们也不再对艺术领域进行热切的重新评价。显然，这是“艺术的自我防卫”，它正在和我们文化中饱含剥削性的唯物主义特性做斗争。艺术，通过不断的自我反省和自我决定，终于逃离了威胁它生存的认可；它期望通过扮演一个新的角色而重新受到大家的欢迎。在新兴的艺术和建筑中，这个内部的否认作为一种矛盾的传统意识而隐藏起来，传统，在否定艺术的内在传统方面是明显存在的。我们这个时代最有影响力的艺术作品，始终是以传统为背景，通过融合历史和传统，最终获得重要的意义。通过这种方式，伟大的艺术努力促使艺术历史复活——“与死者对话”，如同T. S. 艾略特在他的一篇内容丰富的论文《传统与个人才能》中所描述的一样。[23]

艺术的领域

当建筑放弃了使用性的标准与结构的可靠性之后，它就进入了通常为雕塑、概念艺术、戏剧、表演和绘画而保留的那个表现领域。雕塑，则恰恰相反，它拒绝了传统的可塑的表达方式，转而试图去解决景观和建筑的问题。

给“地点”下定义，原本是建筑的基本任务；现在它已经成为当代雕塑的中心任务。今天，雕塑已经放弃了以往的可塑的表达方式，而期望能够对地点诗意化或者仪式化。

从许多不同类型的代表作品中，我们能够了解新雕塑的主旨。例如，一座一半被铺满土的画廊（沃尔特·德·玛丽亚），展览区现场中呈现的真实的马（雅尼斯·库奈里斯），一大片在沙漠中能够传导闪电的钢柱（沃尔特·德·玛丽亚），山坡上的一叠石堆（理查德·朗），一幅把许多镜子放在不同位置组成的景观照片（罗伯特·史密森），裹上布的巴黎新大桥（克里斯托），或者，一个徒步旅行的路线图（理查德·朗）。在这个名单中，还可以添加蓬·科科贝、比约恩·卢伽、南希·霍尔特和艾伦·伍德的无功能性的建筑物，以及戈登·马塔·克拉克的被肢解的房子。

本体论的缺席

如同罗莎琳德·克劳斯的描述，雕塑，因此转化成一种本体论的缺席，一种排外主义的结合。她甚至把当前的雕塑特性定义为按照外部限定决定的“非建筑的”和“非景观的”。[24]

在现阶段，建筑也是按照缺乏某种特性，或者，排除某种特性来下定义。也许，我们也需要对目前的建筑领域给予类似的限定，使用例如“非天然的”、“非雕塑的”和“非绘画的”这些排外性的概念。无论如何，完全被功能主义和实用性约束起来的建筑定义，已经无法令人感到满意。

目前，建筑中最重要的发展，也许出现在绘画、电影和诗歌的领域。我的意思是说，这些艺术分支或许比建筑本身更加独立，它们能够根据自己的体验，在实验性现象学的基础上勾画出建筑。安德烈·塔可夫斯基的电影就体现出电影在这方面的发展，这些影片为人们提供了一个对建筑的空间、光和寂静的体验，一个令人心碎的、诗意的体验，而建筑至今尚无法满足这些体验。

艺术的统一

通过对其他类型的艺术作品的考查，我们能够更好地对建筑的界限进行探索，从而在创造建筑形式方面得到收益。那些通过艺术的其他分支结构而创造出的建筑形式，和那些与功能主义思想的形态与功能结为神圣同盟的形式，是截然相反的。也许，建筑的表达形式并非诞生于功能的定义，甚至也不是因为社会的委托，而是和所有其他的艺术一样，它们都拥有一个共同的起源。在各种艺术之间存在着一种结构性的相似，它正是我们在创造性工作中必不可少的能量。阿尔托在谈论三种艺术的共享根源的时候，也曾经涉及这个观点。[25] 这个共同的根源就是诗歌，一种捕捉生活中充满激情的图像的艺术方式。

《芬尼根的苏醒》、《白鲸》、《格林童话》，巴赫和梅芮迪斯·蒙克，文艺复兴时期的绘画和立体派拼贴，这些都有力地证明这种解释性的方式也能够成为创造建筑的一种手段。丹·霍夫曼在匡溪艺术学院的学生们,在对建筑作品进行创造的时候，借用了重力以及他们自己身体的力量。他们的这种尝试可以理解为一种建筑的自动化行为。

当建筑把连接世界神话和仪式当做它的目标时，它就会自动地向戏剧和舞蹈的世界靠近。总而言之，建筑正离开视觉控制的领域而转化进入人体所有感官体验的范围之中。

建筑的自主性

1975年，奥利斯·布隆史迪特在芬兰建筑博物馆建立25周年纪念之际，发表了一个题为“建筑的自主性”的演讲。在当时那种社会共建的氛围中，他的演讲，不论是从主题还是从观点上来看，都被人们理解为反动性的言论。然而，关于艺术自主性的问题，以及为实现这一目标而建议的方法，均蕴含了重要的意义，甚至可以说，具备了革命性的意义。1938年，托洛茨基曾经发表过一个演说，他强调了一个自治的艺术具备一种革命性的本性。“艺术和科学一样，不仅停止寻找秩序，而且它的天性使得它根本不能容忍秩序的存在 …… 艺术，只有当它能够保持对它自己忠实的时候，才能够和革命结成紧密的联盟。”[26]

对自身的内部批判导致绘画放弃探索如何去描绘某个外在现实，而着重关心那些涉及绘画本身天性、涉及绘画器具的问题。绘画，通过对它本身境界的严格限定，并且依靠它自己的器具——也就是在一个二维表面上挥洒颜色，确保了它的自主性。在这方面，诗歌则转向了其内在的语言，转向了那些掩藏在语言中的图像。

在功能主义诞生的时候，还没有人公开呼吁过建筑的自主权。相反，建筑心甘情愿地充当社会改革的工具。事实上，对社会抱有的单纯愿望以及丰富的可再生能源的存在，都确保了建筑的艺术独立性。

建筑的社会责任

然而今天的局面则是完全不同的。建筑已经被工具化，它和我们的技术经济体系紧密相连，以至于建筑中的诗意和关键的表达形式都受到了威胁。建筑，不被允许作为一个自主的艺术分支而存在，而被迫使变成一个满足功利唯物主义要求的工具。作为回报，消费意识却删除了建筑中的那个形而上学的职能，使建筑变成一种娱乐、一种奢侈品。

然而作为一种艺术形式，建筑不需要带给人们舒适的或者愉悦的感受，它往往会唤起隔阂的感觉。建筑和任何其他的艺术形式一样，并非用来直接反映出人们的日常现实生活。它阐明现实中的一些关键性的概念，按照理性化而使之变得清晰。

建筑，作为艺术的一个分支，为了生存，必须从“社会责任”中解脱，保持其独立性，并且赢回它的艺术自治权。在这里，我的观点完全不同于那些认为建筑必须满足大众期望的看法，那些人希望把建筑当成一个能够满足欢乐、祥和的生活愿望的框架。

建筑的革新

荒谬的是，建筑实现自治和“净化”的一个方式竟然是对建筑的有效性和实用性提出质疑。第二个方法则是返回到最初的原理——勾勒出建筑的体验基础；方式之三，在表达方面返回到它原有的、纯粹的建筑语言表达方式，返回到建筑特有的图像中去。最后，方式之四，是建筑摆脱肤浅的、人们时下关注的、时尚的那些部分，摆脱创意的神话，而把注意力集中在普通的诗歌上，即那个躲在平凡事物后面的“另外一个现实”。

安藤忠雄之所以成为当今最重要的建筑师之一，就是因为他擅长使用最根本和最纯粹的建筑语言。他的建筑风格能够清楚地表明“有用”和“无用”之间的区别。安藤的作品表现了克己的诗意、专注和简洁，尤其在今天，这是一种对建筑中过量和不负责任的“自由”的重要对抗。

两种建筑

目前，我们能够确认出两种不同类型的建筑——本质建筑和形态建筑。本质建筑认识到人类的形而上学和生存的问题，试图稳固人类在地球上的地位；形态建筑则通过喋喋不休的表达形式，或者通过对懒惰的迷恋来吸引观众的关注以得到他们的认可。本质建筑会提出问题、唤起或者中止人们的感情；形态建筑则把生活问题隐藏起来，让人们的知觉因为愉悦而变得迟钝。

唐纳德·B.卡斯比特曾经批评过20世纪80年代的艺术中蕴含的极端戏剧性。他认为这种态度和表演艺术相关，因为表演艺术做出的重要贡献，它对一些传统的艺术形式，例如绘画、雕塑和建筑等等，都产生了深刻的影响。“因为画布被当做一个属于私人的地方，”他写道，“它转变成为一个巨大的舞台，被用来攻击我们，迫使我们相信它的言论。”[27]

卡斯比特认为，在20世纪80年代，几乎所有的艺术家都崇尚歌剧风格，也就是瓦格纳风格。[28]在那十年中，建筑的主要趋势表现在失去亲切感和迈向瓦格纳主义。许多建筑刊物都被这种“精神”创造出的挑衅的产品而占据，它们傲慢地控制了我们的情绪。

走向静默的建筑

卡斯比特对未来仍旧抱有希望，他宣称：“一个新的内在需要、新的活力，也许很快就要诞生了：这种艺术对直接沟通不感兴趣，它也不期望取得一个立竿见影的重要意义。如果歌剧的时代在衰弱，那么室内音乐就会变强。当歌剧院走向外向化的时候，室内音乐就会走向内部化。当前者在人群前大展风采的时候，后者就会对个人更具有吸引力，它会提供一份单独的体验，一个属于自己的感觉。”[29]

对今天的建筑，我们期望借助一个类似的表现形式，注重静默，注重个体体验的自发性和真实性。我们需要一个克己、集中和沉思的建筑。我们渴望看见一种能够制止噪音、制止机械性效率以及轻浮时尚的建筑。我们需要的建筑，不渴求引人注目，却能够对日常生活中真实的事物抒发感情。我们向往日常的平凡，一个自然的建筑，那种使我们的心灵充满了快乐的感情的建筑。就好像当我们走进农民的平房时，或者，坐在一把摇椅上的感觉。除了突破建筑的限制，以及对建筑本身重新下定义外，我们今天需要的是一种静默的建筑。

注释

① As quoted in: Umberto Eco.Travels in Hyper–reality [M].San Diego/New York/London: Harcourt Inc,1986:85.

② Francis Fukuyama.“The End of History?”[J].The National Interest,1989(16).

③ Francis Fukuyama,1989:18.

④ Roberto Vacca, as quoted in Umberto Eco.Matka arkipäivän epätodellisuuteen(Travels in Hyperreality)[M]. Helsinki: Werner Söderström Oy,1985:69.

⑤ Umberto Eco,1986.

⑥ Umberto Eco,1986:74.

⑦ Umberto Eco,1985:87.

⑧ Umberto Eco,1985:73.

⑨ Viktor von Weizsäcker.Der Gestaltkreis[M].Stuttgart: Georg Thieme,1968.

⑩ Fredric Jameson.“Postmodernism, or the Cultural Logic of Late Capitalism”[J].New Left Review ,1989(146): 53-92.

⑪ Donald B. Kuspit(editor).The Anti-aesthetic: Essays on Postmodern Culture[M].Hal Foster(editor).Port Townsend: Bay Press,1983:299.

⑫ Leonardo da Vinci, as quoted in: Igor Stravinsky.Musiikin poetiikka (The Poetics of Music)[M].Helsinki: Otava,1968:75.

⑬ Jürgen Habermas.The Philosophical Discourse of Modernity[M]. Cambridge: The MIT Press,1992.

⑭ Richard Rogers.“Pulling Down the Prince”[J].The Times,1989.

⑮ Herbert Marcuse.One Dimensional Man: Studies in the Ideology of

Advanced Industrial Society [M].Boston: Beacon Press,1964:57.

⑯ Clement Greenberg."Avantgarde ja kitsch"(Avantgarde and Kitsch) [M]// Jaakko Lintinen(editor).Modernin ulottuvuuksia(Dimensions of the Modern).Helsinki: Kustannusosakeyhtiö Taide,1989:96.

⑰ Igor Stravinsky,1968:59.

⑱ Jaakko Lintinen(editor),1989:96.

⑲ Umberto Eco,1985:88-89.

⑳ Umberto Eco,1985:87-88.

㉑ William Faulkner, as quoted in:Donald B. Kuspit(editor),1983.

㉒ Roland Barthes, as quoted in: Donald B. Kuspit(editor),1983.

㉓ Eliot T S. "Tradition and Individual Talent"[M]// Eliot T S. Selected Essays.New Edition. New York: Harcourt, Brace & World,1950.

㉔ Rosalind Krauss, as quoted in: Donald B. Kuspit(editor).The Anti-aesthetic: essays on postmodern culture[M].Port Townsend: Bay Press,1983:190-206.

㉕ Göran Schildt (editor), Stuart Wrede (translator).Alvar Aalto / Sketches[M].Cambridge: The MIT Press,1978.

㉖ Trotsky, as quoted in: Donald B. Kuspit(editor),1983.

㉗ Donald Kuspit, as quoted in: Donald B. Kuspit(editor),1983.

㉘ Kuspit,"Ooppera on ohi"(Opera is over),see: Jaakko Lintinen (editor),1989:294.

㉙ Kuspit,"Ooppera on ohi"(Opera is over),see: Jaakko Lintinen (editor),1989:300.

图6：双户型别墅Enarvi，赫尔辛基，1972年。项目是用于工业化住房系统的审美雏形，基于压制的塑形材料形成钢-混凝土框架和立面要素。作者：Al Weber

Figure 6：Two-family house Enarvi, Helsinki, 1972. The project is an aesthetic prototype for an industrial housing system based on a steel and concrete frame and facade elements of pressure molded plastic. Photo Al Weber

Chapter 6

新千年的六个主题（1994年）

“众所周知，近年来西方人观察、认识和表现事物的方式发生了不可逆转的改变。不过，针对西方文化的意义和发展方向，大家始终无法取得共识。”乔恩·R．斯奈德在介绍詹尼·法提摩的哲学研究《现代性的终结》时这样写道。[①] 西方文化新视野的出现，或者，更准确地说，那个旧视野的完全消失，彻底击溃了现代性的理想和愿望的基础。以真理和道德准则的概念为基础的世界观、对建筑使命的看法，以及社会理想和承诺，看起来已经毫无疑问地被粉碎了，而且对目标和秩序的感知也已经被削弱了。今天的建筑先锋完全放弃了现代运动时期的主要挑战——规划、住房，大批量生产以及工业化的问题。

当代建筑为什么会远离社会现实，进入自我指涉和自我激励的状态？为什么在我们的作品中，自恋和自我放纵正逐渐取代共鸣和社会良知？

许多属于现代性的概念都丧失了它们的有效性，例如整体性，它本是现代性的中心概念，以及与之相伴随的时代和发展的观点，也不再得到人们的认同。人们无法借助一种单一的概念解释或者表现来理解现实。在这个千年结束时，整体的历史已变得不可能存在，因为历史已经裂变成许多异质的碎片，而同时，进行补救的未来前景也黯淡了。如同希格弗莱德·吉迪恩和其他人的叙述，人们已经对现代建筑的前景失去了信心，不再相信它可以完成如此庞大的补救工作。结果，那些各式各样被压抑的历史碎片，终于走出了建筑解放的可悲故事的阴影。

卡斯滕·哈里斯曾经这样写道："自一段时期以来，建筑圈内对理论的接受已经成为特例，而对哲学的接受则更非同寻常。这一事实促使我们开始思考……对哲学的广泛关注，是后现代主义中的建筑主题的重要组成部分，这表明建筑已经无法确定它自己的方式。"[②] 今天，人们对理论表现出来的令人迷惑的兴趣，以及对建筑的意义和目的附加的文字说明，都显示出人们对建筑的角色和本质抱有不确定的态度。困在消费文化怀抱中的建筑，正在紧张地寻求自身的定义和自律。否则，这种文化迟早会把建筑转化成一件商品和一种娱乐。

今天，真正令人不安的是那些几乎毫不掩饰的、对虚无主义和精神暴力显示出依恋的建筑物，以及人们把它们当成一种新的审美情趣表现而欣然接受的态度。消费，作为一个毫无原则的思想意识，它无法站在一个真正的反对立场，无法在自己和功能之间制造出足够的距离，它总是选择立即接受并且利用美学或者道德的任意转向。后历史的状况已经摧毁了真正先锋派存在的可能性。

自19世纪60年代以来，艺术及其相对的哲学基础之间的纠缠已明显增加，这种发展趋势也体现在建筑方面，并逐渐被其自身的理论和合理化所认同。艺术，已经放弃了它表现现实的任务，而转向监督表现自身的事宜，以及表现它作为特殊介质的本质问题。因为艺术需要的稳定的概念基础已经不再存在，艺术被迫成为带有批判性的反对派，它试图通过使用否定和拒绝来诠释它的领域。今日建筑的逻各斯中心主义也反映出类似纯真的丧失；在建筑文化统一体中，建筑师们会采用彼此默契的建筑方法，这其实是一种蓄意的思维编造。此外，人们对建筑独创性的痴迷，也排除了我们获取和保留累积知识的可能性。

通过检验本世纪末的文化状态，我们能够更清楚地理解，为什么在目前的建筑中存在着不确定性。通过检验，我们能够更好地理解，为什么就像阿尔瓦·阿尔托早在1958年的预言那样，我们的“建筑学占星术”看起来是那么糟糕。

在现代主义的建筑理论中，它的中心主题就是对时空连续统一体的表现。建筑，被人们看做是对世界观的一种表现，是物理的现实和体验的现实在时空结构方面的一种表现。当然，时空维度，不论是隐藏在语言中的几何学，还是处于生产和政治的形式中，都是人类所有思想和活动的中心。对当代的后历史时空体验的分析，让我们更加接近和明白目前建筑之所以在表现方式方面会挫败的核心问题。

大卫·哈维在《后现代主义的状态》中，使用“时间空间压缩”的概念来描述当代文化正在经历的时间和空间质量方面的根本性变化。他认为，我们因此被迫以很极端的方式改变对世界的表现方式。[③] 根据他的见解，“对时间空间压缩的体验具备一种挑战性，是激动人心的，它有时让人感觉紧张，有时又让人感觉很不安，着实让人兴趣盎然，因此，它是一种社会、文化和政治方面的多样化反应。在过去的二十年中，我们经历过一段时间和空间压缩的紧张时期，它对政治和经济的实践，对阶级力量的平衡，以及对文化和社会生活，都产生了一种迷惑与分裂的影响。”[④]

我们其实是能够清楚理解时空压缩的暗示的: 人类试图通过克服时间的限制来寻求永恒的生命；而在今天，我们试图通过克服空间的限制来寻求拯救。“时空压缩”与随之而来的单调性的体验，促使这两个维度发生了奇妙的融合：空间化的时间和时间化的空间。即时性和分散的时间跨度，减弱了我们对一系列不相关联的现在时刻的体验。此外，商品的生产也将重点放在即时性以及可随意处置上，强调新颖性和时尚感；这种发展趋势也延伸到我们的价值观念、生活方式、文化产品和建筑领域。

建筑之所以会回归到那些已经逝去的往昔图像，是因为资本主义经济运用的非常策略；因为这个策略，整个历史变成一个市场，在那里，人们以寻找传统与争取稳定为名，捏造出地方的传统、民族的传统，还有历史的背景。主题化，变成了一种最新的游说战略，它通过一个脱离了自治自发性的意象来指引和控制人们的情绪反应。图像，不再借助我们的感知和体验而出现，而是通过一个先入为主的解释被强行交给我们。

“因为所有事件发生在同一时期和同一时间，因此它趋向于扁平化，从而产生出一种割裂历史的体验。”弗雷德·詹姆逊这样声明。[5] 暂时性的消失，伴随着深度的消失。詹姆逊强调了在当代文化生产中出现的“无深层意义”，以及人们对外观、表面和立竿见影效果的依恋。他把后现代主义建筑的概念扩展为“做作的无深层意义”。[6]

“不足为奇，艺术家与历史的关系 …… 已经发生了转向”，哈维如此写道，“在大众电视的时代，人们更受事物的表面所吸引，而不关注其深层意义；更欣赏拼贴，而不是深刻的作品；更崇尚叠加的图像，而不是精致的形象；追求轰塌的时间和空间感，而不是一些扎扎实实创造出来的、具有文化性的人工制品。”[7]

在对后历史性的体验中，人们对美学与修辞的体验取代了真理。当真实性的基础正在消逝时，人类文化活动的每一部分，例如科技、经济、政治、爱情和战争，都变成了纯粹的美学。

在我们折中的、修正主义的时代，高科技建筑获得出人意料的成功，这一类建筑成功的诀窍就是因为它们能够自我决定自身的质量和目标，它的技术合理性的内在逻辑取代了关于建筑表现的争论。

高科技建筑推广的性能准则其实还具备一个客观的理由——在建筑中存在的所有形而上学的问题，人们都能够借助科技的逻辑得到解答，并进行转化。海德格尔认为：“从历史角度来看，20世纪的科技是西方最先进的形而上学形式。”正是因为科技的推动，人类思想的客观化达到了它的历史极端。[8]

捍卫文学品质

伊塔罗·卡尔维诺，《看不见的城市》的作者，在他的文学声明“下一个千年的六条备忘录”中宣称，我们这个时代是混乱的和肤浅的；不过，与此同时，对文学，他仍然强调了他不容置疑的信心。“我对未来文学充满了信心，因为我知道，有一些事物，只有通过文学特有的方式，我们才能获得。”他这样写道。[9]

卡尔维诺曾经为哈佛大学查尔斯·艾略特·诺顿讲座准备了一份提纲。在原稿中，他列举了以下六个深富启发性的标题：① 亮度；② 速度；③ 精确度；④ 清晰度；⑤ 多样性；⑥ 连贯性。

遗憾的是，由于卡尔维诺在1985年突然去世，该讲座没能如约举行。然而，人们在他的原稿中并没有找到这六个主题的手稿，在他的工作桌上只保留了五篇充满诗意和智慧的、关于文学艺术在后现代主义状态下的可行性的散文。在这些散文中，卡尔维诺介绍了文学质量的重要标准，它的目的是与后历史文化的浅薄性相抗争，并且加强文学的自我捍卫能力。他是这样阐述他的观点的：“针对下一个世纪的到来，我会在每一次讲座中都有意识地向大家推荐一个我认为十分重要的价值观念。具体地说，在我们这个时代，当其他超速的、广泛传播的媒体取得巨大成功的时候，就会出现一个风险，也就是，所有的通讯方式会最终变成一种单一的、同质的形体。文学的功能就是沟通不同的事物——那些原本就是不同的事物。文学，运用书面语言所具备的真实的特长，不是去抹杀而是去锐化它们之间的差异。”[10]

“只有当诗人和作家敢于给他们自己定下超人想象的挑战时，文学，才可能继续保持它的功能，”他继续写下去，并得出以下的结论：“文学所面临的一项伟大的挑战，就是要把不同分支的知识编织在一起，组织不同的‘编号’，从而建立一种多样化和多层面的世界观。”[11]

基于同样的道理，我认为我们也能够重新树立起对未来建筑的信心；建筑艺术能够独立创造出一个真实的居住空间的存在意义。建筑将继续承担它为人类肩负的一项重要使命：在世界和我们自己之间进行调解，并且为我们理解自身的生存条件而提供借鉴。

捍卫建筑质量

在当前的文化状况下很难出现深刻的建筑和深刻的文学。往往在建筑得到充足的时间而扎根于社会土壤之前，后历史的状况就已经消灭掉任何有效的建筑表现基础，把那些思想和实验提前连根拔起。它们被迅速地转化为图像市场里的瞬间商品，成为缺乏存在诚意的、无害的娱乐。

当今的建筑行业面临着一系列重要的问题。例如：建筑是否能够为它自己确定一个可靠的社会目标和文化目标？建筑是否应该扎根于文化中，从而实现对地域、地点和个性的体验？建筑是否能够重新创建出一种传统、一个共享的理由，为我们提供一个培养真实性和质量的基础？

我建议，在这个千年之交的时候，让我们接受卡尔维诺提出的方案，履行他列举的六项主题中的建议，以便让建筑重新发挥出它的魅力。我坚信，建筑应该继续履行它对人类的使命，也深信它能够在保持时间的连续性和地方的特性方面，为我们提供一个基础。

六项主题

我认为，为了稳固建筑在后历史现实中的立场，贯彻以下六个主题是十分重要的。它们分别是：① 缓慢；② 可塑性；③感性；④ 真实性；⑤ 理想化；⑥ 静默。

的确，上面列举的每一项主题都能够延伸成为一篇单独的文章。在这里，我将简单地为每项主题做出一段简洁的提示梗概，希望借此抛砖引玉，激励读者们展开进一步的思考。

① 缓慢

“建筑，不仅仅是驯化空间，”卡斯滕·哈里斯曾经这样描述：“它也是为了对付时间的恐怖而设置的一项深层防御措施。美学语言，从本质上来说是一个无时间限制的现实语言。”[12]他的这种观点也许是正确的，然而，当代的文化状态阻止我们去理解时间中的这一部分，正如卡尔维诺所描述的：

"今日出版的长篇小说本身就是一个矛盾体：由于时间部分已经被破坏了，我们只能在那些时间碎片中生活或者思考，每一个时间碎片都沿着它自己的轨迹发展，然后又迅速地消失。我们只有在那个时间看起来不再会停顿也没有爆炸的时期，那个持续了不到一百年的时期的小说里，才能重新发现时间的连续性。"[13]

的确，今天从19世纪的俄罗斯、德国和法国的文学著作里面，我们能够体验到时间缓慢抚平创伤的过程。这种愉悦的怀旧感和强烈的着迷感，完全类似于我们面对属于过去辉煌文明时代的建筑遗迹时所产生的体验。不过，建筑作品也是时间的博物馆，它们有暂停时间的能力。伟大的建筑物能够石化时间，即使在今天，我们仍然可以在伟大的中世纪哥特式教堂的空旷空间中，体验到缓慢行进的时间流淌。

在建筑中，往往蕴含着一种依靠传统和历史的积累而形成的缄默的智慧。这个智慧之光照亮了建筑艺术的精神实质。为了重新连接这个静默的知识来源，建筑必须减速。建筑需要延缓，从而再次展开对知识和连续性意识的积累，最终再重新深植于我们的文化中。

我们需要一个敢于拒绝瞬息、快速和时尚的建筑；为了创造一个能够让我们真正理解变革、把握变革的体验背景，建筑必须减慢变化速度，消除不确定感，延缓我们对现实的体验。为避免痴迷于新奇的事物，建筑必须认同和回应人类灵魂中那个生物文化的古老尺度。

② 可塑性

建筑已经成为一种被相机镜头匆忙固定下来的图像印刷艺术。如果建筑物缺乏可塑性，缺乏与人类身体语言的连接，它们就会被孤立于那个遥远的、冷静的视觉领域中。在今天的建筑文化中，拍摄的图像和那些通过新的图表方式产生的建筑图像占据着一种支配性的地位，它们导致建筑特性的单一化，它们只能向人们提供一种视觉感受。由于缺乏触感，缺乏对人体和手工制作的估量和细节，建筑物给人的感觉是可憎的单调、边缘尖锐、非物质性和不真实性。

现今的建筑往往显得单薄和缺乏立体感，归根结底，就是因为我们的科技经济需要这种单薄、轻盈和暂存性的建筑物；人们把建筑物当成一些虚拟的视觉图像而修建，它们的外观则趋向更加单薄和更加轻盈。我们可塑性的想象能力正在逐渐减弱；建筑物往往成为平面与剖面的二维组合，而不是设计师通过运用感官和空间想象力而构思和建造出来的。从总体上来说，建筑师的职业已经成为一种纸上的行业，人们只通过纸上的线条来思考和交流，而缺乏身体和物质的体验。现在的建筑越来越给人一种单调感。它的产生原因众多，比如：工艺的角色在建筑中被大大削弱；非构造建筑的出现；以及人们广泛使用合成材料——这种在科技方面可以被称为完美的外观却阻碍了我们想象力的穿透。

建筑必须重新学会运用物质性、重力和构成它自身的构造逻辑来说话。建筑必须成为一种可塑的艺术，能够让我们赋予全身心的参与。

③ 感性

建筑，从本质上来说是一种调动身体和所有感官参与的艺术形式。然而，如卡尔维诺所说的，不断的“图像的降雨”[14]的瞬间性已使得建筑脱离了其他感官领域，成为一种只与视觉相关的艺术。实际上，即使在视觉中也包含着无意识的触摸成份——我们用眼光抚摸建筑物的边缘、表面和细节。

我们生活在这样一个时代：一方面，我们对世界的感官体验和由此产生的感知之间存在着令人沮丧的差异和距离；另一方面，生命文化历经千年已经在我们无意识的反应中累积下来。我们与体验性的、物质的现实联系正在不断弱化；我们越来越生活在一个虚拟世界之中，生活在一系列毫不相干的、肤浅的感官印象潮流中。

建筑，是用来调解外部和内部的现实，否则它们就会倾向于分化。建筑的任务，就是在人们感知世界的时候，为我们提供一个稳定、可靠的理由，一个让我们回家的理由。“回家”这个概念，不应该起源于人们对过去时光的感伤流连，而应该基于对建筑艺术现象学本质的理解，对当前人类状况的深刻认识，并且通过适当的激进方式来抵抗那个受条件控制的精神力量。

在《马尔特·劳瑞兹·本瑞格的笔记本》中，赖内·马利亚·里尔克描述了在一座被拆迁的房屋里面留下的一些居住痕迹，在相邻房屋的墙壁上留下的一些痕迹："那里有午餐的味道，疾病和呼气，以及多年的烟味，还有嘴巴呼吸的异味，汗脚的油腻气味。有刺鼻的尿味，燃烧后煤烟的呛人气味，灰土豆的恶臭；浓重的、令人作呕的、油脂的陈腐味道；有被忽视婴儿的发甜、挥之不去的气味；受惊的上学孩子的气息；适婚青年床铺上的灼热气味。"[15]

在这个文献中，我们惊人地发现诗人展现的移情能力，以及作品中蕴含的史诗般的共鸣力量。

和诗人具备的敏感性比较，我们建筑师的建筑的确显得枯燥无味和过于简单。今天的建筑物所传达的情绪范围往往局限于狭窄的、对视觉美感的体验，它缺少忧郁和悲剧、欣喜若狂和对立的情绪。伟大的建筑物真正关心的不是审美风格，而是创造出一些体现真实生活的图像，包括所有那些矛盾和不可调和的部分。真正的建筑能够借用我们全部身心的构造来传播它的生存意义。建筑为我们感知和理解这个作为时间和文化的连续统一体的世界提供了基础。

④ 真实性

我知道，从哲学角度我们很难区分本质和表象，以及随之而来的显得十分模糊的真实性概念。尽管"真实性"听起来是一个挺时髦的短语，我想讨论的是在建筑中保持真实性的可能性和意义。真实性，经常与艺术的自主性和独创性的概念关联。对我来说，真实性代表的是深深根植在文化分层上的一个特征。

在消费主义的世界中，人们的情绪和反应越来越受到制约。我们需要的是能够捍卫我们情绪反应的自主权的艺术和建筑作品。在这个不真实和虚拟的世界中，我们需要找到一些能够满足艺术作品真实性的岛屿，它们将允许我们自主地展现出任何反应，以使我们能够真实地确定自己的情绪。

在卡尔维诺的“降雨”似的、没有任何固定位置、没有任何时间限制的信息覆盖下，我们的生存体验已经失去了它的连贯性；我们已经和本体的传统来源脱节。建筑则为我们提供了一种能够衡量和了解我们自己的视野。建筑作品的真实性支持我们对时间的持续性和对人性、天性的理解，它为个体的个性发展提供了基础。

建筑是一门保守的艺术，从某种意义上说，它物化和保存了人类的文化历史。房屋和城市追溯文化的统一体，在其中我们安置自己并借助它来认识我们自己的个性。建筑中的保守主义并不排除激进主义；相反，建筑必须支持我们采用激进的方式来反抗异化和分离，从而加深我们的生存体验。建筑和所有的艺术一样，运用它非凡的影响力和强度来帮助我们体验自己的生命。这种密集的真实性使得我们能够充满尊严地居住于某个地方。

⑤ 理想化

在这个纷扰的时代，我们不能指望通过建筑建立一个田园牧歌式淳朴生活的地方。不过，我们可以创造出能够证明人类价值的建筑艺术作品，揭示出日常生活中的诗意部分，从而在这个似乎已经失去了连贯性和意义的世界中，让它们成为人类希望的核心。当建筑文化的连续性消失的时候，建筑世界就会变得支离破碎，出现在大家眼前的，不过是一些孤立的作品，一个建筑群岛。正如我曾多次呼吁过的，建筑群岛的守护神就是希望。

我曾经指出在建筑和当前文化状态之间存在着冲突，人们也许会误解我赞同建筑师必须忠实地履行客户的明确愿望的观点。实际上，我并不同意这种民粹主义的观点。不加批判地接受大众的呼声或者接受客户的需求，只会导致感伤的媚俗的出现；建筑师的责任是看穿商业、社会和暂时性的、局限的欲望的表面。

真正的艺术家和建筑师必须投身于一个理想的世界；建筑能够使理想的人生观变得具体化。如果这个理想，这个追求理想世界的愿望被人们遗弃了，建筑就会走向迷失。

一位建筑师只有在设计出一位理想的客户和一个理想的社会之后，他创建的建筑物才能够为人类带来希望和方向。如果这些现代建筑的杰作不曾存在，那么，我们对当代生活和自身的理解都会因此而大大减弱：正是这些作品实现了理想化的人类思维和生存的可能性。

建筑既可能容忍和鼓励个性化的出现，也可能对它进行压制和拒绝。我们能够区分出适应性的建筑和抵制性的建筑。第一种建筑有利于人类的和解；第二种建筑则企图通过其傲慢的形式和姿态，对我们强加一个先入为主的秩序。第一种建筑基于根植于我们共同记忆中的图像，也就是，基于建筑现象学中的真实基础。第二种建筑则在操纵图像，它们或许是时髦而引人注目的，但并未将我们的个性、记忆和梦想统一成整体。似乎后者的方式已在专注于建筑时尚的杂志上创造了更令人难忘的建筑。不过，只有采取第一种建筑方式态度，我们才会创造出回家的条件。

今天，我们需要一个不说大话、不追求效果，或者，不试图故弄喧哗来引发众人崇拜的建筑。我们需要一个能够与之共鸣的、谦卑的建筑。

⑥ 静默

我以前曾详细地描述过一种静默的建筑，然而，在这最后一个主题中，我还要添加一些结论性的评注。[16]

瑞士哲学家马克斯·皮卡德在其令人深省的著作《静默的世界》中，曾经这样写道："没有什么比静默的消失更能改变人类的本性。"[17]"诗歌在静默中诞生，渴望着静默。"[18]皮卡德借用克尔凯郭尔发出的指令来总结他的想法："创建静默。"[19]

一切伟大的艺术都是静默的。静默的艺术，不是指单纯的缺乏声音，而是指一种独立的感觉和心理状态，一种对静默的观察、倾听和了解。这种静默能够唤起人们的惆怅感，对缺乏的理想的向往感。伟大的建筑也能够唤起静默。当我们体验一个建筑物的时候，不仅仅要观察它的空间、形态和外观，也需要安静地倾听它的特点，这是一种独特的静默。

强有力的建筑体验能够消除外界的噪音，让我的意识内转，转向自我本身；我只能听到自己的心跳。在体验建筑时发生的这种天生的静默，似乎是因为我们会最终把注意力转向我们自身的生存，也就是说，我发现，我正在聆听自己的生命。

建筑学的任务是创造、维持和保护静默。伟大的建筑，是转换为物质的静默，是凝固的静默。当建造的轰鸣声和嘈杂声逐渐消逝时，当工人的喊叫停止时，伟大的建筑会变成静默永恒的丰碑。在伟大的建筑作品中，人们可以感受到何等的虔诚和坚忍！

注释

① Gianni Vattimo.The End of Modernity[M]. Baltimore: The John Hopkins University Press,1991:VI.

② Karsten Harries."Philosophy and Architectural Education"[M]//Anon. Arkkitehtuurin Tutkijakoulutus ja Tutkimus (Research Education in Architecture).Helsinki: Helsinki University of Technology, Publications of the Faculty of Architecture,1994:13-40.

③ David Harvey.The Condition of Postmodernity[M].Cambridge: Blackwell,1990:147.

④ David Harvey,1990:240.

⑤ Fredrik Jameson.Postmodernism, or The Cultural Logic of Late Capitalism [M].Durham: Duke University Press,1991.

⑥ David Harvey,1990:58

⑦ David Harvey,1990:61.

⑧ Martin Heidegger.The Question Concerning Technology and Other Essays[M]. William Lovitt（trans）. New York: Garland Publishing,1977.

⑨ Italo Calvino.Six Memos for the Next Millennium[M].New York: Vintage Books,1988:1.

⑩ Italo Calvino,1988:45.

⑪ Italo Calvino,1988:112.

⑫ Karsten Harries."Building and the Terror of Time"[J].Perspecta: The

Yale Architectural Journal,1982(19).as quoted in: David Harvey.The Condition of Postmodernity[M].Cambridge: Blackwell,1992:206.

⑬ Italo Calvino.If on a Winter´s Night a Traveler[M].Orlando: Harcourt, Brace & Company,1979:8.

⑭ Italo Calvino,1988:57.

⑮ Rainer Maria Rilke.The Notebooks of Malte Laurids Brigge[M].New York: Random House,1983:47-48.

⑯ Juhani Pallasmaa."The Limits of Architecture—Towards an Architecture of Silence"[J]. Arkkitehti, The Finnish Architectural Review (Helsinki), 1990(6):26-39.

⑰ Max Picard.The World of Silence [M].Washington: Gateway Editions,1988:221.

⑱ Max Picard,1988:145.

⑲ Max Picard,1988:231.

图7：一个艺术家的夏日工作室（Tor Arne），1970年。芬兰湾西南群岛中的Vänö岛屿，均是现场收集的石头，以便于建筑与自然完全融合。作者：Juhani Pallasmaa

Figure 7：Summer Atelier of an artist (Tor Arne), Vänö Island, Southwestern archipelago of the Gulf of Finland, 1970. Built of stones collected from the site in order to blend the building totally with its setting. Photo Juhani Pallasmaa

Chapter 7

触觉与时间：注解弱化的建筑（2000年）

视觉霸权和视网膜建筑

现代派意识和感知现实正逐步向视觉感知至上的方向发展。在最近几年中，一些哲学家针对这个引人深思的发展趋势进行了观察和分析。① 戴维·迈克尔·莱文是一位对当今的视觉霸权表示过关注的思想家之一。他曾经这样鼓励大家对偏向视觉的现象展开哲学性的批判："我认为，我们应该对我们的文化中出现的，存在于视觉中心主义中的视觉霸权发起挑战。我还认为，针对目前在我们的世界中占领统治地位的视觉因素，我们应该从它的特性出发，展开批判性地检查。对每天看到的事物，我们迫切需要做一次预防社会心理病的诊断。作为有远见的生物，我们必须对自我也抱有批判性的理解。"②

同样的道理，我觉得对今天建筑中出现的许多病理症状，我们也可以通过批判现有文化中存在的视觉偏见来分析。由于眼睛具有的影响力大大超越了其他的感官，建筑已经成为一种提供即时的、以视觉形象为主的艺术形式。在当代的建筑设计中，人们不再以创造出人类生存的缩影并体现世界为宗旨；现代建筑的奋斗目标是创造出一些可以立即说服观众的视网膜的图像。表面和材料的单一、统一的照明度、微气候的相似，这些都使得我们对建筑的体验，最后变成一种讨人厌的、令人昏昏欲睡的单调体验。总体而言，在经历了科技文化的标准化之后，人们可以轻易地全盘预测我们的环境状态，该趋势导致了严重的感官贫困化。我们的建筑物不再具备不透明度和深度，不再对我们的感官发出邀请，吸引我们去发现，因此也丧失了神秘和阴影。

多重感官体验：触摸的意义

任何对建筑进行的重要体验都是在履行一种多重感官的组合测量——眼睛、耳朵、鼻子、皮肤、舌头、骨骼和肌肉——它们合作测量出物体的质量、空间和规模。莫里斯・梅洛・庞蒂强调了体验和感官之间的同时间互动。他说："（因此）我的感知不是依照定量的视觉、触觉和听觉组合获得的。我需要用我的整个生命来感觉。在我领会某一事物独具的结构、独具的方式时，该事物会同一时间地向我的所有感官展开诉说。"③

甚至眼睛也必须与其他的感官密切合作。所有的感觉，包括视觉，都是触觉的延伸，因为所有的感官体验都会涉及触感，所以我们可以说皮肤的专业领域就是感官。通过医学证据，人类学家阿什利・蒙塔古对触觉领域的首要地位进行了确认："（皮肤）是我们所有器官中最古老的，也是最敏感的部分。它是我们拥有的第一个沟通媒介，也是我们拥有的最有效率的保护装置……甚至透明的眼角膜，也是附着在一层薄膜的皮肤上……触摸，可以被美誉为我们的眼睛、耳朵、鼻子和嘴巴的父母。其他的感觉都是从触感中分化的。这个事实已经经历了古老的考证；触感被公认为是'感官的母亲'。"④通过触摸这种感官方式，我们把自身以及自身对世界的体验融合一体。甚至视觉感受也是与自我的触觉连续性相结合并保持一致性的；我的身体记得我是谁，记得我在这个世界中的位置。马塞尔・普鲁斯特在《贡布雷》的开篇中，描述了主人公如何从他的床上醒来，在他的"身体两侧、膝盖和肩膀的记忆"基础上，逐渐重新建立起他的世界。⑤

建筑的任务是让大家真真实实地看见"世界是如何触动我们的"，就如同梅洛・庞蒂谈到保罗・塞尚的画的时候做出的评价。[6] 建筑以“世界本身”为背景，对人类的生存进行了具体化的表达。[7]

伯纳德·贝伦森对歌德的 “生命提升”的概念做出进一步的发展阐述。他建议，在体验一件艺术作品的时候，我们应该借助“想象的感受”来幻想出对一个真实的身体的邂逅。贝伦森把这一过程中最重要的元素称为“触觉价值” 。在他看来，真正的艺术作品会刺激我们去想象对它的触摸感受，而这种刺激正是生命提升。[8] 在我看来，真正的建筑作品也会唤起类似的、想象中的触觉感受，因此它也会成为一种让人终生难忘的体验。

我们这个时代带着视觉偏好的建筑，明显地正在促发人们展开对触觉建筑的追求。蒙塔古认为在西方意识中已经发生了一个更宽泛的变化：“在西方世界，我们开始意识到那些曾经被我们忽略的感官。这种意识的发展揭示出来的是一个逾期的反抗；我们反抗这个技术化的世界，因为正是它痛苦地剥夺了我们拥有的感官体验的权利。” [9] 我们的文化讲究控制和速度，偏爱视觉的建筑。这种建筑具备的不过是瞬间的影像和疏远的影响；而触觉建筑则推广延缓和亲密的感觉，引发出身体和皮肤的图像，逐渐得到人们的赞赏和理解。视觉的建筑导致分离，强求控制；而触觉建筑则鼓励参与和联合。触觉感性之所以能够取代疏远的视觉图像，是因为它更具备物质性、贴近感和亲密感。

我们往往没有意识到，一个无意识的触摸元素其实正不可避免地隐藏在我们的视觉中。在我们看东西的时候，眼睛就开始触摸，甚至在我们看到某件物体之前，我们已经触摸到了它。“我们通过视觉去触摸星星和太阳”，正如梅洛·庞蒂如此诗意地描绘。[10] 触摸，是无意识的视觉，这个隐藏起来的触觉体验，能够对感知对象的感官特征做出判断，促成发出邀请或者拒绝、礼遇或者敌视的信息。

物质和时间

卡斯滕·哈里斯这样写道：“建筑，不仅仅是驯服空间，它也是为了对付时间的恐怖而设置的一项深层防御措施。美学语言，从本质上来说，是永恒的现实的语言。”[11]大多数建筑师认为，建筑的任务就是为我们提供一个空间住所。然而，他们往往忽视了它的第二个任务，也就是运用它来调解我们和可怕的、短暂的时间之间的关系。

在追求完美地表达明确的人工制品的过程中，现代主义建筑的主线更偏爱那些追求平面化、非物质抽象化和永恒性的材料和表面。引用柯布西耶的评价，白色忠于“真理的眼睛”，因此能够传播出道德和客观的价值标准。[12]现代派建筑的表面被看成是一种抽象的体积范围，因此，它的本性是概念性的，而不是感官的。建筑师们优先考虑的是建筑的形状和体积，而建筑的表面则保持着缄默，不受人重视；形态是有声的，而物质是缄默的。人们对几何纯度和还原美学的渴望，进一步削弱了物质的现实感。在绘画艺术中也会发生类似的现象：当人们对肖像和轮廓进行突出地勾画的时候，就会削弱色彩在绘画中的配合作用。因此，在调色的时候，那些真正善用色彩的画家就会使用一种淡薄的格式塔形式，从而最大限度地配合颜色发挥运用。对抽象和完美的追求让我们翱翔于思想的世界；而物质、侵蚀和衰败则加深我们对时间、因果关系和现实的体验。

作为其形式理想的结果，当代建筑通常为我们的眼睛设计出一些背景，它们起源于某一个特定时刻，能够唤起人们扁平、暂时性的体验。视觉能够让我们停留在现在时态，而触觉体验则唤起我们对一种进行时态的体验。在建筑设计中，不可避免的老化、风化和磨损，通常不被人们当做有意识和积极的因素。建筑作品往往生存于一种永恒的空间当中，处于一个脱离时间现实的人工状态。[13]现代建筑渴望拥有永恒的青春和永久的现在。对理想中存在的完美和完整性的追求，进一步使得建筑对象脱离了现实时间和使用轨迹。因此，在时间的影响下，或者说，在时间的报复下，我们的建筑显得弱化不堪。时间和使用，不但没有给建筑物赋予深度和权威性这些积极的品质，反而对它们进行了破坏性的袭击。

在建筑史中曾经出现过一个特别令人深省的例子，它正好体现出人类需要通过建筑来体验和阅读时间，这就是人们崇尚设计和建造废墟的传统。在18世纪的英国和德国，这种时尚甚至演变成一种狂热。约翰·索恩爵士在为自己建造那座坐落在伦敦林肯的房子的时候，就吸收了废墟的图像。他还写了一篇假设的未来考古学家的研究报告，把他的建筑想象为一处废墟遗址。[14]

不过，在我们这个时期也有一些建筑师能够唤起人们对时间的愈合力量的体验。例如，西格尔德·勒维润兹的建筑就能够让我们和深刻的时间相连。他的作品，从物质的图像中获得独特的情感力量，向我们诉说着无法洞悉的深刻和神秘，模糊和朦胧，超自然的奥秘和死亡。死亡变成了生命的镜像；借用莎士比亚在《奥赛罗》中的表达，勒维润兹让我们在面对死亡的时候，不再心怀恐惧，而存留在永恒的“时间的子宫”。烧制的黏土砖的梦想，就是成为勒维润兹的圣彼得教堂和圣马可教堂的杰作；就如同大理石的梦想，就是变成米开朗基罗的雕塑和建筑杰作一样；观察者被允许进入黏土和石材所拥有的潜意识世界中。

物质的语言

建筑物的材料和表面有属于它们自己的语言。石头，讲述的是古老的地质起源和耐用性，以及它拥有的持久性的象征意义；砖块，使人联想到土和火、重力，还有建筑的悠久传统；青铜，唤引人们去想象其铸造过程中出现的极度高温和浇铸的过程，人们还能够借助铜锈来衡量时间的消逝。木材则诉说了它的两次存在方式和时间尺度。在第一次生命中，它是一颗成长的树；经过木匠或者细木工的体贴的双手的加工，它获得了作为人类手工制品的第二次生命。所有这些材料和表面都向我们愉悦地诉说了时间的流动。

随着物质性的丧失和对时间的体验，我们再次对物质向我们传递出的信息以及侵蚀和衰败的场面产生了兴趣。在现代艺术中，物质性、腐蚀和遗迹都曾经受到阿特·波韦热、戈登·马塔·克拉克、安塞尔姆·基弗，还有安德烈·塔可夫斯基的电影的青睐。雅尼斯·库奈里斯的艺术体现出物质的梦想和回忆，而理查德·塞拉和爱德华多·奇利达的权威性的铸铁作品则唤醒了人们对重量和地心引力的身体体验。这些作品直接表达了我们的骨骼和肌肉系统，它们通过雕塑家的身体向观众的身体发出沟通信号。当代艺术与建筑再次认识到物质具备的性感和色情的一面。另外一个例子也显示出人们对物质的图像产生越来越浓厚的兴趣，这就是现在流行的、把大地作为创作的主题，作为艺术表现的一个媒介。地球母亲的意象表明，在经过了乌托邦之旅之后，在经历了崇尚自治、非物质性、失重和抽象之后，艺术和建筑学已经回心转意，重新欣赏起侧重内涵、亲密和归属感的古老的、女性化的形象。

拼贴和组合是当代艺术所青睐的艺术表现手法。这些媒介通过将从不相容的起源产生出的意象的碎片并为一处，使一种考古学的密集度和一种非线性的叙述成为可能。拼贴艺术鼓舞了人们对触感和时间的体验。拼贴和电影是本世纪最具特色的艺术形式，并且，这些图像模式已经渗透进入所有其他的艺术形式，其中也包括建筑。

物质的想象力

加斯东·巴什拉，在他对诗歌意象所进行的现象学研究中，对“形态的想象力”和“材料的想象力”给予了区分性的定义。[15]他提议，从物质中产生的图像比从形式中产生的图像，能够向人们提供更深入和更深刻的体验。物质能够引发出一些无意识的图像和情感，而现代性则更关注形态。不过，物质的想象力的加入，这个特征，描述了整个“现代主义的第二传统”（借用科林·圣约翰·威尔逊最近的书名）。[16]

阿尔瓦·阿尔托在远离现代运动的视网膜主义，转向多感官参与的发展中，朝“物质的图像”方面迈出明显的一步。意味深长的是，在同一时间，他拒绝了现代运动中的普遍性的理想，而赞成地方主义的、有机的、历史的和浪漫的理想。阿尔托的情节式的建筑风格抑制了单独视觉形象的主导地位。他的建筑作品并非依靠单一的主导概念来控制所有的细节；阿尔托的作品是通过分开的建筑场景、情节和细部的阐述而发展成熟的。也就是说，他的设计并非依靠一个压倒一切的思维概念，而是创造出一种整体的、持久不变的情感氛围，由此成为建筑的关键。

在30年代中期，埃里克·贡纳尔·阿斯普伦德、埃里克·布里格曼和阿尔瓦·阿尔托，都同时明显地脱离了简化的功能主义美学，而转向多层次和多感官的建筑风格。在1936年的演讲中，阿斯普伦德曾经描述过这种理想的变化："认为只有通过视觉而得到理解的设计才能够被称为艺术的见解是狭隘的。不，任何一种能够借助我们的其他感官，通过我们整体人类意识而理解的，任何可以交流欲望、快乐或者其他情绪的形式，都可以称为艺术。"[17]

这种概念的转变标志着现代建筑已经脱离以视觉和阳性的气质为主，而转向触觉和阴性的感性。对外部的控制感和对视觉效果的追求，已经被增强的内涵感和触觉的亲密感所代替。感官的物质性和传统意识，唤起人们对自然的持续性和时间连续性的有益体验。尽管几何性质的建筑试图建立起一道大坝来阻止时间的流动；可触知的多重感官的建筑则让人们在体验时间的时候，获得治疗功效，获得愉快感。这种建筑不抗拒时间；它只是把时间的进程具体化，让人们更容易接受它。这种建筑寻求包容，而非强迫；它希望唤起人们对家庭生活和舒适的向往，而不是钦佩和敬畏。

承载体验活动的建筑

在通常的设计过程中，设计师往往从一个指导性的概念图像出发，然后履行细节的设计，而体验性建筑则从体验性环境出发，然后向建筑形态发展。事实上，图纸上的这些建筑物有时可能显得模糊、零碎和不完整，这是因为在体验性设计中，只有那些从生活体验情况中出现的特征才能够得到设计师的关注。这是一种感官现实主义的建筑，它完全不同于坚决贯彻一个单一观念的概念唯心主义。阿尔托曾经这样描述他的文化现实主义："现实主义往往为我的想象力提供最强大的推动力。”[18]

建筑通常被理解为一种视觉的句法，但它也能通过一系列的人的境遇和冲突来理解。真正的建筑体验源自真实或者想象的身体性接触，而不是依据视觉而观察到的一些实体。如同我经常指出的，真正的建筑体验更具备动词的特性，而不是名词特性。例如，一扇门所展现出的视觉形象，并不是一个真正的建筑形象；进门和出门才是对建筑的体验。同样的道理，窗框不是一个建筑的单位，从这个窗口向外眺望，或者，通过它，看到日光过滤进室内，这才是真正的建筑碰撞。

在设计拜米欧疗养院的时候，阿尔托通过对体验情况的识别和衔接，制定出一条设计理念。他这样描述他的理论：“…… 对一个建筑物，我们必须从内向外地进行设想，也就是说，从与人相关的细小单位和细节出发形成一个框架，培育出同一系统的细胞群，最终，让它发展成为一个建筑实体。与此同时，建筑师从最小的细胞开始向前发展制造出一个综合体时，就存在着相反的过程，而建筑在他的头脑中则保持着实体的状态。”[19]

阿尔托使用这种分析体验性环境的方法，对疗养院的构思经过感情投入的谨慎研究之后，为人们在最虚弱时提供治疗的工具，“平躺的人”，阿尔托这样称呼前来就医的主顾。[20]阿尔托设计的疗养院，在现代建筑史上是一座既包含了最高超的技术创新，又牢牢地扎根于人类体验现实的建筑。

弱化的建筑

我们的文化渴求权力和统治，这种追求也体现在西方建筑当中；建筑寻求一种强大的形象和深刻的影响。意大利的哲学家詹尼·法提摩曾经谈到一种哲学方式，它不追求把大量人类的讲述统一合并成一个单一的系统，在《现代性的终结》中，他介绍了“弱质存在”和“弱化的思想”的观念。[21] 法提摩的想法与歌德“雅致经验主义”（Zarte Empirie）十分类似，是努力“通过延伸的感情移入和对一个事物的直接体验而产生的理解”[22]。按照法提摩的概念，我们可以把建筑称呼为“弱的”

或者“弱化的”，也许，更确切地说，是一种具备虚弱结构和图像的建筑，与具备强大的结构和图像的建筑相对应。后者希望通过一个引人瞩目的单独图像，通过始终如一的形式衔接来震撼我们；而弱质意向的建筑物则是注重文脉和回应环境的，它重视感官互动，而不仅仅是理想化和概念性的表现。这种建筑是不停发展和开放型的，而不是那种从概念出发过渡到细节的关闭式方式。由于“弱”这个词具备的是负面含义，也许，我们更应该使用“弱化的建筑”这一概念。

在一篇题为《弱质的建筑》[23]的文章中，我们能够意识到，因格纳斯·索拉·莫拉莱斯对法提摩关于建筑现实的见解，和我的理解有所不同。他声称：“在美学领域，对文学、图画和建筑的体验，不再建立在一种系统的基础上，不再出现一个封闭式的、如古典时期那样的经济体制……现今的艺术天地是由不同的体验组合产生的，是姿态万千的，具备最大程度的多样性。因此，我们对美学的认识，是一种薄弱的、零散的、周边时尚的方式，因而否认了它每一次可以最终转化为一种主要体验的可能性。”[24]他把“事件”定义为建筑的基本要素，并且最终得出如下结论：“这就是弱质的力量。这种力量，是当艺术和建筑决定采用无侵略性和不控制的姿态的时候，以偏离正题和弱质的方式，自然而然采用的力量。”[25]

我们同样可以把这个定义延伸为“弱质的城市化”[26]。城市规划的主导趋势也是以强有力的策略和坚实的都市形态为基础的；而中世纪的城市风貌和传统社区的城市环境，则是在弱质原则的基础上发展扩大。强有力的策略是通过视觉和远距离控制的感觉而得到强化的，而弱质的温文尔雅的原则，则造就了亲密而富于参与性的可触知的城镇风光。

在文学和电影中也曾经出现过类似的“弱质结构”。在法国新小说《新罗马》中，作者就故意打乱直线式的故事发展路线，让它具备不同的诠释选择。另外，米开朗基罗·安东尼奥尼和安德烈·塔可夫斯基的电影基于即兴创作，是一种弱质型的电影叙述，运用这种技术方式，在图像和叙事之间蓄意制造出一个距离，故意削弱故事的逻辑性，从而创造出一个图像聚集的联想领域。读者与观众，不再是观赏某件叙述事件的外人，而是一位参与了事件的发展过程、承受一定道德责任的参与者。[27]

弱质的力量

弱化这个概念暗示了移情倾听和对话。在20世纪80年代初，芬兰画家朱汗纳·波龙史第把他的绘画系列命名为《聆听的眼睛》。[28]这个标题暗示了一种从对父权式支配的渴望中解放出来的卑微的目光。也许，我们也应该通过聆听的眼睛来构想建筑。在英雄主义的乌托邦式的建筑理论中，几何构图和形态的简化设计都深受人们的重视，它是一种拒绝时间作用的方式；而物质性和弱化的形态则会唤起谦卑感和持续感。

在建筑中出现的这种偏爱薄弱形象的观念，也相对应地出现在物理学中，它就是“弱力”的理念，在大自然中也存在着弱化的进程，相比而言，我们在技术革新的过程中着实运用了太多物质的暴力。[29]此外，与诸如由戏剧、电影和音乐体验所激发出的情感洪流相比较，建筑是一种从天性上来说就具有弱质影响的艺术。建筑影响的力量，源自于它不可回避的、对我们生存条件的永久无意识的超前理解。

建筑意象的独特“弱化过程”通过侵蚀和坍塌过程而发生。建筑物的实用性、合理的逻辑和细节的衔接都会被慢慢地侵蚀掉。侵蚀，把建筑结构赶进一个无用的、怀旧的和忧郁的领域。物质的语言接管了视觉和形态效果，建筑获得了增强的亲密性。在建筑中，原本追求完美的嚣张气焰，被人性化的弱化感所代替。这就是为什么艺术家、摄影师、电影工作者和戏剧导演，往往会利用侵蚀和被遗弃的建筑图像制造出一种微妙的情感氛围。

安德鲁·托德曾经在他的一篇文章中描述了戏剧导演彼得·布鲁克为了戏剧用途，特意对建筑空间进行了破坏性的改造。他是这样描述的：“墙壁用一种复杂的方式记录下时间的足迹。在那里保存了作为原始的资产阶级音乐厅形式时留下的回波，墙壁上的时间层面呈现出深度的，甚至是悲剧的模样。带有特定风格和时期创造力印记的表皮，已经被彻底毁掉了；因此，墙壁停留在一个人们无法确定的时间之中，处于文化定义和末世论的消亡的中途。不过，这个废墟仍是不停变化的。布鲁克一直不怕对这个地方做出太多的毁坏，他在这里敲个破孔，在那里打一扇门 …… 如果这座墙壁有一层虚拟的铜锈的话，它一定会向我们诉说它积累的、关于布鲁克的工作状况的记忆。”[30]我曾经引述过赖内·马利亚·里尔克的《马尔特·劳瑞兹·本瑞格的笔记》中出色的篇章，书中的主人公从一座被拆毁的房子里面，在邻近的建筑物的墙上，观察到许多人们遗留下来的生活痕迹，借此他体会出在那段时期出现的生活。事实上，正是借用这些痕迹，那个年轻人才能够重新建立起关于他的童年和自我的重要组成部分。[31]

另外一个类似的、能够显示出建筑逻辑弱化的例子，就是人们对旧建筑物再利用与整修的行为。新功能的加入，象征性结构的加入，都与人们最初的建筑结构逻辑产生了短路，因此也揭开人们对情感和表达范围的体验。在建筑设置中，使矛盾因素层次化的方式能够制造出一种特殊的魅力。最让人愉快的博物馆、办公室，或者居住空间，往往是那些经过人们重新改造的旧建筑物。

与生态适应过程的内在弱质性相匹配，生态学方法也偏爱适应性的意象。许多当代艺术作品都体现出这种生态弱质性。例如，理查德·朗、哈密什·富尔顿、沃尔夫冈·莱布、安迪·戈兹沃西和尼尔斯·乌都的充满诗意的作品，都处于与自然的微妙对话当中。这里，艺术家再次为建筑师做出了榜样。

园林艺术是一种天生就与时间、变化和弱化的形象相关的艺术形式。另一方面，几何园林的存在体现出人们企图驯化自然，把它改造成人造几何图案的尝试。很明显，景观和园林建筑具备的传统，能够为已经从几何和强大的形象制约中解放出来的建筑提供一个灵感。生物模型和生物模仿已经进入科学、医学和工程等各个领域。也许它们也能够在建筑领域中取得成功？事实上，在建筑中，敏锐的走高科技路线的设计师已经在朝这个方向努力了。

弱化的建筑图像

日本的庭园建筑崇尚丰富的、相似的、与自然交织融合的主题，以及对大自然和人造形态的精巧的并置，成为一个鼓舞人心的、展现出弱质形式的审美力量的例子。季米特里斯·皮吉奥尼斯在雅典修建的通往雅典卫城步行道的不同凡响的敏感建筑；劳伦斯·哈普林在俄勒冈州波特兰市所做的“艾拉喷泉”那抚慰人心的抽象瀑布；以及卡罗·斯卡帕精心制作的手工建筑配件，这些当代建筑与那些保持永恒的几何建筑不同，它们促使我们和空间、时间建立出一种不同的关系。这些建筑产生出的影响不是取决于某一个单独的概念或者形象。皮吉奥尼斯的作品能够体现出时间和历史的深度对话，以致人们往往把它当做是某种匿名的传统产物，而不去关注它的个人创造者。哈普林的设计对建筑与自然之间的界限进行了探索，他的设计既具备了自然景观特有的轻松自然的风味，又体现出一个人为的设计与地质世界、有机世界的互相对应。斯卡帕的建筑展开了一系列的概念和制作、视觉和触感、艺术发明和传统之间的对话。虽然他的项目往往显得缺乏一个总体性的指导思想，但在对建筑的发现和谦恭方面，它们仍然给人们带来深刻的体验。

当然，阿尔瓦·阿尔托的玛利亚别墅是一个插曲般的弱化形态建筑结构的早期杰作；与似戏剧表演是由每一章表演和每一段乐章构成的一样，该别墅也由一系列的建筑局部或者行为组成。[32]它的创作目的是创造出一种特定的氛围，引发出一种让人们乐于接受的情绪状态，而不是致力于创造形态权威。这个建筑模糊了前景和背景、目标和文脉之间的分类，并唤起一种对被解放了的自然的持续性感知。这是一座注重谦恭和关怀意蕴的建筑，它使我们变成谦逊、包容且有耐心的观察者。这种顺从式的哲学思想，追求实现建筑艺术中那份人道的一致性的任务。

透视空间和周边视觉

空间表现技巧的历史性发展和建筑本身的发展息息相关。

人们对空间透视的认识造就了视觉建筑；而从固定透视中解放视觉的探索，则建立了多重透视和同步空间的概念。透视空间，让我们成为站在外部的观察者；而同时性空间则把我们拥入它的怀抱。这就是印象派与立体派空间的知觉和心理的实质。我们被拉进空间，从而充分体验它表现出来的感觉。塞尚的风景画的特殊真实性，以及弱质的建筑，都源自于它们参与我们的知觉和心理的结构方式。

忙碌的照相机能够捕捉到瞬间的情景，一道仓促的闪光，或者，一个孤立的、精心瞄准的、对焦的碎片；但从根本上来说，对建筑现实的体验取决于周边和预期的视觉；单纯的内在体验意味着周边的感知。我们可以感受到的、存在于聚焦图像之外的视觉领域，就和被照相机定格的聚焦图像一样重要。按照这种假定来分析，历史性的环境和自然的环境能够激发人们强烈的情感参与，而当代空间却往往让我们感觉疏远，就是因为我们的周边视觉过于贫乏。一个集中的视觉让我们成为只是站在外界的观察者，而周边的感知则把视网膜图像转换成一种空间和身体的参与，并且鼓励分享。在衡量真正的建筑质量的时候，我们无法把一幅摄影图像当做一位可靠的证人；如果有些建筑师不那么全心关注他们的作品是否上镜头，他们会做得更好。

甚至创造性的活动，也提倡一种非聚焦式的，未分化的，与整体的触知经验融合一处的潜意识的视觉模式。[33]创造性行为的对象，不仅需要承受眼睛和触摸的探索，它也必须能够转入内心，能够得到人的自身以及生存体验的认同。在思想的深处，聚焦的视觉是封闭的；思想的漫游则借助于心不在焉的目光神游。在创造性的活动中，科学家和艺术家都经历着身体和生存的体验，而非外在的逻辑问题。

容忍和错误的余地

强烈意向的理想追求完善表达的最终人工制品。这是阿尔伯蒂对“不可增删”的艺术作品的美学理想。[34]按照他的定义，一个强大的形象几乎没有改变的余地，因此，面对时间的力量，它具备天生的审美弱点。相反，弱质的格式塔形式允许增加和改变；一个弱化的形式也具备审美的宽容，具备一个变化的余地。“宽容”这个标准也体现在心理层面；现代的设计往往把它们自己限制在排他性美学中，它们创造出一种孤立的、充满傲慢感的、自我中心主义的领域，它们患上了孤独症；而弱化的建筑带来的则是欢迎的开放感和美学的松弛感。

我们必须简化强大的图像，减少问题的多样性和实用性，以便把那些无形的多样的任务压缩成一个有力的单独的形象。这种强大的形象往往是通过严厉的删改和压抑的途径来达成；在图像的清晰中往往包含着隐藏的压抑。

我还想强调一点，我并不是在这里谴责具备这种形态强度的建筑，我只是对视觉上崇尚形式主义的建筑观念提出质疑，面对西方建筑思潮中盛行的简化的美学观点，我在此给大家建议另外一种选择。现今，也有一些建筑师能够把概念强度和微妙的感官融合一体，例如安藤忠雄、彼得·卒姆托、史蒂芬·霍尔、里克·乔伊和隈研吾。还有路易斯·巴拉干的作品，他让一个表面上强大的图像滑进了迷离的梦想世界。

约翰·拉斯金认为：“非完美性，对我们所知的生活来说是必不可少的。它是人类身体中生命的标记，也就是说，显示出过程状态和变化的迹象。严格地说，没有任何具备生命的事物是完美的；它的一部分在腐烂，另一部分又在新生 …… 一切有生命的事物都存在着特定的非规则性和不足，这些不仅仅是生命的迹象，也是美的源泉。”[35]

当阿尔托谈到“人类的错误”和对追求绝对性的真理与完美的方式提出批评的时候，他阐述了拉斯金的见解：“我们可以说，人类的错误一直是建筑的一部分，从更深刻的意义上来说，为了使建筑物能够充分体现出生活的丰富性和积极的价值观，它甚至是不可缺少的。”[36]在建筑设计中，人们通常渴望保持概念和衔接的连续统一，而一种弱化的建筑则寻求故意的间断。例如，在阿尔托的设计过程中，他力求差异性和不连续性，而不是统一的逻辑。迪米特里·波菲利通过阐释米歇尔·福柯对现代派感性的批判后认为，如果和寻常的现代派的同质思想相比较，阿尔托的思想的确是异常的。[37]阿尔托在谈论设计逻辑的中断时，使用了“良性的错误”这个表达方式。[38]他自己就是能够将最后一分钟的设计变更以及把现场失误转化为即席创作的精彩细部的大师。

唯美化：预期的美

传统的建筑环境很少被理解为突出的单一的审美目标，它们表现出与自然的传统主题相关的变化。甚至美学观点中的粗劣元素也可以叠加形成富有吸引力的环境。本地性环境能够给人们带来愉快的体验，这是因为它们是宽松适宜的、具备因果关系、能够给人们提供一种文脉相连的感觉，而不是顺从了先入为主的美学的有意识期望。

在我们物质上富足而精神上贫乏如沙漠的文化中，建筑因此成为一种濒危的艺术形式。一方面，这个学科受到准理性和经济技术工具化的威胁，另一方面，它承受了商品化和唯美化进程的威胁。荒谬的是，建筑作品既是庸俗的实用对象，又是精明的视觉诱惑对象。

特别是在我们的消费主义时代，现代派的建筑已经变得过于强调有意识地追求审美效果和质量。我们的文化，美化了政治， 也美化了战争，这种唯美倾向如今也在威胁着建筑艺术。在20世纪20年代，埃里克·布里格曼就曾经明智地告诫过大家：“我们应该明白，美学，不是抛向建筑物的神秘的面纱，而是让一切都回到它们正确位置的一个符合逻辑的结果。”[39]

实际上，当代著名的建筑，以及那些试图证明它的天才性的宣扬，只专注于视觉意象，而脱离了对社会与文脉的考虑，它们往往表现出一种洋洋得意的、全能的姿态。这种建筑物试图占据最显著的位置，而不是为人类的活动和观念创造出一种支持性的背景。当代的建筑项目往往是放肆和傲慢的，它们已经失去了建筑的中立性、克制和谦虚的美德。然而，真正的艺术作品应该始终站立在确定性和不确定性、信仰和怀疑之间。有责任心的建筑师的任务，就是抵御当前的文化侵蚀，在真实的、存在主义的和体验性的土壤中，栽种新的建筑物和城市。

在新千年伊始，建筑文化应该努力，以期处理好文化现实主义和艺术理想主义、决断和谨慎、雄心和谦逊之间富于建设性的关系。

注释

① For instance: Martin Jay.Downcast Eyes—The Denigration of Vision in Twentieth Century French Thought [M].Berkeley and Los Angeles: University of California Press,1994; David Michael Levin(editor). Modernity and the Hegemony of Vision[M].Berkeley and Los Angeles: University of California Press, California,1993.

② David Michael Levin(editor),1993:205.

③ Maurice Merleau-Ponty."The Film and the New Psychology"[M]// J. Harry Wray.Sense and Non-Sense.Evanston: Northwestern University Press,1964:48.

④ Ashley Montagu.Touching: The Human Significance of the Skin [M]. New York: Harper & Row,1986/1971:3.

⑤ Marcel Proust.Kadonnutta Aikaa Etsimässä (Remembrance of Things Past) [M].Helsinki: Otava,1968:8.

⑥ Maurice Merleau-Ponty."Cézanne's Doubt",see: Maurice Merleau-Ponty,1964:19.

⑦ 这个概念起源于梅洛・庞蒂认为的世界和自我之间是相互交织的辩证原则。他还谈到了“肉身存在论”，并以此作为他最初创立的知觉现象学的最终结论。这个存在论说明了如下的观念:意义，既是内部的，也是外部的；既是主观的，也是客观的；既是精神的，也是物质的。参照: Richard Kearney."Maurice Merleau-Ponty"[M]// Richard Kearney. Modern Movements in European Philosophy. Manchester and New York: Manchester University Press,1994:73-90.

⑧ Bernard Berenson. Aesthetics and History[M]. New York: Pantheon, 1948:66-70.as referred to in: Ashley Montagu,1986/1971:308-309.

⑨ Ashley Montagu,1986/1971:XIII.

⑩ As quoted in: David Michael Levin(editor),1993:14.

⑪ Karsten Harries."Building and the Terror of Time"[J].Perspecta: The

Yale Architectural Journal,1982(19).as quoted in: David Harvey.The Condition of Postmodernity[M] .Cambridge: Blackwell,1992:206.

⑫ Le Corbusier, as quoted in: Mohsen Mostafavi,David Leatherbarrow. On Weathering[M].Cambridge: The MIT Press, 1993:76.

⑬ Mohsen Mostafavi,David Leatherbarrow,1993:76.

⑭ John Soane.“Crude Hints”[C]//Anon.Visions of Ruin: Architectural Fantasies & Designs for Garden Follies. London: John Soane Museum,1999.

⑮ Gaston Bachelard.“Introduction”[M]// Gaston Bachelard.Water and Dreams: An Essay On the Imagination of Matter. Dallas: Dallas Institute,1983:1.

⑯ Colin St.John Wilson.The Other Tradition of Modern Architecture [M]. London: Academy Editions,1995.

⑰ Erik Gunnar Asplund.“Konst och Teknik” (Art and Technology). Byggmästaren, 1936[M]//Stuart Wrede.The Architecture of Erik Gunnar Asplund. Cambridge: The MIT Press,1980:153.

⑱ Alvar Aalto,untitled manuscript for a lecture held in Turin, Milan, Genoa, and Rome in 1956, The Alvar Aalto Foundation. Published partly in Italian in: Alvar Aalto.“Problemi di architettura”[M].Quaderni ACI .Turin: Edizione Associazione Culturale Italiana,1956.

⑲ Alvar Aalto,1956:3.

⑳ Alvar Aalto,1956:4.

㉑ 20世纪70年代后期，法提摩引进了这个观念。这个论点在一套题为《疲软的思想》（*Pensiero Debole*）的散文集中得到发展。这些散文是由法提摩和皮尔奥尔多·日瓦提（Pier Aldo Rovatti）合作编辑而成。法提摩还在他的富有开创性的《现代性的终结》书中讨论过这个概念（巴尔的摩：约翰霍普金斯大学出版社，1991年）。

㉒ “There is a delicate empiricism which makes itself utterly identical with the object, thereby becoming true theory.” Goethe. Goethe: Scientific Studies [M].Princeton: Princeton University Press,1934:307. As quoted in: David Seamon.“Goethe, Nature and Phenomenology: An Introduction”[M]//David Seamon,Arthur

Zajonc(editors).Goethe's Way of Science.Albany: State University of New York Press,1998:2.

㉓ Ignasi de Solà-Morales.Differences: Topographies of Contemporary Architecture[M].Cambridge: The MIT Press, 1997:57-70.

㉔ Ignasi de Solà-Morales,1997:58,60.

㉕ Ignasi de Solà-Morales,1997:70.

㉖ Simon Hubacker."Weak Urbanism"[J].Daidalos,1999(72):10-17.

㉗ Juhani Pallasmaa.The Architecture of Image: Existential Space in Cinema[M].Helsinki: Rakennustieto,2002:123-125.

㉘ Harald Arnkil.Juhana Blomstedt[M].Helsinki: Weilin+Göös,1989.

㉙ 通过比较在自然界中存在的人类已知的最坚固的材料，以及我们人类制造出来的那些材料的性质，我们能够理解弱的力量。现存的任何人造金属或者高强度纤维，能够接近蜘蛛丝线吸收弹性所具备的力量和能量的综合。但蜘蛛生产的丝线，比钢还要强五倍，甚至比芳香族聚酰胺纤维和克维拉纤维还要坚硬，这些是制造防弹背心和面具中所用的材料。蜘蛛丝线可以承受克维拉纤维五倍的影响力而不会被损坏。根据一篇出版于1995年1月21日的《科学通讯》的文章的假设，如果使用蜘蛛网来模拟一个普通的人造渔网，根据其丝线的粗细度和网的规模，这个蜘蛛网完全能够套住一架正在飞行的飞机。蜘蛛在制造蜘蛛丝的时候，使用的是体温，消耗的是低能量。而在克维拉纤维的生产过程中，人们必须要把石油衍生分子倒入加压的浓硫酸中，并且要让它煮沸至几百度，迫使它转化成一种液态的晶体形态。克维拉纤维的制造需要高能量，并且会产生出有毒的副产品。See: Janine M. Benyus.Biomimicry [M]. New York: Quill William Morrow,1998:132,135.

㉚ Andrew Todd,"Learning From Peter Brook's Work on Theatre Space" (September 25, 1999), unpublished manuscript, 4.

㉛ Rainer Maria Rilke.The Notebooks of Malte Laurids Brigge [M]. New York and London: W.W. Norton & Co, 1992: 47–48.

㉜ Juhani Pallasmaa(editor).Alvar Aalto: Villa Mairea 1938—1939 [M].Helsinki: The Alvar Aalto Foundation and The Mairea Foundation,1998.

㉝ For the role of unconscious vision, see: Anton Ehrenzweig.The Hidden Order of Art[M].London: Paladin,1973.

㉞ Leon Battista Alberti.The Ten Books on Architecture. London: A. Tiranti,1955.

㉟ John Ruskin.The Lamp of Beauty: Writings on Art by John Ruskin. Joan Evans(editor).Ithaca N Y: Cornell University Press,1980:238, as quoted in Gary J. Coates.Erik Asmussen[C]//Anon. Architect. Stockholm: Byggförlaget,1997:230.

㊱ Alvar Aalto,"The Human Factor," in: Göran Schildt(editor).Alvar Aalto in His Own Words[M].Helsinki: Otava, 1997:281.

㊲ Demetri Porphyrios.Sources of Modern Eclecticism: Studies on Alvar Aalto [M].London: Academy Editions,1982.

㊳ Alvar Aalto, Speech at the Helsinki University of Technology Centennial Celebration, December 5, 1972, in: Göran Schildt (editor), 1997:283.

㊴ Erik Bryggman,"Rural Architecture," in: Riitta Nikula(editor).Erik Bryggman 1891—1955, Architect[C]. Helsinki: The Museum of Finnish Architecture,1991:279.

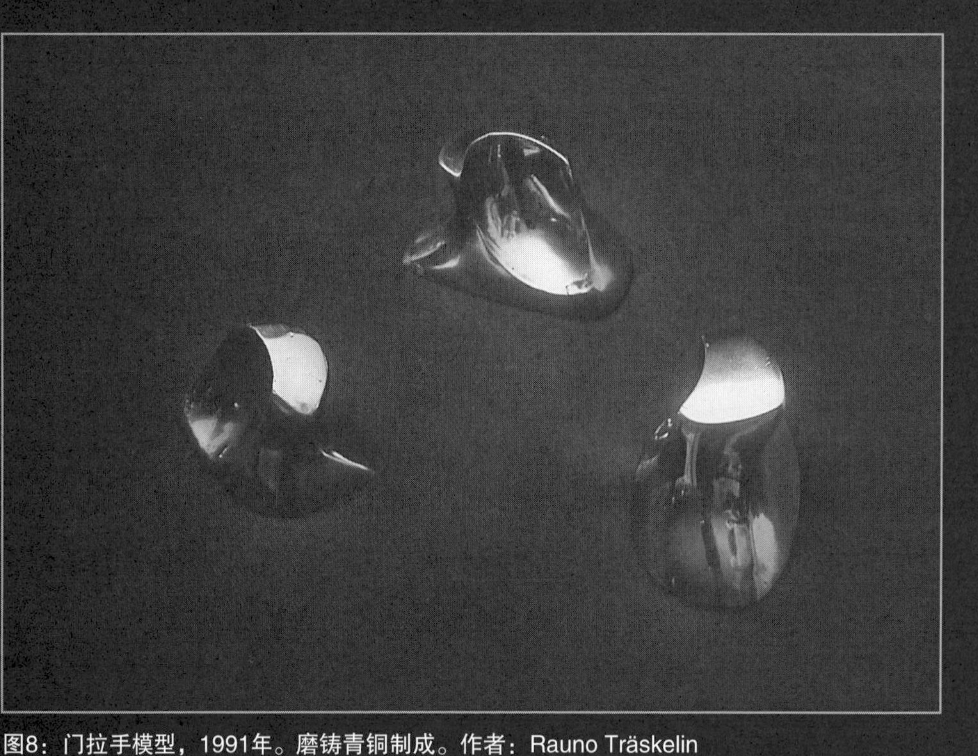

图8：门拉手模型，1991年。磨铸青铜制成。作者：Rauno Träskelin

Figure 8：Door pulls, prototypes, cast broneze, 1991. Photo Rauno Träskelin

Chapter 8

空间地点记忆和想象：生存空间的时空维度（2007年）

前言：建筑与哲学

建筑通常被人们看成是未来式的；新颖的建筑物被用来探测和演练我们无法预见的现实，人们通常把建筑的新颖性和独特性与建筑的质量挂钩。从总体上来说，在现代性的涵义中一直存在着这种建筑属于未来式的偏见。与此同时，人们对新奇设计的追求在今日已经达到顶端，人们沉醉于壮观的建筑意象中。在我们这个全球化的世界中，新奇，不仅成为一种审美价值和艺术价值，它也变成消费文化中的一个战略必需品，因此，新奇成为我们超现实主义的唯物主义文化中一个不可分割的组成部分。

然而，人类的建筑物仍旧有保持过去的职责，以便我们能够体验和理解文化和传统的连续性。我们不光生活在一个由空间和物质组成的现实之中，我们还栖身于文化、精神和时间的现实之中。我们赖以存在和生活的现实是一个深厚的、分层的、不断振荡的环境。从本质上来说，建筑是一种用来调解和沉思的艺术形式，除了解决我们在空间和地点上的安置问题，景观和建筑还清楚地表达出我们在从过去到未来的这一段连续时间中获得的体验。事实上，伴随着整个文学和艺术的集合，景观和建筑构成人类记忆中最重要的记忆实体。我们通过这些建筑——不论是物质性的，还是精神性的，来理解和记住我们是谁。我们还借助建筑结构提供的证据，对不同的文化，包括过去的文化进行判断。因此，建筑物能够表达出文化和传统中史诗般的叙述。

建筑结构，除了它们的实际用途之外，还有另外一个重要的、与人类生存和精神相关的任务；它帮助人类占领空间、驯化空间，把那些无名的、统一的和无限的空间，转化成不同的、对人类具有重大意义的地方。同样重要的是，建筑可以按照人的时间尺度而对持续时间进行估量，使看似无穷无尽的时间变得可以忍受。哲学家卡斯滕·哈里斯认为："建筑帮助我们把无意义的现实，转变为一个充满了戏剧性的，或者说，建筑性的现实，它吸引了我们，当我们俯首帖耳时，它恩赐给我们一个具有意义的幻境 …… 我们无法生存于混乱之中。混乱，必须被转化为宇宙秩序。"[①] 哈里斯做出进一步地总结："建筑不仅仅是驯服空间。它也是为了应对时间的恐怖而设置的一项深层防御措施。"[②]

总之，环境和建筑，不仅满足了人类实际的功利用途，它们还构造出我们对世界的理解。"（房子）是一件人类用来面对宇宙的工具。"哲学家加斯东·巴什拉这样评价。[③] 在我们眼前的景色之中，永远存在着、永远显现着宇宙抽象和不可捉摸的特性。每一个景观、每一座建筑，都代表了一个浓缩的世界，一个包括了我们位置的微观表现。

建筑与记忆

在古代的时候，建筑图像曾经很自然地被演说家们当作做一种协助记忆的器具。通过三种不同的方式，那些实际的建筑结构，以及，那些被人们记住的建筑形象和暗喻，能够成为重要的记忆器具：第一种，它们让时间的流逝过程变得具体化，把它保存下来，使其成为一件可视的事物；第二种，它们通过包含和表现回忆，让回忆变得具体化；第三种，它们激励和鼓舞我们去追忆和想象。记忆和幻想、回忆和想象，它们是相互关联的，并始终受到环境和特定情况的影响。记忆是想象的土壤，因此，当我们不再记得某事的时候，就会感觉难以想象它。记忆也是自我认同的基地，我们正是我们记得的那样。

建筑物是珍藏时间和静默的仓库和博物馆。进入一个罗马风格的修道院，我们仍旧能够体验到宇宙的善意的静默。建筑结构具备转化、加速、减速和停止时间的能力。正如克尔凯郭尔的请求“创造静默！”，建筑还能够创造和保护静默。[4] 而马克斯·皮卡德，作为一位研究静默的哲学家，他曾经这样哀叹：“没有什么比失去了静默更能改变人的本性。”[5] 还有，“静默，不再是一个世界，而成为一些碎片，成为世界的遗迹。”[6] 建筑师应该试图保留关于静默世界的记忆，同时，保护存在于这个重要的本体状态中的一些碎片。

某些建筑类型，例如纪念馆、陵墓和博物馆，都经过设计师慎重地构思，以保存和唤起记忆、引发某种特定的情绪为目的而创建。建筑物能够让人们维持狂喜和悲伤、忧郁和喜悦，以及，恐惧和希望的感觉。所有的建筑物都能够让我们维持对时间的持续性和深度的感知，它们记录和暗示了文化和人类的故事。如果只把时间当成一个单纯的物理度量，我们会觉得它难以理解，也不容易记住它；我们只能通过把时间现实化，通过观察时间留下的痕迹、地点和事件的发生来了解它。作家约瑟夫·布罗茨基在仔细考虑了人类记忆中的城市复合图像之后，得出这个结论——在我们的脑海中，这些城市总是空的。“（关于城市的记忆）是空的，这是因为，想象建筑物比想象人类形象容易多了。”[7] 是否因为这个先天性的原因，促使我们建筑师在考虑建筑的时候，更重视它的物质存在，而不是那些存在于我们设计空间中的生活与人的状况？

建筑结构为记忆提供了便利；如果在我们的脑海中不存在金字塔的形象，那么，我们对时间深度的了解将大大地减弱。金字塔的形象标志了时间，使之变得具体化。我们也主要通过自己曾经住过的房子和地方而记住我们的童年。在我们生活的景观中、房屋里面，我们规划和隐藏了生活的一部分，就如同古代演说家把他们的演讲主题放置于他们想象中的建筑物里面一样。对地方和房间的回忆能够引发出对事件和人的回忆。“我是那户人家的孩子，我还记得那里的气味，凉意袭人的走廊，还有，为整个房子贯注了生命力的各种声音。我甚至还记得池塘里面青蛙的歌声；它们都在这里陪伴着我。”传奇的飞行员和作家安东尼·德·圣艾修伯里，在他的飞机不得不紧急降落在北非的沙漠中之后，这样回忆起他的过去。[8]

碎片的精神力量

赖内·马利亚·里尔克在他的小说《马尔特·劳瑞兹·本瑞格的笔记》中，也同样动人地描述了一个遥远的、关于家庭和自我的记忆。这个回忆，产生于主人公对其爷爷的房子的一些记忆碎片：

在那个我从小孩子的角度加工过后的记忆中，它并非是一个完整的建筑物。在我的脑海中，它是分散的。这边有一个房间，那边有一个房间，这边还有一条走廊，不过它并不连接这两个房间，只是作为一个碎片而保留在我的记忆中。按照这样的方式，这个房子在我的脑海中分散地存在着 …… 它们仍旧保存在我的记忆中，并且将永远地保存下去。就仿佛我的脑海中有一幅印着这座房子的照片，它从一个无限的高度落下，在我的面前跌得粉碎。[9]

我们记住的那个形象，能够从记忆的碎片中逐渐地浮现，一片接着一片。它就如同一幅立体主义的画那样，从分离的视觉图案中出现。

我曾经描述过我对爷爷的简陋的农舍的一些回忆，并且指出，在我早期的童年记忆中，这座房子是一些拼贴的碎片。气味、光线状况、特有的包围感和亲密感，它们极少是精确的、完整的视觉回忆。我的眼睛已经忘记了它们曾经看到的事物，我的身体却还记得它们。

建筑物和它们留下的遗骸，向人们诉说着人类命运的故事，既可能是真实的，也可能是想象的。废墟刺激我们去想象那些已经消失了的生活，以及那些逝去的居住者的命运。废墟和那些表现出侵蚀力量的设置，具备一种特殊的、动人的情感力量，它们迫使我们去追忆和想象。残缺和破碎具有一种特殊的动人力量。在中世纪的插图和文艺复兴时期的绘画中，建筑设置的出现方式，往往只是一面墙的边角，或者，是一个窗口，但是这种孤立的碎片却足以唤起人们对一个完整的建筑设置的体验。这也正说明了拼贴艺术拥有的神秘的动人力量，而一些建筑师，例如约翰·索恩和阿尔瓦·阿尔托，也善于利用建筑碎片蕴含的情感力量。里尔克曾经描述过一些残留在一座废弃的、被拆迁了的房屋里面的生活图像；通过废墟和邻近房子墙壁上留下的污渍，而引发出一个个的联想。他的观察，正好记录下人类神奇的记忆方式：

但是，最令人难忘的还是墙壁本身。它在这些房间里经历过艰难的生活，可是，它并没有因此而被践踏得不堪入目。它仍然守卫在那里，抓牢一些残存的钉子，它站立在只剩下手掌大小的地板上，它蜷缩在还保留了一点内部空间的角落的拐角。显而易见的是，年复一年，墙上的涂料颜色已经慢慢地发生了改变：从蓝色变成破旧的绿色，从绿色变成灰色，从灰色变成一种老掉牙的、陈旧的、腐烂的白色。[10]

记忆的空间性与情景性

我们的回忆，是一些顺应环境情况和空间化的记忆。这些回忆连接着地方和事件。例如，如果把一个你我都熟悉或经典的图片用二维图像的方式印在照片纸上，我们不一定能够牢记它，因为我们倾向于记住那些真正存在于空间现实中的描述对象、人物和事件。我们的生存空间，从来都不是一个单纯的二维图案空间，相反，它是一个有生命的多感官空间，通过人类的记忆和意向而变得充实和具体。对于我们遇到的一切，我们习惯于不间断地表达出它们的意义及重要性。约瑟夫·布罗茨基，我非常崇拜的人物之一，在观赏完一些坐落在旅行胜地的建筑作品，比如，圣巴索大教堂、西敏寺、埃菲尔铁塔、泰姬陵、雅典卫城等等之后，曾经这样评价说："我们保留下来的，不是它们的三维图像，而是它们的一些印刷版本。"他由此得出这个结论："严格地说，留在我们脑海里面的不是某个地方，而是它被印在明信片上的那个图像。"[11] 难得一次，我不得不对该诗人的见解投反对票。我们记住的不是那张明信片，而是明信片上刊印的那个真实的地方。任何一幅能够唤起回忆的图像，都会比那个让人匆匆一瞥而过的图像本身，在人们的脑海中留下更深刻的印象。据我推测，布罗茨基可能受到苏珊·桑塔格的思想误导，因此提出了这个强迫形成的见解。桑塔格在其开创性的著作《关于摄影》中，阐述了被拍摄下来的图像所具备的力量。[12]

所有的图片、实物、碎片，任何微不足道的事情，都可以成为我们记忆中的聚合中心。雅克·莱恩，一位芬兰的诗人，曾经这样描写放在窗台上的日常物品对其记忆的作用："我喜欢看这些物品。从它们那里，我寻求的不是美带来的愉悦感 …… 我也不记得它们的来源，那些都是不重要的。即便如此，它们仍然会唤起我的回忆——真实的和想象的。一首诗，能够引发出人们对真实和想象的事物的回忆 …… 这些放在窗台的物品就像诗那样。它们是一些不表达任何意义的图像 …… 我为那些摆在窗口的物品而歌唱。"[13]

物品，对我们的记忆来说，具备相当重要的意义。因此，我们会收集熟悉或者特别的物品。它们扩大和巩固了我们记忆的境界，最终，还强化了我们的自我意识。严格地说，我们所拥有的那些物品，极少的一部分真正具备实用目的，它们具备的是社会和心理的功能。"我是我周围的一切，"华莱士·史蒂文斯就曾经这样表明。[14]另外一位诗人诺埃尔·阿尔诺则如此声称："我在哪里，哪里就是我的空间。"[15]这两位诗人简洁的、公式化的叙述都强调了世界和自我的相互交织，以及，回忆和认同所具备的客观化的根基。

一间房间也能够被个性化，能够变成仅属于某人的、属于他 / 她梦想中的一个地方。记忆和梦想是相互关联的。正如巴什拉所言："房子庇护了白日梦，房子保护了梦想家，房子让人可以安心地梦想。"[16] 景观、住宅和房屋都具备同一个基本特征，就是它们能够唤起和包含一个安全的、熟悉的、居家的感觉，并且，它们能够刺激人们展开幻想。面对户外充满野性的大自然，我们难以展开深远的想象；深刻的想象力需要一个能够赋予我们亲密感的房间。就我而言，如果我需要对一个城镇进行真实的质量评估，其关键就要看我是否能够想象自己在那个城镇里坠入爱河。

生活的世界

我们并不仅仅生活在一个充满了物质和事实的客观世界中，像那些平庸的、天真的现实主义者所假设的那样。人类独具特色的生存模式，存在于那些充满了不同可能性的世界之中，这些可能性则由人类运用回忆、幻想和想象来塑造。我们生活在精神世界之中，物质的与精神的事物，体验的、回忆的和想象的事物，它们会不断地互相融合。因此，这个生活的现实并不遵守物理科学对时间和空间所定下的规则或者测量方式。我必须指出的是，如果按照西方实证科学的衡量标准，这个生活的世界根本就是“不科学”的。事实上，这个生活的世界比任何科学性的描述都更接近人类的梦想现实。为了把它与物理、几何空间中的生活空间区别开来，我们可以称之为存在空间。有生命的存在空间，建立在那些有意识或者无意识的，能够反映出个人的意义、意向和价值观的基础之上，因此，存在空间拥有一个独有的特征，它能够通过个人的记忆和经验得到阐释。每一个生活体验都发生在回忆和意向、感知和幻想、记忆和期望的接合部分。诗人T.S.艾略特在他的《四首诗集》的第四首《小吉丁》的结尾段落，提出一些重要的概念搭配，这些搭配之间存在的是互补的对立关系：“我们所说的开始，往往已经是结束。结束，往往又是一个新的开始……我们不能停止探索。所有的探索，最终又把我们带回到起点。于是，我们又开始重新认识这个地方。”[17]

另一方面，集合性的团体甚至国家，会分享某个特定的生存空间的体验，这些体验构成了它们的集体个性和团结的意识。也许，其实是我们之间共享的记忆促使我们保持团结，而不是天生的团结感。劳伦斯·阿尔布瓦克斯曾经进行过一项著名的社会学调查，该调查揭示，生活在城市不同地区的老巴黎人之间能够非常容易地互相沟通，主要原因就是他们共享着一些丰富的、集体性的记忆。

生活空间既是艺术创造和艺术体验的对象和范围，同时也是建筑创造和建筑体验的对象和范围。艺术创造出一个有生命的现实生活，而不仅仅是一个象征性的生活表现。同样，建筑的任务是“使大家看到，世界是如何触动我们的”，就如同梅洛・庞蒂在谈到保罗・塞尚的画的时候做出的评价。[18]借用梅洛・庞蒂的概念，我们生活在“世界本身”，景观与建筑构建并表达了这个存在的本身所具备的特定的视野和意义。

作为交流的体验

对某个地方或者空间的体验，总是一种奇妙的交流；当我定居于一个空间的时候，这个空间也在我身上落户。我住在一个城市里面，这个城市也附着在我身上。我们和我们的环境在不停地交流，同时，我们使这个环境成为我们身体的一部分，并把我们自己的身体，或者，把我们身体计划的那些方面规划到环境中去。记忆和现实，感知和梦想，它们交融在一起。在所有的艺术体验中都会出现这种神秘的肉体和精神的交织和认同。根据约瑟夫・布罗茨基的见解，每一首诗都在向读者们呼吁：“像我一样吧。”[19]这展现出所有真实的艺术作品中所蕴含的道德力量；我们使它成为我们的一部分，让它们和我们的自我感觉相融合。一种美好的音乐、诗歌，或者建筑，都成为我们的肉体和道德的一部分。捷克作家博胡米尔・赫拉巴尔曾经这样生动地描述了阅读和身体的结合：“当我在阅读的时候，我不是真的在阅读。我会咀嚼一个漂亮的句子，像吸食水果或者小口地抿酒那样，直到思想如同酒精一样，溶解到我的身体之中，流入大脑和心脏，并且，通过静脉流至每条血管的尽端。”[20]

记忆，不仅是在人们脑海中发生的事件，它也是一种体现和反映的行为。记忆，不仅隐藏在大脑中进行的神奇的电化学过程中，它们也寄存在我们的骨骼、肌肉和皮肤之中。我们所有的感官和器官都能够思维和记忆。

具体化的记忆

我仍旧能够回忆起在五十年的旅行中，我在世界各地暂时居住过的数百间酒店的房间。这是因为我曾经投入过，并且，把我自己的一部分的身体和记忆留在这些无名的、并非重要的房间里面。我还记得它们的家具、配色方案和照明。在马塞尔·普鲁斯特的著作《追忆逝水年华》中的主人公同样通过具体化的记忆，才重新找到他的身份和位置：

“我的身子困顿得无法动弹，只能根据疲劳的情状来确定四肢的位置，从而推算出墙的方位、家具的地点，进一步了解房屋的结构，说出这个身体所在的名称。躯壳的记忆，两肋、膝盖和肩膀的记忆，走马灯似的在我的眼前呈现出一连串我曾经居住过的房间。肉眼看不见的四壁，随着想象中不同房间的形状，在我的周围变换着位置，像旋涡一样在黑暗中转动不止……我的身体却抢先回忆起每个房里的床是什么式样的，门是在哪个方向，窗户上阳光照射的角度如何，门外有没有楼道，以及我入睡时和醒来时都在想些什么。”[21]

这种体验使我们再次联想起碎片式的立体派组合。我们被教导并且相信，记忆和脑容量相关；实际上，记忆和我们的整个身体都相关。

“身体的记忆是所有感性记忆的自然中心。”哲学家爱德华·S. 凯西在他的富有开创性意义的著作《记忆：一种现象学研究》中，提出这样的观点，并且得出以下的结论：“如果没有身体的记忆，记忆也就不再存在。”[22]在我看来，还可以进一步引申：身体，不仅是人类记忆的核心，也是所有创造性作品的场所和媒介，包括建筑师的作品。

记忆和情感

景观和建筑物除了是协助人类记忆的工具，也是人类情绪的放大器。我们的建筑能够强化归属感或者疏离感，邀请或者拒绝安宁或者绝望的感觉。然而，景观或者建筑作品不能创建出感情。我们的作品只能通过它们拥有的权力和氛围，唤起并且强化我们的情绪感受，让这些情绪投射回到我们身上，如同是这些感情的外部来源。在佛罗伦萨的劳伦图书馆，面对米开朗基罗的建筑，我的意识被唤醒，我沉浸于一种形而上学的忧郁感中。在靠近拜米欧疗养院的时候，我感到快乐，因为阿尔瓦·阿尔托设计的这个洋溢出乐观性的建筑，能够激发和强化我满怀希望的感觉。再如，在斯德哥尔摩的林地公墓，那个专供人们进行默想的冥想碑林山，通过一幅传递出邀请和承诺的图像，牵引人们进入一种憧憬和希望的状态。这个以景观为主的建筑形象，同样会唤起人们对阿诺德·勃克林的绘画作品《死亡之岛》中形象的回忆和想象。所有饱含诗意的画面，同样具备凝聚和缩影的效果。

“房子甚至比景观更接近一种精神状态。”巴什拉曾经这样提议过。[23]事实上，作家、电影导演、诗人和画家，不仅仅把对景观或者房屋的描绘，当成在他们的故事中不可避免的地理环境和物理环境，他们还努力通过对该环境的描述，来表达、唤起和强化人们的情绪、精神状态和记忆，不论它是自然的，还是人为的。诗人让·塔迪厄曾经这样问道：“让我们拿一堵墙作为假设，在墙的后面，究竟上演着什么？”[24]但是我们的建筑师却很少会费心去想象我们建立的那堵墙壁的后面，到底会出现什么样的情景。通常对建筑师而言，墙壁，只是一种审美的构件，我们只看到一件按照美学结构而设计出的工艺品，并不理解它们是为了唤起人们的感知、情感和幻想而存在的。

艺术家往往比建筑师能够更好地把握场所和人的心灵，记忆和愿望之间的交织。这正好解释了为什么其他的艺术形式能够为建筑作品的设计以及建筑教育提供令人兴奋的灵感。没有什么比由安东·契诃夫和豪尔赫·路易斯·博尔赫斯的短篇小说，或者，乔治·莫兰迪放在桌子上面的、由几个瓶子和杯子组成的小型静物图像，更具备非凡的艺术凝聚力，更能够呼唤出世界的微观图像了。

缓慢和记忆——快速和遗忘

“在缓慢和记忆，快速和遗忘之间，存在一种神秘的联系……缓慢的程度和记忆的强度成正比，快速的程度和遗忘的强度成正比。”米兰·昆德拉得出这样的结论。[25]今天令人目不暇接的时间加速，以及我们体验现实的不断加速，让我们面临一种整体性的文化失忆的严重威胁。在今天的加速生活中，我们最后只能做到感知，而不能记忆。面对社会的奇观，我们只能惊叹，而不能记忆。速度和透明度削弱了回忆，然而，它们曾经代表了现代性的根本魅力。几乎在一个世纪前，F.T.马里内蒂发表了关于未来主义的宣言："世界，因为一个新的美好事物的出现，也就是速度之美变得更加辉煌了。"[26] 卡尔·马克思的预言："所有实在的东西 …… 融化到空气中。"[27]今天，甚至建筑也开始追求快速、瞬间的诱惑和满足感。因此，建筑变得自闭。蓝天组的建筑做出的声明，就显示出他们对这种夸张的建筑行为和快速的追求。[28]

然而，在我看来，建筑，天生就是缓慢和安静的。如果和那些能够引发出突如其来的情感冲击、那些充满了戏剧性的艺术形式比较，建筑是一种在情感方面低能量的艺术形式。建筑的作用不是创建强大的前台形象或者感情，而是为人类建立感知的模式和理解的范围。建筑的任务不是逗我们哭或者让我们笑，而是让我们变得敏感，从而能够进入所有的情感状态。我们需要建筑，因为它为我们提供了怀念与情感的基地和投影屏幕。

我相信一种减缓下来的、把为人类提供体验当做中心任务的建筑，而不是那种专注于加快或者扩散人类体验的建筑。在我看来，建筑具有捍卫记忆、保护真实性、确保人类进行独立体验的任务。从根本上来说，建筑作为一种解放的艺术形式，应该致力于帮助我们了解自己，并且让我们记住自己的身份。

建筑的遗忘症

涉及记忆，我们能够发现许多种类的建筑。有未想起的过去，或者，不愿触及过去的建筑；也有呼吁深度感和连续性的建筑。有一种建筑，例如后现代主义的建筑作品，它寻求字面的记忆。还有一种建筑，它不需要使用任何直接的形式参照，就能够体现出时间的深度感和史诗般的连续感——例如阿尔瓦·阿尔托、季米特里斯·皮吉奥尼斯和卡罗·斯卡帕的设计作品。借用巴什拉的概念，这些都是"诗意的化学"的产物。[29] 每一件重要的作品都曾经抱着尊敬的态度，与过去进行过交流，无论这种交流是遥远的，还是直接的。同时，作品把它自身视为一个独特而完整的缩影，它让过去复苏，充满新的活力。每一件真正的艺术作品都曾经穿越过不同的时间层，而不仅仅属于它的当代。

关于建筑的记忆，还有另外一个值得我们研究的维度。建筑图像或者建筑体验具备属于它们自己的历史性和本体性。建筑最初建立于一个水平面上，因此，地面是“最古老”和最有力的建筑元素。墙壁，比门或者窗更加古老，因此投射出更深层的意义。当建筑元素和图像都变得抽象化，并且，当它们和自身的起源与本体要素发生脱节的时候，现代主义就出现了另外一种健忘症状。例如，地面，忘记了在最初的时候只是夷平了的土地；现在，它成为单纯的建造的水平面。事实上，如同巴什拉的见解，科技时代下的人类建筑已经忘记了垂直，而使之成为单纯的水平面。今天的摩天大楼是由一堆水平状态的设计组合而成，它早已失去了垂直感，也就是，下面和上面，地狱和天堂之间的本体性的根本区别。同样的，地面和天花板成为相同的水平面；窗户和门往往只是人们在墙壁上开启的洞。关于历史性建筑图像的主题，以及当前因为缺乏对历史性主题的体验而造成的建筑失忆症，都蕴含了深刻的思想意义——这一部分，需要我们展开进一步的阐述。

艺术的时态

从本质上来说，艺术作品是面向过去，而不是面向未来的。布罗茨基支持这一观点，他认为：“……显然，在回忆的过程中会出现返祖性，因为回忆的过程绝对不可能是直线型的。而且，也许人越陷于回忆，就越接近于死亡。”[30]

在任何重要的体验中，时空层都是互动的；感受和记忆在互动，古老和创新发生了短路。对艺术进行体验，就是唤醒被我们成人遗忘在内心深处的那个孩子。

今天出现的一些建筑和艺术图像是单调和缺乏情感共鸣的，不过，也有一些新颖的图像能够让人们产生记忆的共鸣。

对我们来说，后者既是熟悉的，也是神秘的；既是模糊的，也是明确的。这些图像能够牵引我们穿过回忆和联想、激情和怜悯；这些深藏于我们内心的情感，都被它们一一地唤醒。我们之所以会被某件新颖的艺术作品打动，正是因为它触动了我们的软肋。每一件深刻的艺术作品都肯定从记忆中诞生，而不是毫无根据的智力发明的成果。艺术作品渴望把我们带回到那个不可分割、不曾分化的海洋世界。正如德日进写的那个结局："回到完整和正确的世界起源点。"[31]

通常，我们习惯性地认为，艺术家和建筑师应该放眼于未来的读者、观众，以及那些使用他们产品的用户。然而，约瑟夫·布罗茨基却对诗人应该采用的时空视角表现出坚定的态度："当一个人在写作的时候，他最直接的读者，不是他的同代人，更不是后人，而是他的前辈。"[32]"任何一位真正的作家都不想成为当代的作家。"乔治·路易斯·莫兰迪也认同这个观点。[33]该观点揭示出记忆所具备的另外一个关于意义和作用的基本方面：所有创造性的作品都是与过去、与传统智慧合作的产物。"每一位真正的小说家，都会听从超个人的智慧（小说的智慧），这也解释了为什么伟大的小说，总是比它们的作者更加聪慧。比他们的书籍更聪明的小说家，应该改行去做另外的工作。"米兰·昆德拉得出这样的结论。[34]这个道理也同样适用于建筑领域；真正伟大的建筑物是建筑智慧的成果，它们的创造者有时是单独的个体，但经常是在无意识的状态下产生的合作产物——通过和我们伟大前辈的合作而诞生。只有那些与历史进行过充满活力和尊重的对话的艺术和建筑作品，才可能具备力度和深度，从而经受时间的考验，并能够激励未来的观众、听众、读者和住户。

注释

① Karsten Harries."Thoughts on a Non—Arbitrary Architecture" [M]// David Seamon(editor).Dwelling, Seeing and Designing: Toward a Phenomenological Ecology.Albany: State University of New York Press,1993:47.

② Karsten Harries."Building and the Terror of Time"[M]// Carter Marcus, Marcinkoski Christopher,Bagley Forth et al. Perspecta(19): The Yale Architectural Journal. Cambridge:The MIT Press,1982.

③ Gaston Bachelard.The Poetics of Space [M]. Boston:Beacon Press,1969:46.

④ Søren Kierkegaard,as quoted in: Max Picard.The World of Silence[M]. Washington D C: Begnery Gateway,1988: 231.克尔凯郭尔写道："目前的整个世界和生活状态都是病态的。如果我是一名医生，当人们征求我的意见的时候，我一定会说：'创造静默！让人们开始静默吧。'"

⑤ Max Picard.The World of Silence [M].Washington D C:Gateway Editions,1988:221.

⑥ Max Picard.The World of Silence [M].Washington D C:Gateway Editions,1988:212.

⑦ Joseph Brodsky.On Grief and Reason [M].New York: Farrar, Straus and Giroux,1997:43.

⑧ Antoine de Saint-Exupéry.Wind, Sand and Stars[M].London: Penguin Books,1991:39.

⑨ Rainer Maria Rilke.The Notebooks of Malte Laurids Brigge[M]. M. O. Herter Norton(trans).New York and London: W. W. Norton & Co,1992:30-31.

⑩ Rainer Maria Rilke.The Notebooks of Malte Laurids Brigge[M]. New York and London: W. W. Norton & Co, 1992: 47-48.

⑪ Joseph Brodsky,1997:37.

⑫ Susan Sontag.On Photography[M].Harmondsworth, England: Penguin Books,1986.

⑬ Jarkko Laine."Tikusta asiaa"[J].Parnasso ,1982(6): 323–324.

⑭ Wallace Stevens."Theory"[M]// Wallace Stevens.The Collected Poems of Wallace Stevens. New York: Vintage Books,1990:86.

⑮ Noël Arnaud, as quoted in: Gaston Bachelard,1969:137.

⑯ Gaston Bachelard,1969:6.

⑰ Eliot T S.Four Quartets [M].San Diego/New York/London: Harcourt

Brace Jovanovich,1971:58-59.

⑱ Maurice Merleau-Ponty."The Film and the New Psychology"[M]// J. Harry Wray.Sense and Non-Sense.Evanston: Northwestern University Press,1964:19.

⑲ Joseph Brodsky.On Grief and Reason [M].New York: Farrar, Straus and Giroux,1997:206.

⑳ Bohumil Hrabal.Too Loud a Solitude[M].San Diego/New York/ London: Harcourt,1990:1.

㉑ Marcel Proust.In Search of Lost Time, Volume 1: Swann´s Way[M] C.K. Scott Moncrieff & Terence Kilmartin(trans). London: Random House,1992:4-5.

㉒ Edward S. Casey.Memorizing: A Phenomenological Study [M]. Bloomington, Indiana: Indiana University Press, 2000:148,172.

㉓ Gaston Bachelard. Water and Dreams: An Essay on the Imagination of Matter[M].Dallas, Texas: The Pegasus Foundation,1983:72.

㉔ Jean Tardieu,as quoted in: Georges Perec.Tiloja ja avaruuksia (Espéces d´espaces)[M].Helsinki: Loki-Kirjat, 1992:72.

㉕ Milan Kundera.Slowness [M].New York: Harper Collins Publishers,1966:39.

㉖ F. T. Marinetti, as quoted in: Thom Mayne."Statement"[M]//Peter Pran(editor),et al.China: The DUT Press, 2006. "所有固定的、近于僵冻的关系，以及与之相适应的素被尊崇的古老观念和见解，都被抛弃了。所有刚刚形成的关系，在变得稳固之前，就被打上陈旧的烙印。所有坚固的一切都融化为空气，所有神圣的一切都被亵渎。最后，人们不得不面对现实⋯⋯他们的生活的真实情况，以及他们和同胞之间的关系。"

㉗ Note missing: Marx "All that is solid melts into air".

㉘ Coop Himmelb(l)au, "Die Fascination der Stadt," as quoted in: Anthony Vidler.The Architectural Uncanny[M]. Cambridge, Massachusetts:The MIT Press,1999:76.

㉙ Gaston Bachelard. Water and Dreams: An Essay on the Imagination of Matter[M].Dallas, Texas: The Pegasus Foundation, 1983:46.

㉚ Joseph Brodsky.On Grief and Reason [M].New York: Farrar, Straus and Giroux,1997:43

㉛ Teilhard de Chardin,as quoted in: Timo Valjakka(editor)[M].Juhana Blomstedt: Muodon Arvo (Helsinki: Painatuskeskus),1995.

㉜ Joseph Brodsky. On Grief and Reason[M]. New York: Farrar, Straus and Giroux,1997:439.

㉝ Jorge Luis Borges. Borges on Writing[M]. Norman Thomas di Giovanni, Daniel Halpern, Frank MacShane (eds). Hopewell, New Jersey: The Ecco Press,1994:53.

㉞ Milan Kundera.The Art of the Novel[M]. New York:Harper Collins,2000:158.

图9：可调节的起居室照明装置模型，1985年。上色的弯曲钢板和钢底板。作者：Rauno Träskelin

Figure 9：Adjustable living room light fitting, prototype, 1985. Painted bent steel plate, steel base. Photo Rauno Träskelin

Chapter 9

时间的空间：建筑中的精神时间（2007年）

空间，似乎感知到…… 它面对时间处于劣势，因此，它展示出时间唯一欠缺的性质——美好。

——约瑟夫·布罗茨基[1]

现在的时间和过去的时间
两者也许都存在于未来之中，
而未来的时间又包含在过去里。
假若全部时间永远是现在
全部时间就无法挽回。

——T. S. 艾略特，《四个四重奏》[2]

科学和科幻小说中的时间

时间，是在物质现实和人类意识中最神秘的维度。尽管在日常生活中，它是一个不证自明的存在，然而，当我们想要对它进行更深入的科学和哲学的分析时，它却显得那么的难以理解。圣奥古斯丁对时间的根本奥秘做出了一个恰当的评论："时间是什么？在人们没有问我这个问题的时候，我是知道答案的。但是，当他们问我的时候，我却迷惑了。"[3]

作家和科学家都迷恋于"时间"这个主题。事实上，我们今天已经很难区分科幻小说作家和科学家做的梦想；他们都提出时间的多重性现实。物理学教授和作家阿兰·莱特曼，在仔细考虑了时间的多重性后，写了一本虽篇幅不长，却字字珠玑、令人愉快的书，书名为《爱因斯坦的梦》。[4] 在书中，他幻想出两打不同的时间现实，例如：循环的时间；像奔腾不息的溪流、像漩涡那样的时间；逆转的时间；依照质量而不是依照数量衡量的时间；还有，以夜莺的形式存在的时间。另外，现今的天体物理学家正在推理人们通过“可穿越虫洞”和“曲数引擎”进行时间旅行的可行性。他们认真地谈论“年代学的保护”和“时间机器”。如果仔细地推究下去，按照量子引力理论的描述，在普通的空间和时间崩溃之际会出现一场巨大的混乱，天体物理学家把它命名为“时空泡沫”。[5]

在科学的监视下，我们对时间的常识性理解似乎就这样蒸发消失了，在今天的物理学中的确存在着一些迥然不同的时间理论，也存在着许多不同范围的时间。比如，宇宙的时间、地质的时间、进化的时间、文化的时间，以及人类体验的时间。我们都知道，根据人们身处的情况，或者，根据视野的不同，体验的时间会显得灵活多样，这正好便利我们测量出时间的流逝。

甚至，还有一些量子引力理论家提出，空间和时间的概念不过是人们的一种幻觉，也许，很快地，它们就会在未来被另外一个更重要的观念所取代。对于今天在物理学中出现的令人目不暇接的不同幻想，斯蒂芬·霍金在他最近的著作《果壳中的宇宙》中，曾经谦虚地承认道：“即使我们最后发现时间旅行的确是不可能的，这些探索仍然很重要，因为我们可以弄明白它不可能的原因。”[6]

现代的空间时间

自20世纪初期开始，空间、时间，以及时空连续统一体，都一直是艺术和建筑学理论讨论的核心问题。例如，新的现代主义的时空概念，也是最初于1941年出版的，希格弗莱德·吉迪恩的富有开创性意义的著作《空间、时间和建筑》一书的研究重点。“在现代物理学中，空间被看做是和一个移动的参考点相对应，而不是绝对的、巴洛克式的牛顿系统中的一个绝对静态的实体。自文艺复兴以来，在现代艺术方面，头一回因为一个新的空间概念的出现，促使人们有意识地增加了对空间的感知方式。我们能够在立体主义的作品中最充分地观察到这一点。”吉迪恩这样阐述。[⑦] 立体主义的杰作通过运动和图像的碎片把空间与时间奇妙地组合成一体。根据吉迪恩的意见，数学家赫尔曼·闵可夫斯基是最早确切地阐述出这个新概念的人。他在1908年发表的论文中说：“从今往后，单独的空间或者单独的时间注定要淡出，最后只剩下一个影子。只有两者互相结合，才可能保证它们继续存在下去。”[⑧] 的确，在这位数学家发表该成果不久，立体主义就历史性地出现了，并且为现代艺术意识奠定了基础。

在19世纪初，进步作家、诗人、画家、雕塑家和建筑师都放弃了依据透视表现所证明的，认为时间和空间是外部世界的客体，它们都处于静态的这种概念，并进入动态性的人类感受和意识的体验现实，在那里，现实与梦想、现状和记忆融合成一体。

然而，在这里，我并不打算对时间的本质进行物理性或者哲学性的揣测，也不研究那个由那些移动的观察者在进行完动态性、马赛克的观察之后，推断出的时间维度。相反，我想在这里强调的是，对艺术现象和建筑来说，时间有着一种重要的精神意义。我可以把我的主题内容定名为“时间的精神和诗性”，就如普鲁斯曾经声称的：“如同在空间中有几何学，在时间中就有心理学。”[⑨]

时间的崩溃

后现代主义的哲学家们认为，我们对时间与空间的感知和理解已经发生了显著的变化。举例来说，在两个物理量纲之间发生了一种奇特的逆转或者交换现象，他们把它称为时间的空间化。在我看来，同时出现的还有另外一种逆转：空间的时间化。我们的一个生活现象就能够证明出这些逆转的存在，例如，我们现在经常用时间单位来衡量空间，反之亦然。丹尼尔·贝尔曾经指出，空间已经取代时间，成为美学关注的中心——“空间已成为20世纪中叶文化中一个重要的美学问题，就像在本世纪的前几个十年中，时间（在柏格森、普鲁斯特和乔伊斯的著作中）是当时的主要美学问题一样。”[10]

后现代的时代还带来一个奇特的新现象：时间视野出现了崩溃或者内爆，然后全部融入当今的扁平视屏。今天，我们终于可以适当地谈论“世界的同时性”。在1989年，大卫·哈维确定了一个新概念“时空压缩”，并且宣称“我想建议，在过去的二十年中，我们一直体验着激烈的时空压缩，它对政治经济的实践、阶级力量的平衡、文化和社会生活都带来破坏性的影响，让我们迷失了方向”。[11]

在时空压缩的过程中，时间失去了它的体验深度和可塑性。正是当今世界中那个令人难以置信的时间加速化导致了这种崩溃的出现。速度是我们当前的工业文化现状中最具影响力的一件产品。这种发展趋势已经造就出一门“速度的哲学”，保罗·维瑞里奥撰写的著作就可以作为例证。[12] 维瑞利奥把他的速度科学称为“速度学”。在他看来，当代建筑不是用来表达无限的空间和无限的时间，它的主导观念是短暂的时间和加快的空间。维瑞里奥在当代的挑衅正好呼应了早在20世纪初就已经脱颖而出的速度美学。“世界，因为一个新的美好事物的出现，也就是速度之美，变得更加辉煌了。”马利内蒂曾经在他的“宣言”中这样宣称。[13]

随后奥地利的建筑蓝天组向人们宣告了一个响亮的“荒凉的建筑”的口号，一种包含了速度、压缩、分裂和死亡的建筑美学：

死掉的建筑美学，躺在白色的单子下面。死亡，在铺了瓷砖的医院病房中。建筑猝死在路面上。一个由方向盘轴刺穿胸腔的死亡。在第42街头，射穿一个商人头部的子弹。在可冲洗的塑料箱中进行脱衣舞表演的美学。关于破碎的舌头和干涸的眼睛的美学。[14]

19世纪俄罗斯、德国和法国的伟大古典著作告诉我们，时间是缓慢流逝和充满耐心的，与之比较，大家能够明显地发现，过去几十年的经验时间的确以让人目不暇接的速度在疯狂增加。我们能够通过下面的几个例子更清楚地辨别出这一点。

例如，在托马斯·曼的小说《魔山》中，作者用极其缓慢的文笔，描述了主人公汉斯·卡斯托普在瑞士阿尔卑斯山的疗养院中度过的七年时光；或者，读一读马塞尔·普鲁斯特长达三千五百页的著作《追忆似水年华》。伊塔罗·卡尔维诺，对在过去的一个世纪中出现的时间加速现象曾经发表过一个很有趣的评论："今天的长篇小说也许是一种矛盾：时间维度已经被粉碎了，我们只能在这些时间碎片中生活或者思考，每个碎片顺沿着特定的轨迹移动，随后突然地消失。我们也只有在那个时期的小说中能够重新发现时间的连续性，那时，时间似乎不再是停止不动的，也还没有爆炸。"[15]

尽管对当代的时间加速深有感触，阿贝·拉梅耐在1819年发出的哀叹仍然让今天的我们感到震惊："人类不再读书了。因为我们没有足够的时间。我们的心灵必须要回应从四面八方同时出现的许多要求，必须迅速地解决那些问题，否则它们就消失了。但是有一些事情，我们是无法迅速地解释或者理解的，而这些偏偏正是对人类至关重要的。仓促行事导致人类无法集中精力，最终大大搅乱了整个人类的理性。"[16]借助上面这个可以追溯到两个世纪之前的文学证据，我可以向您保证，时间加速的问题在现代文化的历史中是颇有渊源的。我们在时间方面的损失正是历史发展的必然结果。

马塞尔·普鲁斯特曾经对自罗马时代开始人类对时间意识的改变做过一个有趣的评论："自从铁路出现，因为不愿意误了火车，我们学会使用分钟来衡量时间；而古罗马人，他们不仅在天文学方面掌握的知识比我们欠缺许多，他们的生活节奏也不如我们的紧促；对他们来说，分钟，甚至，固定的小时，都是闻所未闻、几乎不存在的概念。"[17]

最近，在我们的生活中还发生了一个根本性的变化，它是一个细微和平常的细节——也就是传统的手表与数码手表在时间阅读方面的差异。史蒂芬·杰伊·古尔德在《关于时间终结的对话》中，这样写道：

当你瞅着一个不停嘀嗒走动的手表表盘的时候，你能够马上回忆起在这一天中你都做过什么事情。你会记得今天上午你在哪里，何时遇见了你的朋友，你还知道什么时候夕阳会西落，你能够推算出离上床睡觉还剩下多少时间。在入睡之前，你可以在心中安宁地说，你又圆满地度过了一天，并且相当肯定，明天将和今天一样，一切都会按照你的手表指定的时间周而复始地重复。如果你在数码手表的表盘上看见的只是一个小小的矩形指示，你的生活就变成了一系列的时刻，你就会失去所有对时间的真正衡量。[18]

这正好阐述了在体验方面类推测量与数码测量两者之间存在的根本区别。数码手表，从本质上缺乏数字手表具备的自然时间的周期性。

值得注意的是，伴随着关于时间流逝观念的发展，我们甚至改变了自身的身体位置。希腊人认为，未来来自于他们的背后，过去则在眼前消失。而对我们来说，则变成我们面向着未来，过去从我们的身后消失。[19] 不过，最引人注目的是，在经历了这些变化之后，我们开始失去了记忆。按照米兰·昆德拉的评价："缓慢和记忆成正比；快速和遗忘成正比。"[20]

我们的确拥有一切正当的理由，对会消失的和抽象的时间产生出一种恐惧感。此外，它还和一种古怪的现象——无聊感的蔓延，紧密相连。我不打算在此深入探讨这个话题，只想借此机会引荐一本最近出版的、由挪威哲学家拉斯·史文森撰写的关于无聊哲学的著作。[21] 我想申明的是，我们已经失去了居住在时间中的能力，或者说，真正栖身于时间中的能力。我们已经被赶出了时间，体验空间的时间。时间已经变成了一种真空状态，与普鲁斯特的著作中谈到的"（时间的）触觉感"[22]恰恰相反。我们越来越频繁地生活在时间的持续之外，我们仅仅居住在空间之中。可悲的是，按照科学性的思维，我们已经进入了四维甚至多维空间，然而在体验方面我们仍然停留在欧几里得的局限即在三维之内的空间之中。时间的实体，现在只能作为考古遗迹存在于过去时代的文学、艺术和建筑作品之中。类似的，世界原始的静默也只是作为碎片而存在。然而，马克斯·皮卡德，静默的哲学家，曾经提议说我们受惊于所有的碎片。[23] 我们同样受惊于静默与时间的碎片。我的这篇文章本质上是关于缓慢的价值和益处，或者，“时间的化学”[24]，借用普鲁斯特的概念。

时间的博物馆

当我们阅读安东·契诃夫的短篇小说（事实上，如果单论篇幅，它更像是一篇长篇小说）《草原》的时候，能够深刻地感受到时间的存在，它就好像是一种静止、沉重的液体。这种感觉，和我们进入一座罗马式的修道院或者中世纪的大教堂，或者，穿越老城区街道的时候一样，我们能够体验到一种缓慢、深厚的时间。类似的，普鲁斯特描述了贡布雷教堂逐步释放出它的时间维度：“……所有这一切，让我感到这座教堂和小镇里的其他建筑物完全不同，可以这么说，它是一个占领了四维空间的大建筑。其中的第四维度就是时间。时间，在这几百年中，在该教堂的古殿中不停地蔓延，从一个分隔间到另外一个分隔间，从一个小教堂到另外一个小教堂，它不仅横跨和征服了一些土壤面积——还征服了其自身赖以产生的相继出现的时代。”[25]

在现代主义的杰作中，我们能够清楚地体验到时间的加速，在今天的解构主义建筑物上，我们更能感到这个速度还在进一步地加快。我们这个时代的著名建筑物往往传递出一种仓促的感觉，仿佛时间很快就会消逝。每个时代和每个建筑都有其独特的速度、时间感和声音。既有缓慢和充满耐心的空间，也有快速和匆忙的建筑物；既有安静的、沉默的空间和建筑物，也有唠叨的空间和建筑物。

每一个能够真正动人心弦的艺术体验，不论是古代、现代或者是当代的，都能够让时间暂停，并揭开体验的窗帘，指引我们进入一个宁静祥和的持续时间。我要在此建议的是，总体而言，深刻的、艺术性的伟大都具备一种独特体验上的缓慢与静默。在参观卢克索的卡纳克神庙的大列柱时，我感到我的整个人格、我原本独立的自我意识不翼而飞，我已经和法老时代的空间、时间和物质融合一体。正如保罗·瓦列里在他的对话文章中，借用苏格拉底说的话：“难道你不觉得……时间正四面八方地包围着你吗？”[26] 当我面对坐落在得克萨斯州休斯敦的罗斯科礼拜堂中，马克·罗斯科创作的华丽的深单色画的时候，我又一次类似地体验到瞬间现实的消失，过去、现在和未来交织在一起。这些画中的空间邀请观众进入一个深远的永恒空间，它处于存在与虚无的门槛上。这些画把观众带到了时间的彼岸。

美国艺术家和教授山达·伊利埃斯库敏锐地描写了那个富有诗意的时间所特有的感性以及它包含的精神本质：

在审美体验中，时间似乎放慢了脚步，让我们的回忆和感知能够互相交融。审美的时间，不同于按前后顺序排列的时间，后者关系到行动和结果，而审美的时间是一种层状的表面，它包含了现在（可以看见，摸到，闻到，尝到，听到）和过去（那些被记住或者被重新考虑的）。过去和现在流畅地重叠，互相尊重。时间不再是一种单一的旅程，而是我们可以触摸的、留下了丰富标记和纹理的表面。[27]

无时间约束的感知

尽管具有短暂而神秘的性质，时间仍然是我们精神生命中至关重要的甘泉。我们并非生活在一个固定的、客观的现实之中，而是栖身于那个永远盘桓于现实、梦想和想象之间的精神现实之中。这个精神现实，没有任何固定的界限，没有固定的时间顺序或者类别区分。在1953年首次出版的《艺术的视觉和听觉的心理分析：无意识知觉理论概论》，是一本至今仍然极具开创性却遗憾地被人们遗忘的著作。在该书中，作者安东·艾伦茨威格谈到“无时间约束”的意识，或者知觉模式，认为它是引发出创造性思想的一个必要条件。[28] 事实上，无时间约束的关联、怀念和梦想也是我们寻常做白日梦和集中思想所需要的一个必要条件；在我们处于这种心理状态的时候，就会让自己脱离时间的进展。

艾伦茨威格曾经引用沃尔夫冈·阿玛多伊斯·莫扎特的一封信，它的内容可以被看成是一个令人印象深刻的、关于无时间约束听觉的例子。这位作曲家在信中描述了在其创作过程中，线性时间是如何逐渐解体的：

我让这首曲子更加广泛、更加清晰地不断延伸，直至它最后在我的脑海中几乎完全成形。这样，即便是一首很长的曲子，我仍然可以在脑海中一目了然地目睹到它的整体，就仿佛它是一幅美丽的图画，或者是一个英俊的人。采用这种方式，在想象中我并非是连续不断地听到它，那是后话，而是如同它的本身状态那样，一次性地全部听见。这真是一种难得的享受！我所经历的所有创造和编制，就好像一个美丽的梦。在这一切活动中，最美好的那个部分，就是一次性地听完它。[29]

试想一下，一次性地听完整个《魔笛》和《安魂曲》！把整部音乐作曲压缩成一个单一的声音容量！莫扎特的描述让人联想起整个宇宙在大爆炸的那一刻出现的难以想象的压缩。

完美与缺憾

对我们来说，时间具备了一种关键性的精神重要性，这也是因为在我们潜意识中存在着对死亡的恐惧。我们不仅生活于空间和地点之中，我们也栖身于时间里面。哲学家斯滕·哈里斯曾经指出在建筑艺术中时间本质性的精神现实："建筑学不仅仅是驯化空间，它也是为了对付时间的恐怖而设置的一个深层防御措施。美学语言，本质上是永恒现实的语言。"[30]我们对美的渴望和追求是一种无意识的尝试，以求暂时消除腐蚀、熵和死亡。美是一种承诺；对美的体验，向人们承诺了品质和价值的永久存在。豪尔赫·路易斯·博尔赫斯曾经对这种效果给予一个有力的评价："美丽是永恒的。"[31] 但是，保罗·瓦列里在他的《尤帕里内奥，或者建筑师》的对话中，通过费德鲁斯发出的表白向大家提出了警告："最美丽的必然也是最专制的。"[32] 此外，瓦列里不同意博尔赫斯信奉的永恒的美丽，他这样写道："最美丽的东西是不可能永恒的。"[33] 这两位大师级的诗人之间存在的根本分歧，的确令人深思。

在我们借助那些表现出永恒的美丽和完美的图像来幻想永生的同时，我们需要可以标记和测量时间过程的体验，我们必须能够确信时间的深度和可靠度。腐蚀和磨损留下的痕迹，提醒着我们物理和生物世界的最终命运——借用加斯东·巴什拉的概念，也就是“水平的死亡”[34]。不过，腐蚀和磨损也让我们实在地处于时间流动之中。时间变成触觉感；时间变成一种皮肤的感知。物质体现了时间，而形状尤其是几何形状，则体现了空间。握于手中的卵石，转达了物化时间的体验。我们无法在精神上居住于一个没有限制的空间之中，我们也不能生存于一个没有限制的时间之中。我们所处的当代由人工材料建造的高技术环境，无法调解时间和历史留下的痕迹。它们不但没有促进根基感和归属感，反而制造了异化、脱离和缺乏同情心的气氛。如果比较当代城市景观与历史城镇，我们能够轻易地区分出，哪一个是深厚的时间，哪一个是单薄的时间；哪一个体现了时间的缺乏，哪一个让时间以舒适的形态出现在人们的眼前。

人类的意识在爱欲和死亡之间寻找平衡，建筑学的精神任务之一就是在这两极之间进行调解。保罗·瓦莱里曾经指出：“有两件事情在不停地威胁着人类—— 秩序和混乱。”[35]对完美的追求应该与缺陷留下的痕迹互相之间得到平衡。约翰·拉斯金曾经这样规劝我们：“缺陷，对我们所知的生活来说，是必不可少的。它显现了一个肉身具备的生命迹象，也就是说，显示了过程和变化状态。严格地说，没有任何有生命的事物是严格地完美的；它的一部分在腐烂，另一部分又在新生 …… 在所有的事物中存在着特定的不规则和不足，这不仅仅是生命的迹象，也是美的源泉。”[36]

水和时间

建筑需要能够刻意表达持续性和时间的设备。18世纪人们对人工制造出的遗迹的迷恋，显现出人们企图扩展建筑时间的范围。另外一个意外地引发出时间与建筑处于并列地位的元素，就是水。

在诗人约瑟夫·布罗茨基的想象中，上帝、时间、水和美相互关联，创建了一个神秘的循环周期，或者，各种事物的曼陀罗。布罗茨基给时间赋予了一个令人惊奇的定义：“我始终坚持认为，上帝就是时间，或者，至少他的神灵是时间。”[37]他还对此做出其他耐人寻味的联想：“我认为，水就是时间的形象”[38]，“水，等于时间，具备了双重美感”[39]。并且，不光是布罗茨基建议了这些关联，还有加斯东·巴什拉和阿德里安·斯托克斯等人，也曾经有过类似的提议。[40]水，是在许多不同的艺术形式中被频繁使用的形象。比如，在安德烈·塔可夫斯基的电影中，人们能够发现水的形象融合了一种非凡的时间感、精神性和忧郁感；或者，存在于克劳德·莫奈的画中的水，是温柔的、催眠般的缓慢；或者，由西格尔德·勒维润兹、卡罗·斯卡帕和路易斯·巴拉甘设计的那些与水相关的建筑作品。由勒维润兹设计的、坐落于圣彼得教堂、从一个巨型贝壳滴到砖地的黑色缝隙的水；斯卡帕的布利昂维加礼拜堂的水下建筑，反映出如面纱的水面，以及在路易斯·巴拉干的建筑中湍急的河水图像，都让人们更强化、更敏感地体验出时间的持续感。水的表面反光隐藏了它的真实深度，就仿佛现在隐藏了过去和未来一样。水，对人类的生存至关重要，却也和巨大的洪水、大风的景象相关。我们因此摇摆于出生和死亡、乌托邦和遗忘之间。

水的那些图像能够让时间的推移和持久性都显得具体化。建筑和水之间进行的这种缓慢而又有节奏的触觉对话是真正充满性感的。所有与水进行对话的城镇和建筑物都具备了一种特殊的魅力。弗兰克·劳埃德·赖特设计的“流水别墅”，借助了流水瀑布的声音，为人们的感官编织出一张蕴含极度快感的网，它就好像是由视觉和听觉双种成分编织而成的，与建筑物和它四周环绕的森林一道，形成织网；使人既能够贴近现实跳动的心脏，又能够舒服地栖身于自然的持续时间之中。

象征和现实

关于艺术现象的本质问题，存在着两个概念性的根本误解：第一个误解，是把艺术当成一种象征；另外一个误解，是把艺术看成是一个新颖而价廉的物品。艺术和建筑作品，不仅能够象征除了它自身以外其他的东西，它们还可以创建出另外一个现实，它们就是这个另外的现实。“一首诗…… 不是一种释义或者现实的隐喻，它就是现实本身。”布罗茨基曾经这样叙述道。[41]艺术或者建筑作品不是一种用来代表或者间接地塑造它自身之外事物的象征。它是一个形象现实，或者是一个想象的现实，它直接置于我们的生存领域和意识中间。它是我们的一部分，我们也是它的一部分。

建筑也创建出一个经过它改造的现实，并在其中转化了人们在这个现实中对空间、时间和重力的认识和体验。建筑投射出特殊的感知和理解的视野。建筑物能够限制我们对时间的阅读；如同电影或文学艺术一样，它们也能够使时间加快、减慢、停止，甚至能够逆转时间。伟大的建筑物不是短暂出现的象征或者隐喻，它们是时间的博物馆。当我们进入一个伟大的建筑物时，它的特殊的静默以及时间感能够引导我们的体验和情感。事实上，我们主要通过建筑结构来探知文化时间的深浅度。试想一下，如果在我们的脑海中从来没有存在过埃及金字塔的形象，那么，我们所谓的历史感将会显得是多么的浅薄，多么缺乏比例尺度！不管我们是否在现实中瞻仰过金字塔的宏伟，我们必须肯定这一论点。建筑结构的重要功能就是使得精神结构变得具体化，并且是我们个体和集体的记忆与意识的延伸。它们构成了理解与维护历史、时间，理解人类的机构、社会和文化现实的工具。

艺术和新奇

在加斯东·巴什拉的错综复杂的著作《关于否定的哲学：一种新的科学思维的哲学》[42]中，作者解释了科学思想的发展是从万物有灵论过渡到现实主义、实证主义、理性主义、复合的理性主义和辩证的理性主义。[43]按照他的看法，科学思想是在一个闭合轨道上发展的。“任何一项专门的科学知识，它的哲学演化就是按照所有这些学说的排列顺序发展的。”这位哲学家这样阐述道。[44]

值得我们注意的是，艺术思想则按照相反的方向发展。一个艺术形象是从现实主义出发，经过理性的分析理解，回到对世界神秘性的理解和万物有灵论的概念。因此，在连续统一的发展道路中，科学与艺术互相朝着相反的方向发展，最后擦肩而过。科学思想在发展前进的同时，渐渐进行了分类；艺术思想则试图返回到那个未分化的、单一性的，犹如人们对海洋世界的体验。艺术想象的目标是寻觅到合适的表达方式，借用单一图像来调解复杂的、相关整个人类生存的体验。从这个意义上来说，艺术是一种永久性的同义反复，它只重复着一个相同的信息——人类在这个世界中的体验。只有通过对那些诗化的图像进行体验和感受，而不是依靠分析和理解，我们才可能完成下面这个自相矛盾的任务——促使特殊性和普遍性成为一个统一体。

我们这个时代痴迷于那些具有独特性和新颖性的思想；艺术，尤其是我们这个时代的艺术，往往依靠它蕴含的不可预知的新颖性，依靠那些阐述它的思维假说，而获得众人的赞赏和评判。然而，我相信，任何一位思想深刻的艺术家，都不会参照未来主义的兴趣而履行创作，当然这里要排除那些对未来抱有半宗教性动机的未来主义者。“没有真正的作家想成为当代的作家。”博尔赫斯曾经这样合理地评价道。[45] 没有真正的艺术家或者建筑师，会对这种浅薄和毫无意义的所谓时代性以及自由表达的概念感兴趣。每当有人开始大肆讨论艺术创作自由的时候，就会出现下列这些问题: 我们能够从哪里获得自由；得到自由之后，又可以拿它做什么？“力量来源于限制，死于自由。”列奥纳多·达·芬奇曾经如此断言，这个声明自始至终都是正确的。[46]

颠倒的时间

“当一个人写作的时候，他最直接的读者不是他的同代人，更不是后人，而是他的前辈。”布罗茨基曾经这样声明。[47] 真正具有创造性的作品，不可能产生于文化或者精神的真空状态：具有创造性的作品，起源于文化的延续性和传统，起源于它和伟大前辈的不断对话。一位见解深刻的艺术家会在逝者中寻求建议和认可，而不是从他 / 她同时代的艺术家那里；艺术家不会去讨好未来的读者、观众或者居民。因此，那个处于时间深处的过去，才是艺术作品真正的精神维度。“为了满足它崇高的追求圆满的愿望，每一件艺术作品必须在定稿的最后一刻，凭借着极大的耐心、极端的谨慎，沉淀到千年的黑暗中去，如果可能的话，回归到那个古老的夜晚，回归到那些逝者能够在这部作品中辨认出他们自己的时代中去。”尚·惹内曾经这样描述。[48] 艺术家不会苟同未来主义者的那些幻想，而是试图重新夺回那种儿童天生具备的未分化的意识和人类存在的单一性。艺术家要捍卫人类的历史性，期望它与世界融为一体。

艺术具备的一个神奇特征就是它能够漠视那个在不断前进、具有因果关系、直线状的时间元素。所有伟大的艺术作品都克服了时间的深渊，使用现在时态向我们进行倾诉。“一位艺术家值一千个世纪。”瓦勒里曾经这样写道。[49] 一幅石器时代的洞穴画，和任何一件我们时代的作品比较，从对我们的眼睛和心灵所赋予的生活影响力与现实性方面来说，同样具有深刻性。这正是因为，对艺术而言，时间——作为一个年代表或者因果关系，是毫无意义的。从根本上来说，艺术是一种有关存在性的表达，它使观察者更加敏感地、更加勇敢地面对他 / 她自己的存在。

艺术感兴趣的不是当代性，它渴求的是获得意识和存在的理想模式。这种对理想的渴望，不是一种多愁善感的向往，而是对一个体验单一性的世界的寻找，在这个世界里，客体与主体的对立关系会消失在美的境界中。艺术家的这种追求带有深刻的谦卑和不确定性。如布罗茨基明智地写道：“你看，不确定性，正是美的母亲，她的定义之一，就是有一些东西不是你能够拥有的。”[50] 美，不能被占据，你只能与它邂逅。同样，艺术所包含的意义，不能被发明，它只能被我们重新发现、重新确定和重新阐述。

建筑中的生物时间

我们首先是生物和历史的人类，我们的遗传基因编码可以追溯到人类过去的数百万年前。我们对空间情况和特性的本能反应，是根据过去的、我们的无数代先人经历过的生活条件为基础而产生的。人类的方向感，上面和下面，光明与黑暗，安全和威胁，快乐和不适，水平和垂直，贴近和距离等等，都建立在我们集体共享的无意识之上。我们也许生活在城市中，被今天的科学技术和数码现实重重包围，但是，我们的具体反应表现仍然继续扎根在我们永恒的过去之中；在我们之中，仍然隐藏着猎人——采集人，渔民和农民的基因。建筑必须承认人类具备的这种深刻历史性。相对今天人们对新颖性、对数码和虚拟现实不加批判的热情偏好，这种生物文化的历史性向我们展示了一个决定性的前景。对美学与美的生物性以及进化本质，人们尚未展开任何科学性的研究，[51] 然而，诗人和艺术家已经对这些现象的深度进行了透视。“信与不信，进化的目的，就是美。”约瑟夫·布罗茨基作为伟大的诗人，曾经做出这样的保证。[52]

同样的，建筑学的历史根基也比我们目前所了解的，以及，通过长达几千年的建筑史显示出来的，更是具有决定性的深厚度。实际上，建筑学的起源早已超越了历史和人类口头的记述，它深藏于人类学的过去。我认为，建筑学的道德任务就是捍卫我们的生物本质和历史性，帮助我们扎根于生活的本质性现实当中。对建筑艺术来说，这才是最重要的时间远景。

随着时间的湮没，大众形象取代了大众空间。

——保罗·维瑞里奥[53]

语言，是一种对物质的稀释……诗人操纵它，使它成为一个和谐体，或者，对物质来说，成为一个不和谐体……诗人将他自己融入纯物质的领域……或者，如果你愿意，比其他任何艺术作品都快速地进入纯时间。

——约瑟夫·布罗茨基[54]

醒悟不在时间之内，
但是只有在时间里，才能有玫瑰园里的瞬间，
雨中凉亭里的瞬间，
雾霭笼罩的教堂里的瞬间，
才能被忆起；才能与过去和未来相联系。

只有通过时间，才可征服时间。

——T. S. 艾略特《四个四重奏》[55]

注释

① Joseph Brodsky.Watermark[M].London: Penguin Books,1997:44.

② Eliot T S. “Burnt Norton”[M]// Eliot T S.Four Quartets.San Diego/New York/London: Harcourt Brace Jovanovich,1988:13.

③ Saint Augustine,as quoted in:Jorge Luis Borges.This Craft of Verse[M].Cambridge, Massachusetts: Harvard University Press,2000:19.

④ Alan Lightman. Einstein´s Dreams[M].New York: Pantheon Books,1993.

⑤ Dennis Overbye.“Remembrance of Things Future: The Mystery of Time”[N].New York Times,2005-06-28.

⑥ Dennis Overbye,2005-06-28.

⑦ Sigfried Giedion.Space, Time and Architecture: The Growth of a New Tradition[M].Cambridge, Massachusetts: Harvard University Press,1952:368.

⑧ Sigfried Giedion,1952:376.

⑨ Marcel Proust.In Search of Lost Time, Volumes 5+6: The Captive, The Fugitive[M].London: Random House,1996: 637.

⑩ Daniel Bell,“The Cultural Condition of Capitalism,” as quoted in: David Harvey.The Condition of Postmodernity[M].Cambridge, Massachusetts: Blackwell,1992:201.

⑪ David Harvey.The Condition of Postmodernity[M].Blackwell: Cambridge, 1990:284.

⑫ For instance: Paul Virilio.Katoamisen estetiikka (The Aesthetics of Disappearance) [M].Tampere: Gaudeamus, 1994.

⑬ F.T. Marinetti,as quoted in:Thom Mayne.“Statement”[M]// Peter Pran(editor). Ligang Qui .China:The DUT Press, 2006:4.

⑭ Coop Himmelb(l)au,“Die Fascination der Stadt,” as quoted in: Anthony Vidler.The Architectural Uncanny[M]. Cambridge,

Massachusetts: The MIT Press,1999:76.

⑮ Italo Calvino.If on a Winter's Night a Traveller[M].San Diego/New York/London: Harcourt,1981:8.

⑯ Abbé Lamennais,as quoted in: René Huyghe, Dialogue avec le visible: Connaissance de la peinture[M].Paris: Flammarion,1955.

⑰ Marcel Proust.In Search of Lost Time, Volume 4: Sodom and Gomorrah[M].London: Random House,1996:258.

⑱ Stephen Jay Gould in Conversations about the End of Time,in: Frédéric Lenoir,Jean- Philippe de Tonnac(eds). London: Penguin Books,2000:139.

⑲ Robert M. Pirzig,"An Author and Father looks Ahead at the Past",The New York Times Book Review.

⑳ Milan Kundera.Slowness[M].New York: Harper Collins Publishers, 1966:39.

㉑ Lars Fr.H. Svendsen.Ikävystymisen Filosofia(The Philosophy of Boredom)[M].Helsinki: Kustannusosakeyhtiö Tammi,2005.

㉒ David, Lenoir and Tonnac, Conversations, 95.

㉓ Max Picard.The World of Silence[M].Washington D C: Gateway Editions,1988:212.

㉔ Marcel Proust.In Search of Lost Time, Volume 7: Time Regained [M]. London: Random House,1996:331.

㉕ Marcel Proust.In Search of Lost Time, Volume 1: Swann's Way[M]. C.K. Scott Moncrieff,Terence Kilmartin(trans).London: Random House,1992:71.

㉖ Paul Valéry.Dialogues[M]. William McCausland Stewart(trans).New York: Pantheon Books,1956:94.

㉗ Sanda Iliescu, "Eight Aesthetic Propositions," (unpublished manuscript, 2006), 23.康斯坦丁·布朗库西的在1920年首次展出的《盲人的雕塑》(*Sculpture for the Blind*)作品，装在一个不透明的布袋中，参观者可以通过套筒去触摸该雕塑的原始鸡蛋形状。

㉘ Anton Ehrenzweig.The Psychoanalysis of Artistic Vision and Hearing: An Introduction to a Theory of Unconscious Perception [M].

London: Sheldon Press,1975.

㉙ Wolfgang Amadeus Mozart,as quoted in: Anton Ehrenzweig.The Psychoanalysis of Artistic Vision and Hearing: An Introduction to a Theory of Unconscious Perception[M].London: Sheldon Press, 1975: 107-108.

㉚ Karsten Harries."Building and the Terror of Time"[M]// Carter Marcus, Marcinkoski Christopher,Bagley Forth,et al.Perspecta(19): The Yale Architectural Journal. Cambridge: The MIT Press,1982.

㉛ Jorge Luis Borges.This Craft of Verse[M].Cambridge, Massachusetts: Harvard University Press,2000:115.

㉜ Paul Valéry."Eupalinos, or the Architect"[M]// William McCausland Stewart (trans).Dialogues. New York: Pantheon Books,1956:86.

㉝ Paul Valéry,1956:76.

㉞ Gaston Bachelard. Water and Dreams: An Essay On the Imagination of Matter[M].Dallas, Texas: Pegasus Foundation,1982:6.

㉟ Paul Valéry,1956:76.

㊱ Josh Ruskin.The Lamp of Beauty: Writings on Art[M].John Ruskin, Joan Evans(eds).Ithaca N Y: Cornell University Press,1980:238.

㊲ Joseph Brodsky.Watermark[M].London: Penguin Books,1997:42.

㊳ Joseph Brodsky,1997:43.

㊴ Joseph Brodsky,1997:134.

㊵ Adrian Stokes."Prologue: at Venice"// Adrian Stokes.The Critical Writings of Adrian Stokes vol. II .Plymouth: Thames and Hudson, 1978: 88.

㊶ Joseph Brodsky.On Grief and Reason [M].New York: Farrar, Straus and Giroux,1997:386.

㊷ Gaston Bachelard.The Philosophy of No: A Philosophy of the New Scientific Mind [M].New York: The Orion Press,1968.

㊸ Gaston Bachelard,1968:15.

㊹ Gaston Bachelard,1968:16.

㊺ Jorge Luis Borges.On Writing, eds. Norman Thomas diGiovanni, Daniel Halpern and Frank MacShane[M].Hopewell, New Jersey: The

Ecco Press,1994:53.

(46) Leonardo da Vinci, source unidentified.

(47) Joseph Brodsky.On Grief and Reason [M].New York: Farrar, Straus and Giroux,1997:439

(48) Jean Genet.Giacomettin ateljeessa (In Giacometti´s Atelier)[M]. Helsinki: Kustannusosakeyhtiö Taide,1987:15.

(49) Paul Valéry.Dialogues[M]. William McCausland Stewart(trans).New York: Pantheon Books,1956: XIII.

(50) Joseph Brodsky, Less than One (New York: Farrar, Straus and Giroux, 1997), 339.

(51) For instance:Ingo Rentschler, Barbara Herzberger, David Epstein. Beauty and the Brain: Biological Aspects of Aesthetics[M].Basel/ Boston/ Berlin: Birkäuser Verlag,1988.

(52) Joseph Brodsky,1997:207.

(53) Paul Virilio,as quoted in: Mika Määttänen. Katoamisen estetiikka(The Aesthetics of Disappearance)[M].Tampere: Gaudeamus,1994:127.

(54) Joseph Brodsky,1997:311.

(55) Eliot T S.Four Quartets [M].San Diego/New York/London: Harcourt Brace Jovanovich,1971:16.

图10：建筑构件（楼梯研究），1998年。磨铸青铜。作者：Rauno Träskelin

Figure 10：Architectural object (stairway study), cast bronze, 1998. Photo Rauno Träskelin

Chapter 10

空间的色情（2008年）

建筑中的色情

从《寻爱绮梦》（1499年）开始，建筑中所具备的色情部分就是文学和学术研究的主题之一。《寻爱绮梦》是一首梦幻般的爱情诗结合一篇关于古代建筑秘密的专著混合产物，由方济各会的修士弗朗西斯·科隆纳（1433—1527年）所著。《寻爱绮梦》，实际上是一个伪装成建筑论文的爱情故事，在书中，建筑及其他的组成元素代表了情人渴求的身体。事实上，由于该书中出现的对建筑的专业性地描述，大家不由自主地推测，其实该书真正的作者是莱昂·巴蒂斯塔·阿尔贝蒂。

在18世纪中叶的法国，人们极其青睐把小型屋宇（Petites Maisons），第二个住宅（Residences Secondaires），花园，以及园林亭台楼阁来作为秘密恋情的背景。在让·弗朗索瓦·德·巴斯提德所著的简洁的中篇小说《小房子》（1758）中，作者把建筑精心设计成一个用来唤醒人们的情欲、展开性爱引诱的工具。[①]这本诱惑人心的书，正是放荡不羁的色情中篇小说和建筑论文的融合体。《小房子》和《寻爱绮梦》一样，被人们认为是一位作家和一位建筑学者通过共同合作而产生的结晶。建筑专家怀疑，与巴斯提德合作的人，正是雅克·弗朗索瓦·布隆代尔——一位在那个时代享有盛名的建筑理论家。

安东尼·维德勒曾经描述在18世纪的色情文学中，空间与色情体验之间的相互作用：“空间的作用是至关重要的。首先，空间设定界限，建立限度，抵抗了侵扰。从色情叙述方面来看，它具备一个更根本的意义。空间，让最重要的亲密时刻暂时停留，它保卫了受时间控制的所有短暂性的相爱行为，暂时摆脱了每天的日常程序，当然，也暂时摆脱了老化的必然过程。空间，为人们提供了一个摆脱历史的地方。”[2]

《普力菲罗或者再访黑森林：建筑的色情顿悟》一书，由阿尔贝托·佩雷斯·戈麦斯所著，它是一部当代改装版的《寻爱绮梦》。作者把那个在文艺复兴时期，在迷人的森林里发生的故事背景，转换成一个完全技术化的国际机场。[3] 佩雷斯·戈麦斯，最近在《爱的建筑：对伦理和美学的建筑向往》（2006年）中，调查了爱神厄洛斯与菲利亚——性爱和友谊之爱在神话和历史中的角色，探讨了他们在建筑的创造和体验中发挥的作用。[4] 佩雷斯·戈麦斯通过充满诗意的描述，令人信服地证明，建筑的出现不是因为功效性和理性，也不是因为实用性和技术，而是因为那个人们希望能够满足肉欲、满足把人类的生存条件诗意化的愿望。他的博学、诗意般的叙述，有助于我们理解建筑快感的本质以及建筑对美的渴望的起源。

建筑空间与色情空间

在建筑历史中曾经出现过一些明显的色情建筑项目。例如，印度耆那教的色情建筑立面，印度教的克久拉霍寺庙（公元前1000年），克劳德·尼古拉斯·勒杜（1779年）的快乐之家——它阴茎状的平面设计图。然而，那些直接从视觉上反映出性交内涵的设计，通常只会沦落成一些令人感觉庸俗和不安的图像，相对而言，如果使用隐蔽的触觉感受和色情空间，关注材料和细节，颜色和光线，则能够让人们体验到愉快、诱人的感觉。例如，弗兰克·劳埃德·赖特、埃里克·贡纳尔·阿斯普隆、阿尔瓦·阿尔托、卡罗·斯卡帕的建筑，往往清楚地显示出触觉性和爱抚的色情气氛。甚至美国本土的萨克教的建筑物和日用品，也投射出一种微妙的性感，尽管根据他们的宗教教义，这种意图是被明确禁止的。

这些初步观察可以引导我们从一个更哲学的角度，来研究建筑空间和色情感性之间的关系。

在讨论保罗·塞尚的画作时，莫里斯·梅洛·庞蒂曾经很诗意地表达说，画家是想通过他的艺术来表现出“世界是如何触动我们的”[5]。在另外一段文字中，这位哲学家提出了质疑：“画家或者诗人，除了要表达出他与世界的邂逅之外，还想要表达什么呢？”[6]

如同绘画和诗歌，建筑艺术能够清楚表达出个人与世界在感悟和回应方面的界限。建筑表达了我们与世界的邂逅，阐明了世界是如何触动我们的。建筑物，不只为我们的身体提供物质的庇护，它们还安顿了我们的思想、记忆和梦想。通过“混合记忆和欲望”[7]，建筑让我们能够愉快和尊严地栖身于“世界本身”[8]，并且，把自身视为一个完整的生命体来理解。

深刻的建筑不会把人们的注意力局限在其自身，而把我们的意识重新指引回到对世界、对我们生活现状的认识上面。这样的建筑超越了视觉美感，超越了构图质量，它唤起我们作为一个自然生物、一个有感觉和需要色情的生物所具备的历史性。我们的确居住在物理空间之中，不过，我们也占据着思想构造和图像。除了服务于实用和器具性的目的之外，建筑作品是完全人工制造的缩影，是对人类生活世界的浓缩、诗意的表现。建筑作品是对鲜活的人类生存的隐喻，它们引导和阐明人类的感知、意识和情感。一个伟大的建筑使我们看到了山的雄伟、树的沉默和忍耐、光和影的相互作用，还看见别人脸上露出的微笑。深刻的建筑提升了我们的感官敏感度，让它们变得更加凝聚，并且使得不同的感官互相合作，使我们看到春天的芬芳，聆听到物体的安宁，感觉到光线的轻触，品味到石头的酸味。建筑物必须履行的、对未来发展具有巨大影响的任务之一，就是维护世界上存在的那个仁慈的沉默。最重要的是，安详的建筑空间能够使我们体验到独居的快乐，而不是寂寞感。

这些神奇的体验都是被那些得到解放、鼓舞人心的建筑意境激发出来的。与此同时，艺术形象能够刺激我们去梦想，它们加强了我们对现实和自我的意识。“一个图像能够在瞬间展现出理智和情感的组合。只有这样的图像、这样的诗歌，能够赋予我们即刻的解放感；赋予我们从时间和空间的限制中得到解放后的自由感；还有，在我们遇到最伟大艺术作品的时候，突然体验到的超越感。”埃兹拉·庞德曾经这样写道。[9]这种直觉性和解放感也属于深刻的建筑体验的特征。

当然，建筑物并非只靠眼睛来欣赏，在基本的建筑体验中，也包括人们直接的行为或者事件的发生——积极地接触和对抗，而不是被动的观察。空间和结构成为我们的一部分，我们与它们融合。举例来说，对窗户的建筑体验，并不是单指某个物质对象的审美学特征；该体验侧重的是人们看向窗外去欣赏窗外的景物，通过窗框的开孔而选择和固定某种景象，这个行为才可称为是一个真正的建筑邂逅。同样的道理，简单的门框，无论它具备什么样的审美学特征，它不是建筑；而人们穿过门廊的这个行为——跨过不同的空间领域，它才是一个真正的建筑行为。

一个建筑的空间或者环境，总是向人们发出邀请，做出承诺。建筑上的邂逅，由于它具备的动词性质，以及隐含的身体上的对抗，基本上总带有感性和色情的特征。我们拥抱空间，空间回抱我们。空间，使人一再地迷醉，一再地创编出神话，一再地使世界充满了色情，并给我们的建筑物赋予了本体论的泛神论和万物有灵论。现今时代出现的工具化、合理化和审美化，往往试图剥夺建筑物天然具备的超自然意义，建筑的任务就是给我们的生活重新灌输意义，并且加强我们与世界的体验性联系。

诗人查尔斯·汤姆林森曾经指出在实践绘画和诗歌的时候，我们身体所发生的一些基本反应：“绘画，唤醒了手，利用你的肌肉协调感进行创作，或者，如果你愿意换一种说法的话，利用你的身体感觉。诗歌也是这样。当它以重点为核心而慢慢展开，行进到每一行的结尾；或者，在某一行中暂停下来，休缓一会儿，诗歌也调动诗人发挥出其整体的身体感觉。”[10]梅洛·庞蒂把这个思维过程延伸到整个身体：“‘画家携带着他的身体'（瓦勒里说）。”的确，我们无法想象思想如何来绘画。”[11] 一个无身体的思想是无法构想建筑的，正如鸟巢的形成完全依靠动物的身体运动。建筑物一样需要回应我们的身体和身体体现的行为。

一个富有创造性的作品必然诞生于一种被激活和敏感的心理状态之中。艺术家或者建筑师必须要与他们的作品融合，并且成为他/她的创造性努力的专有场地，最终成为该作品本身。萨尔曼·拉什迪曾经这样写道：“文学，站在自我和世界的分界线上。在创造性行为出现的过程中，这个分界不再坚固，它变得可以穿透，结果，世界涌入艺术家，艺术家涌入世界。”[12] 在我们体验一个建筑实体的行为过程中也同样会出现类似的融合和认同。

建筑的体验的确是一种神奇的交流；我们把自己的情绪和联想投射到建筑物上，作为回报，我们得到建筑物所散发出的反映。当我们在一个空间里感受到幸福或者焦虑、狂喜或者悲痛的时候，我们感受到的其实是我们自己的情绪，该作品具备的影响力和氛围引发出的这些情绪会反射回到我们的意识中。这种微妙的相互依存和交流，类似于一种温情的人际关系。在恋爱关系中，世界和自我之间的那条边界也同样被激活了。

“他赋予建筑物的所有敏感部位以相似的关注。你会以为他是在照顾他自己的身体 …… 但是，所有这些精巧的设备，如果和那些他用来阐述情感、用来震撼那些未来观赏者的灵魂而采用的技能比较，都是不值一提的。” 费德鲁斯描述了在保罗·瓦列里的《尤帕里内奥，或者建筑师》的对话中，[13]尤帕里内奥在他的设计过程中所付出的关注。“我的神殿必须如同人们被心爱的人所感动那样，去感动人们。”据说尤帕里内奥做出这样的评价。[14] 如同沉浸在一种深情的关系之中，一个有意义的建筑空间能够刺激和加强我们最微妙和最仁爱的品质。

伟大的建筑作品和艺术作品所具备的感性、色情的品质，来源于无意识状态下的身体认同，以及细腻的触觉体验。“皮肤看到 …… 它颤抖，说话，呼吸，聆听，观看，爱与被爱，接受，拒绝，退却，因为恐惧而汗毛竖立，被裂纹、斑点和心灵上的创伤覆盖。”米歇尔·塞雷斯在这里重点描述了触觉感受的多重性。[15]

积极和活跃的空间能够激发我们的肌肉和触觉。当视网膜图像导致距离的增加与分离的出现时，触觉体验则带来亲近感、亲昵感和接纳感。光线，爱抚着某个物体的表面，揭示出它的形状和纹理，以及物体的质感；通过人类身体和手的精雕细琢而产生出的细节，能够唤起一种充满色情、温馨的氛围。家居空间，最终是居住其中居民的皮肤延伸，“回家”这个行为所产生的最深沉体验，就是那种亲密的温暖感，还有裸露的皮肤带来的体验。居民与房子的结合宛如一种婚姻关系，在这种关系中，房子能够抚爱它的居民，居民在他 / 她所住的地方得到终极的快感。

建筑的基本任务就是支持和庆贺人类的生活，并且赋予其一种尊严感。一个大方、有礼貌的建筑空间，能够让我们与整个世界的关系变得更加敏感，它调整了我们的感官，让我们能够感受到最微妙和最虚弱的知觉。一个仁慈的建筑空间，是爱抚性的、平静的，它能够给予人们能量，并且安慰人心。

建筑学是一门艺术

“建筑学，是一门赞美某物，并且使之永存不朽的艺术。如果值得赞美的事物不再存在，建筑学也就不再存在。”[16] 路德维希·维特根斯坦曾经如此断言。建筑艺术，从本质上来说，是为了提高人们的生活水平，因此，它只能从乐观和关怀、喜爱和同情这些情绪中诞生而出。建筑的守护神是希望；犬儒主义的精神状态则肯定会导致建筑地基的削弱和消除。如同在一种充满了爱的人际关系之中，建筑学的目的是解放他人，并且捍卫他/她的自主性和个性化。

从另一方面来说，建筑，的确能够，也曾经被人们利用，以获取抑制和控制、教导和恐吓等不正当的目的。赫伯特·马尔库塞曾经臆断，今天社会中出现的粗俗的性行为与性暴力，至少部分归咎于在我们的高技术化的生活环境中不再具备色情部分。[17] 今日工具化的环境征服和压制了色情的幻想，使得那些能够刺激和容纳白日梦的历史空间、自然环境和城市风貌不复存在。

建筑，实际上是一件礼物

尽管深刻的建筑诞生于已存在的文化和生活现实之中，它仍旧会追求崇高的理想。这种建筑不仅反映出那些人们制定的条件和目标，它还渴望创造一个更好、更微妙、更文雅的生活方式。事实上，真正具备意义的建筑总会超越其规定的条件与刻意的意图，最后取得比预见的，或者，比理性设计更加出色的结果。和爱情一样，建筑实际上是一件礼物，一件借助人类的创造能力，以及对其他人的同情心而奉上的礼物。

理想主义、乐观主义、正义和希望，这些情绪和体验都与对美的渴望和激情相关。因此，美感和想象力共存。一种文明，只有当它能够区分美丽和丑陋，并且始终渴求美好时，它才拥有希望。对道德的判断源于审美欲望，正如约瑟夫·布罗茨基确信的："美学，是伦理学的母亲。"⑱

阿尔瓦·阿尔托曾经谈到过"建筑师的天堂观念"，他建议，建筑应该不停息地争取创建一个理想的世界。"建筑有一个含义深远的目标…… 就是创造出一个天堂。它是我们的房子的唯一目标…… 每一座房子，每一件值得作为一种象征的建筑作品，都是一种努力，来表现我们要为大家建立一个人间天堂的愿望。"⑲ 这个人间天堂，也是厄洛斯与菲利亚——爱的两种模式的居所。

注释

① Jean-François de Bastide.The Little House[M].New York: Princeton Architectural Press,1996.

② Anthony Vidler."Preface," in Jean-François de Bastide,1996:111-112.

③ Alberto Pérez-Gómez.Polyphilo or the Dark Forest Revisited: An Erotic Epiphany of Architecture[M].Cambridge/ Massachusetts/ London/England: The MIT Press,1992.

④ Alberto Pérez-Gómez. Built Upon Love: Architectural Longing After

Etchics and Aesthetics[M].Cambridge/ Massachusetts/ London/ England: The MIT Press,2006.

⑤ Maurice Merleau-Ponty."Cezanne's Doubt"[M]// J. Harry Wray. Sense and Non-Sense. Evanston,Illinois: Northwestern University Press,1964:9.

⑥ Maurice Merleau-Ponty,as quoted in: Richard Kearney. Modern Movements in European Philosophy[M].Manchester/ New York: Manchester University Press,1994:82.

⑦ Eliot T S. "The Waste Land"[M]// Eliot T S.The Waste Land and Other Poems. London: Faber and Faber,1999: 23.

⑧ Merleau-Ponty describes the notion of "the flesh of the world" in his essay "The Intertwining—The Chiasm," in: Claude Lefort(edtior). The Visible and the Invisible[M].Evanston: Northwestern University Press,1992:248,146. 该哲学家声明，“我的身体和世界一样，是由相同的肉组合成的…… 组成我的身体的肉，与世界是共享的,”还有，“世界的肉还是我自己的,是 …… 一个返回本体，符合本体的结构”。这一概念最初来源于梅洛-庞蒂的世界和自我是相互交织的辩证原则。他还谈到了“肉身存在论”，并以此作为自己的知觉现象学的最终结论。这个本体阐明了这个观点——意义，既是主观的，也是客观的；既是精神的，也是物质的。See: Richard Kearney,1994:73-90.

⑨ Add Pound note.

⑩ Charles Tomlinson. Poets on Painters[M]. J.D. McClatchy(editor). Berkeley/Los Angeles/London: University of California Press,1990.

⑪ Maurice Merleau-Ponty.The Primacy of Perception [M].Evanston, Illinois: Northwestern University Press, 1964:162.

⑫ Salman Rushdie."Eikö mikään ole pyhää?"(Isn't Anything Sacred?) [J].Parnasso 1986(1):8.

⑬ Paul Valéry."Eupalinos, or the Architect"[M]// William McCausland Stewart (trans).Dialogues. New York: Pantheon Books,1956:74.

⑭ Paul Valéry,1956:75.

⑮ Michel Serres. Le Cinq Sens [M].Paris: Grasset,1985:338,348.

⑯ Ludwig Wittgenstein. Culture and Value, ed. Georg Henrik von

Wright and Heikki Nyman[M].Oxford: Blackwell, 1998:74.

⑰ Herbert Marcuse.One Dimensional Man: Studies in the Ideology of Advanced Industrial Society.Boston: Beacon Press,1991:73. 马尔库塞运用精神分析术语进行了如下的辩论：“…… 色欲，在人类所有的活动领域和被动领域被完全剔除了。所有那些个人能够从中获得享乐的环境，那些让人感觉几乎如同他身体的一个附加地方的，都已经被严格地缩小了。因此，性欲的‘宇宙’也同样缩少。它导致的结果，就是性欲的本地化与收缩，色情体验和满意度的降低。”

⑱ Joseph Brodsky. On Grief and Reason [M].New York: Farrar, Straus and Giroux,1997:49.

⑲ Alvar Aalto.“‘The Architects’ Conception of Paradise”[M]//Göran Schildt(editor).Alvar Aalto Sketches. Cambridge/Massachusetts/London/England: The MIT Press, 1985:157-158.

图11：拼贴画，1973年。色纸贴在纸板上，埃塞俄比亚贡德尔公共健康中心的一幅壁画研究。作者：Rauno Träskelin

Figure 11：Collage, 1973. Coloured paper on cardboard. A study for a wall painting for the Public Health College in Gondar, Ethiopia. Photo Rauno Träskelin

Chapter 11

建筑的义不容辞的任务（2010年）

建筑的兴奋时代

通过过去二十年至今的大量建筑刊物，我们可以意识到，我们正经历着一个建筑的狂喜和兴奋时代。无法估量的财富积累、全球性的资本流动、对商业可见度的竞争，以及新的材料技术和新型电脑化的设计方法，都向我们展示出建筑面对的无限可能性。从技术角度而言，人们想象出来的任何形态创造都变得可行。这种建筑上的狂妄自大导致在世界各地出现了许多惊人的建筑结构。

与这种无限可能性同步出现的，是建筑逐渐成为一个满足经济和政治利益的工具，它不再承担更深层次的文化责任。这种强力组合已经迫使人们产生越来越多的关注与疑虑。建筑原本是人类具体表现文化和社会秩序的最重要手段，它能够表达和物化一个地方与一种文化的特殊性。然而，当今全球化、工具化、技术化和商品化的建筑业，深度摧毁了地方感和个性。今日消费文化中的建筑业，不但无法帮助人类生根，有益团结，增加自主权，反而带来疏远和社会歧视。

建筑，是否已经遗忘了其基本的文化任务和社会任务呢？我们的建筑业，不是应该稳固我们的生存立足点，正确提高我们对世界和自身的认识，而不仅仅提供令人眩晕的变化以及一心痴迷于新奇感吗？建筑，不是应该高举文化革新的信号旗，协助传统的改变并且保持文化的连续性吗？建筑，不是应该强化平等、人类的尊严与乐观精神，而不是无条件地配合满足消费主义、企业或者私人的利益吗？

奇观的建筑学

当今，许多著名的建筑项目展现出的不是具备深刻涵义的新颖性，而是一种强迫性和肤浅的形态制造，它们缺乏人性意义和同情感。因为缺乏真实的体验基础，今天的建筑图像不过是一些奇怪和荒谬的重复。许多特别形态上的革新，给予我们的往往只是一种似曾相识的感觉。

建筑似乎已经完全被审美化，它已经脱离了历史性及其存在的基础。正如居伊·德波的评价："所有那些曾经经过人们直接体验的，现在不过是一种单纯的表现。"[①] 我们生活在一个痴迷唯物主义的文化中，它把一切都变成消费对象和审美化的对象。政治、行为、个性，甚至战争，全部被审美化，我们成为自身生活的消费者。德波把我们的这种文化模式命名为"奇观的社会"，并把奇观定义为"资本积累到成为一个形象的地步"[②]。哈尔·福斯特指出，时下，反方向的定义也是正确的——奇观，是"一个形象积累成为到资本的地步"[③]。

今日的那些形式主义的建筑物，一味追求利用它们的美学独特性来打动观赏者，不再保持社会协调性，不再发扬团结和同情的精神。然而，真正的建筑价值必然会表现出存在性的体验和意义，而不是单纯的美学，这些意义是无法被发明创造出来的，它们诞生于人类的生存和文化传统中。

现代性的承诺

随着空间和美学的新概念出现，早期现代主义深受文化和社会主题的启发。建筑和艺术，以及科学和工业技术，都被人们视为创建一个解放和平等的社会方式之一。因为社会生活中出现的新价值，现代建筑的理想和目标决定建筑不再单纯局限在一个艺术的境界。即使在今天，在整整一个世纪之后，那些现代性早期作品仍然能够拨动我们的心弦，与我们产生共鸣，仍然洋溢着团结和乐观的气氛。仅仅一张1930年斯德哥尔摩展览的照片——该事件标志着现代主义在北欧国家的突破——就能让我们对未来充满了信心，并且完全信任民主对我们许下的承诺。在接近阿尔瓦·阿尔托在20世纪30年代初设计建成的拜米欧疗养院的时候，我们的心跳会不由自主地加快，并且能够感受到该建筑物洋溢出的慈善、愈合的效力。捷克功能主义也为我们提供了一些典范，它们鼓励人们在缅怀过去的同时，放眼展望一个崭新和人性化的世界。这些早期的、通过建筑而创建出一个更人性化世界的承诺，是否已经被当今的社会财富全盘物化了呢?

现代主义建筑毫无疑问也拥有一些非凡的杰作，也有一些当地的建筑文化，在其相应的发展阶段，受到民主的建筑理想的启发而扎根于当地的景观、传统和社会现实之中，例如在战后几十年的北欧国家，或者更近期的西班牙和葡萄牙的现代建筑，以及今天在印度、智利和非洲一些地区的建筑。但是，今日许多被人们大力宣传的建筑，主体表现出来的是个性化崇拜，以及崇尚创造性的个体神话。这些项目往往只以自我为中心，对现实世界持有傲慢和漠视的态度。

匿名性的美德

从现代时代初期开始，建筑就日益被人们看成一个提供自我表现的舞台。但是，巴尔蒂斯（巴尔塔萨·克洛索斯基·罗拉伯爵），20世纪最优秀的形象画家之一，曾经这样写道：“如果一件作品只能表达创建它的人，这是不值一谈的 …… 对我来说，能够表达世界、理解世界，才是有意思的。”[④] 后来，这位画家重新组织了他的论点：“伟大的绘画必须具备一种普遍性的意义。现今的状况却并非如此。因此我要强调重新赋予绘画已丢失的普遍性和匿名性，越是默默无闻的绘画就越真实。”[⑤] 依照该画家的观点，我们也可以说，我们需要让建筑重新获得它丢失的普遍性和匿名性，因为越是不主观的建筑就越真实。

建筑的整合任务

今天的时尚建筑旨在吸引人们的视线，而很少为维护其背景的完整性与意义做出任何贡献。深刻的建筑不会贬低和轻蔑它们那些不显赫的邻居，而总是试图不断改善它们的背景，为一个寻常的背景增强重要性。在大多数情况下，维护环境的整体特征和完整性，比把某些单独的建筑物摆设到显著的位置更为重要。建筑的首要责任是协助景观、城市和村庄的整合和协调。即使是最激进、最深刻的建筑作品，最终仍然必须顺应传统的连续性与理解，它们最终必须完成一种文化和集合的叙述，而不是打破它。真正的激进派总是扎根于对文化的深层理解，充满了责任感和同情心。

其他建筑

当然，我们不能把当代建筑或者其全球性的特征看成是一种独有的现象。的确，在建筑界中，始终存在着一股反抗力量，这股反抗力量继续把建筑当成一种文化现象和集合现象，当成一个用来建立更人性化的社会、实现平等主义的工具。尽管现在的总体趋势是全球一体化，在世界各地仍然存在着区域性和地方性的建筑文化。伴随着审美化的建筑和视网膜建筑的奇观——追求视觉效果和新奇的印象，大量不同的建筑物在世界各地不断涌现，这些建筑扎根于特定的文化历史和现实之中，并且经历了人们的亲身体验。不过，这些有责任感的建筑，通常也是谦虚的建筑，它们不参与今天的建筑奇观的竞相邀宠，因此无法在建筑杂志中大出风头。

全球化的利弊参半

我们已经进入一个全球化时代，因为物质和非物质的流动性，因为事件同时性的不断增长，全球化得以出现，并且得以深入发展。发展迅速的全球化进程，为我们同时带来积极与消极的后果。对文化的多样化以及对世界一体化意识的增强，可以，或者，至少可能，唤起人们对世界性的意识，对地球的未来产生关注，对地球上绝大多数人所处的、令人无法接受的生活条件产生关注。今天，由于许多事件在世界各地同时发生，按理来说，人们很难有意漠视全球的现实状况，令人遗憾的是，事实却是相反的。即使在当前的全球经济危机时期，也不见任何一位重要的政治人物或者经济专家，对永久性的增长、扩张和加速的现行经济模式提出任何质疑。

迄今为止，全球化主要是为了满足跨国企业争夺经济和政治霸权的斗争。在建筑方面，普遍化的价值观和审美时尚，以及常规交易与应用的技术和材料，在很大程度上削弱了当地的文化、技能和传统。不过，在世界各地也有不少建筑实践，仍然以造福当地文化为宗旨，立志保护和振兴当地的技能和工艺。

无归属感和疏远

那些所谓标准的当代建筑，不但无法加强文化个性，让个体扎根，反而造就一种肤浅的统一，以及低级的文化习俗水准，减弱了地域感和个性感。针对日益流逝的归属感、内部状态和住所的意识，爱德华·雷尔夫提出了一个让人担忧的概念“生存的外部论”。“生存的外部论，涉及的是一种有意识的、经过深思熟虑后的不参与，疏远人群和地方，一种无家可归、不真实的世界感觉，一种无归属感。”[⑥] 阿尔多·范·艾克的那个曾经被人们熟知的、鼓舞人心的宣言“建筑不需要多做，也不应该少做，它就是协助人类回家”[⑦] 已经被彻底推翻。可悲的是，当代建筑往往导致了疏远，而不是归家的感觉。

那些热切地支持全球化建筑的人们认为，文化认同与地方个性都属于保守的思想。今天的全球化，难道不正是为了帮助生活在这个勇敢新世界的新新人类，摆脱这些倒退的关于地方性的文化以及地方和住所的观念？马克斯·弗里施的小说《玻璃玫瑰》的主人公，一位联合国教科文组织的专家，一个完全现代化、解放的人，一个经常周游世界的人，最后却在灾难性的疏离感和悲剧感中结束了自己的生命，这正是因为他失去了自己的根，也就是，失去了判断现实的标准。[8]

个性的意义

在追求实现人类的独立性，从地方和文化的束缚中摆脱出来的过程中，因为人们严重漠视了人类的历史性和人类具备的基本生物本质，这个理想发展成为一个被严重误导的概念。爱德华·T.霍尔，最近去世的人类学家，曾经对环境和行为的相互依赖关系做出无数次开创性的研究。他坦言："最普遍和最重要的假设，西方思想大厦的基石，就是人类的进程，特别在行为方面，是独立、超越环境的控制与影响的。"[9] 然而，可靠的研究证明，在同样的背景下，不同的人表现出的行为差异甚小；而一个单独的人，在不同的背景下产生的行为则有较大的差异。[10] 难怪心理学家会谈到"境遇控制的个性"。很久以来，艺术家、作家和哲学家们，都认可外部的世界与内部的精神世界之间会产生一种对话和一种延续性。

可持续性与个性

显然，我们的人工环境和自然环境对可持续性所产生的一种自动的、迫切的需要，将改变建筑思想，它甚至比一个世纪之前出现的现代性对建筑思想具有更加深远的影响。人们对可持续性建筑的兴趣始终集中于技术方式和美学方式上面，而没有把可持续性当成一项道德的和精神的议题——一项起源于生活价值观和新的凝聚性的议题。如果我们不把可持续的文化、生活方式和价值观考虑在内，那么，所谓对可持续性建筑的讨论将是毫无意义的。如果缺乏这样的思考，现行的经济体制的基本假设和愿望就将无法持续下去。

即使把它作为一项技术议题来考虑，一个可持续发展的建筑文化，也完全不可能使用一种全球性或者通用的建筑风格。可持续性，必然要承认当地的条件、气候、小气候、地形、植物、原料，工业和技能。可持续性建筑的发展，势必如同植物从土壤中生长，以及历史性的本地文化从它们自己的基地出现一样，必须从特定的地方起源发展。深刻的可持续性建筑，离不开特殊的环境背景和再生的当地个性。

然而，人类文化的可持续性，无法通过退回到更原始的建设方式而得到。这种深刻的可持续性，只能通过更精致、含蓄和反应迅速的技术而实现，而这些技术则被视为适时的系统和过程，而不是审美化的对象。最有效的可持续性技术必将深受生物世界的知识启发。例如，生物学家爱德华·威尔逊曾经引进“生物自卫本能”的概念，他认为南美切叶蚁群这个“超级有机体”所具备的性能就比任何人类的发明都更复杂。[11] 约瑟夫·布罗茨基曾经公布了他作为一位诗人的保证：“进化的目的，相信与否，是美。”[12]

文化的认同、扎根感和归属感，都是人性中不可替代的根基。我们逐渐发展成为无数的背景与文化社会、语言、地理、美学特性中的一员。所有这些方面，包括更多的因素，都不是偶尔出现的背景，而是我们个性的组成成分。我们的个性，不是一个给定的或者一个封闭的事实，它是一种交流；当我们定居在一个地方的时候，那个地方也在我们身上落户。正如莫里斯·梅洛·庞蒂的意见：“世界是完全内向的，我是完全外向的。”[13] 或者，如同路德维希·维特根斯坦的结论：“我是我的世界。”[14]

建筑学的任务

我们必须首先承认外部和内部（精神）空间的统一，世界和我们的思想的统一，才可能重新评估建筑，评估它的任务和可能性。我们并非生活在环境和建筑空间之外，我们所栖身的空间也占据了我们的思想。罗伯特·波格·哈里森曾经充满诗意地表达了这种身体和心理世界的融合：“在地方和灵魂的融合过程中，灵魂成为地方的容器；地方成为灵魂的容器。它们也容易被同样的力量所摧毁。”[15]

最终，可持续性文化的真正基础就是我们的自我认同。正如诗人约瑟夫·布罗茨基的意见：“最终，像上帝一样，因为想要一个更可靠的模型，我们就依据自己的形象而设计出一切。我们的人工制品比我们的忏悔还要能够更加清楚地表达出我们自己。”[16]

建筑与个性

我不提倡建筑上的怀旧主义或者保守主义。我支持的建筑必定承认其历史、文化、社会和心理的土壤。一年前，我曾经访问过坐落在孟加拉国达卡，由路易斯·康设计的议会大厦（1962—1974年）。该议会大厦显示出的非凡建筑力度给我留下了极其深刻的印象，该建筑体现了一种中心感，散发着超自然的意义和深厚的文化内涵，它鼓舞着人类的精神，提倡了人类的尊严。这个建筑物对我们的时间与未来表现出一种毫不妥协的态度，同时，它与历史和文化的深层相呼应，它成功地唤起人们对社会的骄傲和希望。该建筑物唤起不同的历史图像，从古代埃及的卡纳克神庙到庄严的罗马式建筑，还有文艺复兴时期的几何形状，以及印度当地的莫卧儿朝代建筑的特点，与此同时，它给予了一个协助和解、创建一个充满正义的未来的承诺。

建筑的未来

值得赞叹的是，尽管路易斯·康创建的是一座毫不折中的当代建筑物，那些生活在发展中的伊斯兰国家的公民们却能够由衷地赞美他——这位出生于爱沙尼亚的撒日马小岛屿、有着犹太血统的西方建筑师。这种对价值观的承认和共享，让我们对真正的建筑不断发挥出的和解作用充满了信心。

路易斯·康的杰作让我想起伊塔罗·卡尔维诺的自白：“我对未来文学充满了信心，因为我知道，有一些东西，只有通过文学特有的方式，我们才可能获得。[17] …… 只有当诗人和作家，敢于为他们自己定下无人敢想象的挑战，文学才可能继续保持它的功能。”[18]

基于同样的理解，我对未来建筑充满了信心；人类居住空间的存在意义，完全能够通过独立的建筑艺术表达出来。建筑仍然面临着一个不可替代的任务，也就是，调解世界和我们的关系，并且，为人类理解世界和自身创造出一个视野。

注释

① Guy Debord.The Society of the Spectacle [M].New York: Zone Books,1994:12.

② Guy Debord ,1994:24.

③ Hal Foster."Master Builder"[M]// Hal Foster. Design and Crime and other Diatribes[M].London/ New York: Verso,2002.

④ Claude Roy.Balthus[M].Boston/New York/Toronto: Little, Brown and Company,1996:18.

⑤ Cristina Carrillo de Albornoz.Balthus in His Own Words: A conversation with Cristina Carrillo de Albornoz [M].New York: Assouline,2001:6.

⑥ Edward Relph.Place and Placelessness[M].London: Pion Limited,1986:51.

⑦ Aldo van Eyck,Herman Hertzberger. Addie van Roijen-Wortmann[M]. Francis Strauven(editors).Amsterdam: Stichting Wonen,1982:65.

⑧ Max Frisch.Homo Faber[M].Helsinki: Otava,1961.

⑨ Mildred Reed Hall,Edward T. Hall.The Fourth Dimension in Architecture: The Impact Of Building On Behaviour[M].Santa Fe, NM: Sunstone Press,1975:8.

⑩ Mildred Reed Hall, Edward T. Hall,1975:9.

⑪ Edward O. Wilson. Biophilia: The Human Bond With Other Species[M].Cambridge, Massachusetts: Harvard University Press,1984:37.

⑫ Joseph Brodsky.On Grief and Reason[M].New York: Farrar, Straus and Giroux,1997:207.

⑬ Maurice Merleau-Ponty.The Phenomenology of Perception[M].Colin Smith(trans).London: Routledge and Kegan Paul,1962:407.

⑭ Ludwig Wittgenstein.Tractatus Logico— Philosophicus eli Loogis— Filosofinen Tutkielma[M].Porvoo and Helsinki: Werner Söderström,1972:68.

⑮ Robert Pogue Harrison.Gardens: An Essay on the Human Condition[M].Chicago and London: The University of Chicago

Press,2008:130.

⑯ Joseph Brodsky.Watermark[M].London: Penguin Books,1997:61.

⑰ Italo Calvino.Six Memos for the Next Millennium[M].New York: Vintage Books,1988:1.

⑱ Italo Calvino ,1988:112.

图12：到达者广场，1994年。美国密歇根州布隆菲尔德山的匡溪艺术学院（与Dan Hoffman 和 the Cranbrook一起合作的建筑工作室）。作者：Balthazar Korab

Figure 12：Arrival Plaza, Cranbrook Academy, Bloomfield hills, Michigan, USA, 1994 (in collaboration with Dan Hoffman and the Cranbrook Architecture Studio).Photo Balthazar Korab

Chapter 12

走向仿生建筑：动物建筑的启发（2009年）

前言

在这个由高度专业化的专家们——其领域是动物的建筑行为与计算机模拟，以及更专门化的、关于社会性昆虫的建造——参加的研讨会中请允许我首先对我的职业背景与对这个主题所产生的职业兴趣做个简短的介绍。我是一名职业建筑师，从20世纪60年代初开始，就一直活跃于规划和建筑方面，也从事产品、展览和平面设计的工作。此外，我还出版了一些关于艺术与建筑的理论和评论的书籍，也发表了大量相关的学术论文。我主要是从体验的角度出发，运用现象学、哲学作为探索艺术与建筑现象的框架。在过去的30多年中，我对动物的建筑以及它与人类建筑的关系始终抱有强烈兴趣。事实上，这个兴趣最早产生于战争年代，当我还是一个学龄前的儿童，生活在我爷爷的农场时。1995年，我在芬兰建筑博物馆编辑和设计了一个题名为“动物的建筑”的大型展览。这个展览受到了非同寻常的关注，据推测，这可能是因为一个与生物或者动物相关的内容，却以建筑的概念出现在建筑博物馆中的缘故。目前，我尤其对人类意识与文化中美的起源和功能，以及美在动物世界中作为一项进化原则而存在的现实感兴趣。诺贝尔奖得主约瑟夫·布罗茨基，曾经以诗人的身份，对美的本质，写下这样一句充满激情的信条：“信与不信，进化的目的，就是美。”①

我承认与各位专家相比，我不过是个门外汉。因此，我将把我的评论局限在讨论人类建筑和动物建筑之间的关系方面，比较两者的相似之处和差异。

建筑历史的透视

出乎意料的是，我们对建筑及其历史所能够确定的认识是极其有限的。几乎在所有的书籍和建筑史的课程都把大约5 500年前的埃及建筑当做人类建筑历史的开端。令人惊讶的是，人们对人类建筑的起源，无论从居住方面、宇宙论方面以及仪式目的方面，都只显示出微弱的兴趣，即使考虑到我们可能已经无法找到最早的人类建筑所残留下的材料这个事实。我们能够确认的是，人类大约在70万年前开始使用火，而火正好是建筑的一个组成部分，它具备了核心、集中和组织的作用。事实上，最早的建筑理论家，罗马的维特鲁威·波利奥在《建筑十书》中承认了这个事实。该书，写于派克斯·奥古斯塔的第一个十年中，大约在公元前30 — 公元前20年。维特鲁威甚至推测，正是在火堆周围的聚集促使了人类言谈能力的发展。

下文显示出维特鲁威对人类驯化了火之后，关于人类住房的早期演变过程的设想："因此，最初，因为火的发现，人们聚集到一起，他们开始举办一些协商性的集会，开始出现社会性的交往 …… 从第一次聚会开始，他们就开始建造出一些庇护所。有一些人采集了绿色的树枝来搭盖他们的庇护所，另外一些人在山边挖掘出一些能够住宿的洞穴，还有一些人模仿燕子筑巢的建筑方式，用泥和树枝建造出一些避难所。然后，他们通过观察别人的庇护所模式，在自己的建造初期加入新的细节，随着时间的推移，他们修建出越来越好的各种各样的小屋。因为善于模仿和可教的天性，他们每天都会向对方展示自己的建筑成果，吹嘘其中的一些新奇之处；因此，凭借着那种因为竞争而得到额外激发的天赋，他们的建筑标准也得到日益提高。"[②] 我想在此提醒大家的是，这是第一次有史可查的、一位建筑理论家的推测，而并非出自任何一位生物学家或者人类学家之口。

大多数关于建筑起源的专著都涉及建构方面，换言之，组装的砖石结构、木质结构或者成形的黏土和泥建筑——唯有它们，能够有机会通过时间的考验，留下一些遗迹。不过，根据人们的猜测，人类建筑几乎确定无疑地起源于编织纤维结构。

建筑人类学是一门比较新颖的研究学科，它曾经研究过猿的建筑行为中的某些仪式模式与空间格局的起源。[3] 仪式和建造是紧密相连的。与此同时，那些举不胜举的坐落在世界各地的当地传统建筑，都显示出令人印象深刻的、能够适应当时当地条件的特征，例如当地的气候、就地可取的材料与工艺技术，这些原本不曾得到人们的关注，直到伯纳德·儒窦夫斯基在1964年纽约现代艺术博物馆举办了一个题名为“没有建筑师的建筑”的展览。[4] 人类学的研究揭示出，在众多自然意识形态的建筑过程中，那些属于文化性、象征性、功能性的和技术性的改进，都是由一些没有经过正统教育的、有代表性的文化传统居间促成。在一个工业化的世界中，建筑已经成为一个专业化的领域，在它的发展过程中，人们会有意识地对它的模型、象征意义、合理化和精神意义进行选择。不过，在建筑研究中，本地传统仍然会引发出人们的好奇。尽管，随着对人类定居点的可持续性与对建筑的生态责任的深入研究，人们一定会对这个在人类建筑文化中被忽略的领域重新产生兴趣。

动物建筑和人类建筑的根本宗旨是相同的：为了满足物种的需要，它们通过对周围的环境进行改造，进而增进生存和繁衍的概率，提高栖息地的秩序性和可预见性。与人类的建筑传统一样，在动物建筑中也令人惊奇地存在着不同的模式。在整个动物王国中，所有的动物都会或多或少地从事一些建筑行为，那些技艺娴熟的建筑动物则散布在整个动物门类之中，从原生动物到灵长类动物。我们可以在鸟类、昆虫和蜘蛛中发现它们拥有的组合式的特殊建筑技能。令人不解的是，在建筑方面，越高大的动物却往往是越笨拙的。例如，猿，只会在每个晚上建筑一个临时的庇护所——尽管猿似乎比我们迄今所观察到的还运用了更多的组织与技能。然而，它们完全无法和能够容纳百万居民的、白蚁建造的大都会建筑相比。白蚁的建筑甚至能够持续世纪之久（当然这是以不断地进行维修为前提）。

一直以来，建筑师和建筑学者都把动物的建筑当做是轶事趣闻来欣赏。虽然，早在1865年就出现过一份颇具启发意义的关于动物建筑的记录——由雷韦朗·J. G.伍德发表的著名论文《不用双手建造的房子》。[5] 卡尔·冯·弗里施在1974年出版的《动物建筑》[6]，则帮助我重新勾起我几乎已经遗忘了的童年时代对动物的建筑行为的迷恋。迈克尔·汉塞尔的书籍以及他在1999年格拉斯哥的展览，为我们提供了许多重要的关于动物建筑的运作原则、材料和方式的科学基础。[7]

动物建筑和人类建筑的相似之处

《空间诗学》（1958年）一书，由法国的科学、意境哲学家加斯东·巴什拉所著，该书是近年来最具影响力的建筑理论书籍之一，令人惊讶的是，在这本书中包括了一篇关于鸟巢的章节。[8] 作者援引了安布鲁瓦兹·培尔在1840年阐述的观点："在建造庇护所时，这些动物表现出强烈的进取心和高超的技能，没有谁能够比它们做得更好，它们完全超越了所有的石匠、木匠和建筑者，没有谁能够像这些小动物一样，为自己、为后代建造出更合适的房子。这是一个事实。的确，这里甚至有一个相关的谚语: 除了不能建造出一个鸟巢之外，人类能够做到一切。"[9]

如果把建筑者的身体大小作为一个衡量标准，那么，许多动物建筑物的规模都超过人类建筑物。还有一些其他动物建造出的建筑物，其构造的精密，对人类来说是难以想象的。善于建筑的动物告诉我们，那种看似简单的动物生活其实是复杂的和微妙的。经过进一步地研究，通过电子显微镜的扫描，一些人类肉眼看不见的、完全超越人类建筑者水平的、令人难以置信的结构改良手段就此被揭示出来，例如那些由蜘蛛或者石蛾幼虫建造出的奇妙聪慧的微观结构。

动物们也经常使用与人类民间文化中一模一样的建筑材料与施工方法。尽管人类建筑与动物建筑在规模上存在着巨大的差异，令人惊异的是，它们在形态标准方面却往往有许多类似之处。各种类别的燕子和黄蜂所采用的黏土结构与美国土著印第安人的建造结构十分类似。在非洲的传统文化中，人类编织的棚屋经常看起来就像扩大的燕窝甚至某些鱼类的建筑物。海狸的弧形坝墙能够抵抗水的压力，它与我们人类修建的最大、最先进的大坝完全使用同样的悬架结构方式。一只小小的蝴蝶幼虫会用它自己的毛而造出的一个圆顶来保护它的容器，这完全印证了巴克明斯特·富勒的测量结构中的几何形状，就它们的封闭体积和重量之间的比例而言，该建筑属于人类建筑中最有效率的作品之一。最近，一个由“未来系统”事务所举办的绿色建筑研究项目（1990年）利用一个外部结构是罐子形状的容器，以及一个自然通风系统，惊人地唤起人们对微雕（Macroterms bellicosus）白蚁修建的内部巢的形状和自动空调系统的联想。白蚁的窝，的确是动物王国中最出色的建筑物之一。我自己曾试图比较这些类似的图像，不过，它们仅仅是外观相似而已。它们在规模、性能和文化内涵方面根本无法相提并论。我认为这一类的比较的确很有趣、很刺激，但是它们无法传授给我们任何重要的知识。

斯图加特大学的轻型结构研究所，曾经对某些动物建筑的内在逻辑以及这些设计对人类建筑的适用性做出最认真、严肃的研究，该研究所的负责人弗赖·奥托先生是一位著名的建筑师和制造商。他们做出的那些对网和气动结构的集中性研究，曾经激发出一些人类建筑的重要创新，例如在慕尼黑的奥林匹克体育场，它的设计灵感就来自蜘蛛的建筑方式。[10]

动物建筑和人类建筑的差异

如同动物建筑和人类建筑之间有许多相似点一样，它们之间也存在着若干重大的差异。首先让我们探讨一下时间的因素。动物的建筑过程是漫长的进化过程的结果，相比之下，我们的建筑史则是比较短暂的。

在大约3亿年的过程中，蜘蛛和它们的结网建筑技巧得到不断的进化；《经济学家》最近公布了一些对3.12亿年前的化石进行高分辨率的X射线微断层扫描后的图像，化石中的那些八条腿的蜘蛛纲动物还没有喷丝头，估计它们那时候还不能产丝。有些动物经历了如此久远的进化发展时间，而人类从直立人（Homo Erectus）使用两条腿站立开始计算，进化过程不足两百万年，从时间上这么一比较，就很容易理解为什么动物的建筑能力会超过我们。在地球上，在智人（Homo Sapiens）开始他第一个笨拙的建筑之前，在几千万年甚至数亿年前，动物建筑师就肯定已经出现了。如前所述，按照我们的传统建筑观念，人类建筑大约首次出现于5500年前的西方高级文化中。

人类和动物建筑的另外一个区别是：动物的建筑必须经受进化的控制，必须遵从进化的直接法则，它的进展受制于许多影响因素和生活的考验，而人类的建筑在很大程度上已经脱离了这种控制机制和即时反馈。我们经常使用带有攻击性、强迫性的技术手段，以便从当地的条件和影响中分离或者"解放"出来，以便对物质和能量进行激进式的重新分配。动物的建筑结构不得不持续性地接受生存现实的种种考验，我们却可以设计、发展任何荒谬的建筑理念，而不担心会受到自然淘汰的直接处罚，不必担心被立即消灭。现代主义的英雄之一密斯·凡·德罗曾经说过，我们倾向于"在每个星期一的早上发明一种新的建筑式样"。这种从生存逻辑中得到的临时性解放，滋养我们建造出一些完全不合理的结构，而不是真正的生活必需品。在我们的"观赏式的社会"，如同居伊·德波对当前时代的命名，建筑已经渐渐转化为纯粹的时尚、表现、审美和视觉娱乐。因为生态性的错误模型继续存在着，所以生态处罚就被延迟，因此，这个因果关系的荒谬，只有等待我们的子孙后代去纠正了。可悲的是，我们的建筑正在缺乏生态现实的考验基础上不断继续发展。此外，功能性在建筑中一向是一个隐喻的概念，而对表现的研究和建构的长期影响，则因为可持续发展的必要性而成为一个新的、引人注意的关注事项。

斯维尔·费恩，这位最近不幸去世的伟大的挪威建筑师，曾经在一次私下的交谈中对我说："鸟巢属于绝对的功能主义，因为鸟不会意识到它的死亡。"[11] 这条格言，这个神秘的论理，阐述出一个重要的真理。自从我们具备了自我意识，具备了我们在这个世界中的生存意识，我们所有的行为和建筑，不论是物质方面的，还是精神方面的，必将对那个关于我们自身生存的形而上学的奥秘展开探索。我们的建造目的不仅是为了取得良好的建筑表现和功能，更是为了创造一个有意义的、有组织的世界。“房子，是一个用来面对宇宙的工具。”加斯东·巴什拉曾经这样描述。在人类建造的世界中，包含和传递着宇宙的、形而上学的、文化的、行为和生存的意义。人类的自我感知，或者，对自我的意识，也许可被称为一个出人意料的新时代，从出现至今它或许只经历了几千年的时间，然而奇妙的是，这个新时代也正是人类遗留下来的最古老建筑结构的时代。[12]

由于我们与世界之间的精神意识关系，我们的居所不可能取得完美的功能性和表现，这是因为我们的房屋和其他的建筑物必须在性能方面折中，因为我们既受制于生物生存的严格规则，同时又追求满足那些形而上学的、表现性和审美方面的期望。对形而上学的关注和期望会经常推翻那些生物和生态的生存要求。我从不怀疑，在某些特定方面，动物建造出的建筑结构已经超越了人类的建筑，而那些动物建筑也可能构造出它们自身的知觉世界。

效率和发明

动物建筑具备高效率的结构，这是因为它们的结构形态和材料选用经过自然淘汰而得到逐步的优化。从数学的角度来看，蜜蜂创建的正六角形房室结构及其特定的角度，能够使蜂蜡容器最优化地存储蜂蜜。蜜蜂建造的垂直悬浮房室墙壁有两层房室，背对背通过半体单元转换形成对称排列，从而创建出连续的三维折叠结构，其边界表面则由一些金字塔式锥体单位组成。总而言之，这种极其巧妙的结构设计能够最大限度地节省对建筑材料的使用。

动物们制造出的材料往往令人惊叹。鲍鱼的内部细胞比人造的高科技陶瓷还要坚固两倍；它的外壳在压力下不会断裂，而是会像金属一样变形。贻贝胶，能够在水下使用，而且可以粘住任何东西。犀角，虽然不含有任何活细胞，却可以进行自我修复。所有这些神奇的材料都由动物们依靠自身的体温制造而成，它们不产生任何有毒性的副产品，并且最终会返回到自然循环中去。目前，材料科学正在对这些材料展开研究。

蜘蛛的曳丝拥有的非凡力量是一个在进化过程中出现的最令人难忘、最著名的技术奇迹。至今为止，没有任何人类制造出的金属或者高强度纤维，可以接近蜘蛛曳丝在力量和能量吸收的弹性方面的总体表现。蜘蛛丝的拉伸强度超过钢的三倍。蜘蛛曳丝的弹性更是惊人，它可以延伸到原长度的229%而仍然不断裂，而钢材不过是8%。蜘蛛丝是由一些嵌在橡胶基质内的有机聚合物的小晶粒组成——这种复合材料，比我们目前发明的复合材料也许早出现了几亿年。蜘蛛丝线甚至比芳香族聚酰胺纤维和克维拉纤维还要坚硬，这些都是制造防弹背心和面具中所用的材料。蜘蛛丝线可以承受克维拉纤维五倍的影响力而不会被损坏。根据《科学通讯》的假设，如果使用蜘蛛网来模拟一个普通的人造渔网，按照其丝线的粗细度和网的规模，这个蜘蛛网完全能够套住一架正在飞行的飞机。[13]

蜘蛛在制造蜘蛛丝的时候，使用的是体温，消耗的是低能量。而在克维拉纤维的生产过程中，人们必须要把石油衍生分子倒入加压的浓硫酸中，并且要让它煮沸至几百度，迫使它转化成一种液态的晶体形态。克维拉纤维的制造需要高能量，并且会产生有毒的副产品。

动物建筑的启发

据说，两千年前的中国古人从黄蜂那里得到启发而制造出纸张。而麦蜂的蜂房则被认为是美国土著印第安人的黏土罐的原始模型。大约在4 600年前，中国人学会了如何利用蚕茧抽丝纺线，即使在今天，我们每年仍然要消耗几百万千克的生丝。丝线，除了被当做细布的材料，在早期还被用于制作钓鱼竿线和乐器的弦。

今天，我们如何能够利用动物的那些发明？在对动物建筑行为的研究中，我们又能够学习到什么呢？

动物制品的缓慢进化可以与那些人类社会的传统进化过程相比较。传统是一种凝聚力，它减缓了变化的发生，通过漫长的时间与生活的考验，把个人的创造发明稳固地融进集体的模式中去。工业时代的人类建筑则缺乏这种互动的变化，缺乏自然淘汰的严格考验。我们崇尚个性化、新颖性和发明创造。人类建筑的发展主要承受了文化和社会价值观的影响，而不是自然世界的现实和影响因素。

审美选择是一个重要的人类建筑构建的指导原则。至于在动物世界中是否存在着审美选择，这还值得商榷，不过，不容争辩的是，甚至最低级的动物，它的行为也会受到愉快与否的原则的影响。这个从身体愉悦到审美愉悦的过渡是很难被观察到的。无论动物在建筑的时候，是否是有意识地创造美，这些建筑物所显现出的高超性能以及动物建筑的因果性，都为人类的眼睛和心灵带来了无限的愉悦。

在完全不同的世界中，人类建筑和社会性昆虫的建筑按照不同的因果关系而得到发展。尽管在欣赏昆虫建筑时，我会产生出一种敬畏感，并且不由自主地高声地赞叹，我不认为我们能够把那些原则直接应用到人类建筑中去。不过，我发现了一些间接的启发。

例如，在最近的《经济学人》的报道中就有这样一个人类利用动物发明的实例。[14] 大卫·卡普兰和他的同事们，在美国塔夫茨大学成功地扩大了蜘蛛丝的性能范围，获得在自然界中没有发现的效果。他们通过慢慢移动吸水、疏水和结构的DNA组成部分的秩序和数量，再利用细菌，把人工基因变成蛋白质，该研究小组最后得到二十几种新形态的丝。有一些是更加结实、更加防水的丝的形式，可以用来浸渍合成纤维以及被称为水凝胶的轻巧材料，使得它们变得更结实、更防水。那些更具弹性的材料则可以被用来涂抹在一些物体的表面，使得它们变得更加强硬。如：让人们在外科手术中使用的生态塑料更加结实，还可以制造出能够在航空器上使用的高强轻质组件。

材料科学还考察那些能够自动响应当时的环境条件（如温度、湿度、空气流动和光线）的材料。这些材料具有类似生命组织的调节自身的功能。这正渐渐成为人类建筑科学发展的重要项目。在生物世界中出现的类比和模型可能会给我们带来决定性的变化，就如同人们在观察巨型睡莲的表面结构之后，结合肉眼看不见的纳米技术，发明了可自我清洁的玻璃。

在考虑我们人类建筑的时候，除了从传统建筑学科的审美领域出发，我们必须还要考虑人类学、社会经济和生态的总体框架。对建筑的审美理解应该扩展到人类行为和建筑的生物文化的基础方面。美学本身必须以人类的进化为基础，因此，美学要包容生物文化的基本模式。生物心理学领域正是其扩展的一个实例。作为建造者，我们应该向经历了漫长时间考验的，经历了逐步地、缓慢地发展和适应的动物建筑学习。

动物建筑为我们开辟了一个关于进化过程、生态学和适应领域的重要窗口。蚂蚁能够拥有最大的生物数量，正是因为它们具备了强大的适应各种环境状况的能力。它们甚至超越人类，成为最多和最广泛分布的动物。蚂蚁属于非常注重交际性的生物之一，通过对它们的研究，人类甚至能够洞察富有争议的利他行为的起源问题。

生物模式的时代

在不久的将来，从景观、城市，到可持续发展的居住，还有特殊的技术创新，我们的生活所拥有的伟大多样性和创造性，将为我们提供关于人类未来和人类建筑最重要的模式和研究范围。随着仿生学、生物自卫本能、生体模仿学和生物伦理学等概念的出现，这种仿生的设计思想也已经向前推进发展了。我们可以把爱德华·O.威尔逊的声明看成是一个从生物的理解角度开辟出的例子。他提出理由证明，切叶蚁社会的“超级有机体”是“进化的主发条，不知疲倦地、不断地重复着，它是精确的，比任何人类的发明都要复杂，并且是难以想象的古老”。事实上，蚂蚁的进化与人类的进化差距达6亿年，这促成了昆虫在进化的时间方面比我们占据了绝对的优势。[15]

虽然人类建筑是以人类的精神境界、形而上学和美学作为基础，同时，它也以我们的生物组合，甚至，最终以仿生建模为基础，在不久的将来，建筑学科和行业还应对生物学及其启示给以非常认真的关注。在此，我并非要向大家建议，我们应该采用形式主义的生物形态或者有机论的建筑设计，而是希望大家了解生物系统中存在着一个既简单又复杂的相互作用，以及这些系统天生就具备了美和完善。在迷恋新学到的动物世界的知识的同时，我们也不应低估人类世界的独特性，反之亦然。不论对待生命还是看待建筑，任何虚无抽象派的观点都是注定要失败的，正如芬兰建筑大师阿尔瓦·阿尔托所坚信的："无论我们的任务是什么……在任何情况下，（创造性的工作中的）任何对立性必须得到调和。"⑯或许，在生活的领域中并没有真正的对立面，只有不同的焦点。无论如何，最重要的是，在我们这个科学技术无所不能、傲慢和狂妄的时代，研究动物建筑的原则将教导我们重新拾起那份人类已经遗忘了的谦卑感。

注释

① Joseph Brodsky.On Grief and Reason[M].New York: Farrar, Straus and Giroux,1997:207.

② Vitruvius.The Ten Books on Architecture[M].Morris Hicky Morgan(trans).New York:Dover Publications, Inc, 1960:38-39.

③ 洛桑大学的NOLD Egenter博士,曾经针对日本北部生活的人猿所具备的建筑表现进行过研究。

④ Rudofsky Bernard.Architecture Without Architects[C]// Rudofsky Bernard. New York:The Museum of Modern Art,1964.

⑤ Wood J G. Homes Without Hands[M].London: Longmans, Green and Co,1865.

⑥ von Frisch Karl. Animal Architecture[C]. New York and London: Harcourt Brace Jovanovich,1979.

⑦ Hansell Michael H. Animal Architecture and Building Behaviour[M]. London:Longman,1971.

Hansell, Michael H.Animal Construction Company[C]. Glasgow Hunterian Museum and Art Gallery,1999.

⑧ Gaston Bachelard.The Poetics of Space[M].Boston: Beacon Press,1969.

⑨ Paré Ambroise.Le livre des animaux et de l'intelligence de l'homme[M]//Anon. Oeuvres complètes, Vol III. Editions. Paris:J. F. Malgaigne,1840:74.

⑩ Bach Klaus,et al. Under the Direction of Helnske J. G. and Otto Frei: Nets in Nature and Technics (8)[C]. Stuttgart:Institute for Lightweight Structures, University of Stuttgart,1975; Bach Klaus, et al. Under the direction of Schaur Eda,et al: Pneus in Nature and Technics (9)[C]. Stuttgart: Institute for Lightweight Structures, University of Stuttgart,1976; Bach Klaus,et al.Under the direction of Otto Frei: Lightweight Structures in Architecture and Nature (32)[C]. Stuttgart: Institute for Lightweight Structures, University of Stuttgart,1983.

⑪ Fehn Sverre,Personal communication,1985.

⑫ As quoted in: Janine M. Benyus.Biomimicry [M].New York: Quill William Morrow,1997:132.

⑬ See: Julian Jaynes.The Origin of Consciousness in the Breakdown of the Bicameral Mind[M]. Boston:Houghton Mifflin Company,1982.

⑭ "Does even more than a spider can: how to make something useful of spider silk,"The Economist,2009-01:81.

⑮ Wilson Edward O. Biophilia[M]. Cambridge/Massachusetts/London/ England:Harvard University Press1984:37.

⑯ Aalto Alvar. Art and Technology, inaugural lecture as member of the Academy of Finland,1955-10-03. In: Schildt Göran(ed). Alvar Aalto in His Own Words[M]. Helsinki:Otava Publishing Company,1997:174.

图13：楼梯，1984—1986年。罗瓦涅米艺术中心，罗瓦涅米的工业建筑改造项目。作者：Al Weber

Figure 13：Stairway, Rovaniemi Art Museum, Rovaniemi, 1984-86. Renovation of an industrial building.Photo Al Weber

Chapter 13

氛围：周边感知和生存体验（2010年）

世界和意识的融合

一个空间或者地方所具备的特性，并不像人们通常认为的那样，仅仅是一种视觉的感知质量。人们对环境特性所做出的种种判断，其实是无数因素的复杂融合，正是这些因素形成一个人们能够即刻和综合性地领会的整体性的氛围、感觉、情绪或者环境。[①]“我进入一个建筑物，看到一个房间，然后，弹指之间，就产生出这样的感觉。”建筑师彼得·卒姆托曾经这样描述建筑氛围的重要性。[②]早在八十年前，深有远见的美国哲学家约翰·杜威（1859—1952年）就领悟到，体验的本质是及时、富有表现性、感性和潜意识的。他这样充满热情地阐述了下列这种邂逅：“最先扑面而来的是一个令人眼花缭乱的印象，也许是一个突如其来的亮丽景观，或者，是我们进入教堂时，昏暗的灯光、焚烧的香、彩色的玻璃和雄伟的比例，它们融合成一个无法区分开来的总体印象。当我们说我们被一幅画拨动心弦的时候，这是一个真实的叙述。在我们能够肯定性地确定某物之前，就已经对它产生出一个印象。”[③]

体验的本质是多感官的，它也涉及亚里士多德提出的五个感官定义之外的一些因素，例如方向、重心、平衡、稳定、运动、持续、连续性、规模和照明的情况。事实上，当我们对空间特性进行即刻判断的时候，需要运用我们那些整体的、具有代表性的、已经存在的感觉；而且，我们对该特性的感知是一种四散的、周边性的方式，而不是通过精确和有意识地观察而获得的。此外，这种复杂的评估需要一段时间，它是知觉、记忆和想象的融合。每个空间、每个地方，都可能邀请和建议人们产生不同的行为。

除了环境氛围之外，我们的世界中还存在着多重的人与人之间的氛围，例如：文化氛围、社会氛围、家庭氛围以及工作场所的氛围。社会氛围可能是支持性或者令人沮丧的，解放或者扼杀的，鼓舞人心或者枯燥无味的。或许，我们甚至可以根据文化、区域或者国家实体的范围来归纳某些特定的氛围。Genius Loci，“一个地方的精神”，也是和氛围密切相关的一种类似的短暂、不聚焦和非物质的体验特性。如果我们发现某个地方具备了一种独特、感性、令人难忘的特征和个性，完全可以使用“该地方的氛围”这个定义来恰到好处地描写它。

杜威把这种统一性的特性阐释为一个特定的质量：“体验有一个统一化的名字—— 那顿饭、那场风暴、那份友谊带来的狂喜。这种统一化是由一个单一的质量构成的，尽管它的各个组成部分是不同的，它仍然贯穿了整个体验过程。这个统一化既不是感性和实用的，也不是理智的。因为这些不同的表达方式都被包含在体验之中。”[④] 在另外一份文献中，这位哲学家曾经再次强调了这种体验质量所具备的融合力量—— “统一化的质量渗透、影响和控制了每一个细节”[⑤]。

当我们进入某个空间的时候，该空间也进入我们，从本质上来说，体验是客体与表现对象之间的交流和融合。美国文学理论家罗伯特·波格·哈里森曾经诗意化地指出：“在地方和灵魂的融合过程中，灵魂成为地方的容器；地方成为灵魂的容器。它们也容易被同样的力量所摧毁。”[⑥] 与此类似的，氛围，指的是某个地方所具备的那种物质性或者存在性的性质，它与无形的人类想象世界之间产生交流。

请允许我在这个研究初期阶段，针对“体验氛围”作出如下的定义：氛围，是对某一个环境或者一个社会情形的总体感知、感觉，以及带有情绪的印象。无论是一个房间、空间、地点、景观或者是一个人的遭遇，它都表现出一种统一的连贯性和特性。这正是体验情形的“共同点”、“着色”，或者，“感觉”。氛围，是一种精神的背景、体验的性质或者特征，它悬浮于被感知的客体与表现对象之间。

有趣的是，对某一个地方，我们往往首先领会它的氛围，然后才开始对氛围的细节进行确认，或者，才开始理智地理解它。事实上，对于某一种情况，我们可能根本无法有条理地表达出我们的感觉，但是，在我们的脑海中已经存在着一个坚定的形象，一个带有情绪的看法，我们能够随时回想起它。同样的道理，对气象现实中存在的各个成分的相互作用，即使我们没有进行有意识的分析或者了解，然而通过投向窗外的一瞥，我们就能够立刻领会当时的天气状况，它也不可避免地会影响我们的情绪和意向。再举例来说，在进入某个新的城市时，我们能很快地领悟出该城市的整体特性，而不需要对该城市拥有的众多属性进行有意识的分析。针对这个过程——从一个整体性、暂时性的初步领会，到深入细节、展开研究的思维过程，杜威做出进一步地研究：“在每一个主题中，所有的思想都是这样起源于一个未经分析的总体。如果对我们来说，被研究的某个对象具备一种符合情理的熟悉感，那么，我们就会迅速地意识到与之相关的不同点，而那些纯粹的细节质量部分，则无法长期地保存在我们的记忆之中让我们随时回顾。”[⑦]

人类天生具备这种直觉性和感性的能力，它起源于进化的程序，在很大程度上是人类无意识和本能的决定。“我们借助自己的情绪敏感性来感知不同的环境——通过这种感知模式，人们能够极快地做出决定。显然，我们人类需要它来帮助我们生存。”卒姆托曾经这样建议道。[⑧]新的生物心理学和生态心理学，实际上正在研究这些存在于人类的行为与认识中的进化因果关系。[⑨]当然，因为基因和文化条件的制约，我们会寻求或者避免某些类型的环境。例如，在一个阳光明媚的日子里，我们会共同享受站在田野里的大树阴影下的快乐感觉。我们可以根据进化的程序来解释这种乐趣。这个例子正好演示了“避难所”和“前景”这两个相反的概念。[⑩]

虽然氛围和情绪代表了我们的环境和空间的总体素质，这些素质在建筑学中还没有得到充分的观察、分析或者理论研究。除了赫尔曼·施密茨之外，格纳特·伯梅教授也是一位氛围哲学研究领域的先驱思想家。[11]最近的一些哲学研究，依靠神经学科出示的证据，例如马克·约翰逊的《身体的意义——人类认识的美学》[12]，还有伊恩·麦格奎斯特发表的神经学科的调查《主人和他的使者：大脑的区分和西方世界的形成》[13]，都强调了氛围具备的影响力。在建筑界，彼得·卒姆托的著作《氛围》也阐述了建筑氛围具备的重要意义。

艺术中的氛围

氛围，在文学、电影、戏剧和绘画的创作思考中，往往比在建筑中更具备一种有意识的目的性。甚至一幅画中的意象也会与一个总体的氛围或者感觉相融，通常，在所有的绘画中，最重要的统一要素就是其特定的亮度和色彩感觉，它们甚至比其概念性或者叙述性的内容更为重要。事实上，的确存在着一套完整的绘画方式，例如J.M.W.特纳和克劳德·莫奈所展示的可被称为“制造氛围的画”，这个概念具备两方面的含义。“我的风格就是氛围。”特纳曾经对约翰·拉斯金（如同卒姆托对我们的提醒）如此坦白地承认。[14]这些艺术家作品中的形态成分和结构成分的含量被故意压抑，从而创造出一种环绕和无形的氛围，显示出暗示性的温度、湿度以及空气的轻微流动。“色域”（Color Field）画家，同样压制形态和边界，以方便色彩之间的强烈互动。而电影，例如，让·维果、让·雷诺阿、让·维戈、米开朗基罗·安东尼奥尼和安德烈·塔可夫斯基的作品，也沉浸在其特有的制造氛围的戏剧做法与连续统一体中。戏剧，也依赖氛围来保障故事的完整性与连续性，尽管它对地方或者空间的描述往往是抽象的，往往是被含糊地一撇带过。只需展示少量的环境线索，电影的氛围就能非常具有暗示性与控制性；在拉尔斯·冯·特里尔的《狗镇》中，房屋和房间往往是由一些画在深色地面上简单的粉笔画来给予提示，然而该戏剧仍然能够充分地抓住观众的想象力和情感。

耐人寻味的是，我们有时也会谈到“氛围雕塑”，例如米达多·罗索、奥古斯特·罗丹、阿尔贝托·贾科梅蒂的素描式的作品。往往，正是个人作品中显示出的某种氛围，例如，康斯坦丁·布朗库西的抽象雕塑能够在非凡的艺术世界中创造出一种独特的感觉。室内装饰设计师、背景设计师、商业店铺内部设计师和展览会的设计师，还有那些为殡仪馆大厅和婚礼殿堂进行装饰的设计人员，他们都比建筑师更加强烈地意识到氛围所具备的巨大影响，而建筑师则更留意“纯”空间的质量、形态与几何。在建筑师中，氛围往往被判定为一种浪漫而浅薄的大众性娱乐产物。依据严肃的西方传统，建筑被单纯看成一些通过聚焦视野而创造出的材料性和几何性的物体。标准的建筑图像，追求的是清晰度，而不是那种短暂和默默无闻的存在。

具备众多不同风格的音乐尤其善于制造不同的氛围，不管我们对音乐结构的专业知识理解多寡，音乐对我们的情感和心境都能产生强大的影响。这正好解释了为什么在公共场所、商场，甚至在电梯中，我们会经常听见背景音乐，因为它能够恰到好处地调动起人们的情绪。音乐，为人们创造出可调动氛围的内部空间，创造出短暂和动态的体验领域，而不是冷漠的形状、结构和对象。氛围强调让人们持续性地停留在某种状态之中，而不是创造出一个单个的感知瞬间。音乐能拨动我们的心弦，甚至让我们流泪，这些都令人信服地证明艺术的确具备激发人们感情的力量。另外，与生俱来的，我们拥有把抽象的情感结构内化的能力，或者，更确切地说，拥有把我们的情绪投射到抽象的象征结构中去的能力。

对地点和空间的认识

人类的这个能力——能够即时地识别某个地方所具有的固有性质，类似于在更大的生物世界中对特性与本质的自动阅读。动物天生就具备这种对其生存至关重要、即时识别其他生物的本能——无论对方是猎物还是威胁；人类能够在成千上万、几乎相同的面部构造中，识别出一些个别的人脸，并且借助短暂的肌肉表现来辨认出每个面部表情的意义。某个空间或者地方，是一个形象，一个精神或者神经的“生物”，一种单独的体验，它与我们的生存经验和认知相融合。一旦我们对某个地方产生了邀请的、愉快的感觉，或者，产生出它是不招人喜欢、令人沮丧的印象，我们很难再改变这个第一手的判断。我们会依恋某些环境，而对其他的环境保持疏远，我们难以用言语来分析这两种凭直觉而做出的选择，也难以把它转化为体验的现实。

科林·圣约翰·威尔逊爵士曾经这样解释建筑环境和物理环境具备的不可抗拒的力量：

我仿佛被一些潜意识的代号所操纵，我无法把它翻译成文字，它直接操纵着我的中枢神经系统和想象力。在同一时间，生动的空间体验，又把这个暗示的意义打乱，它们仿佛是一回事。我相信，该代号之所以会对我们产生如此直接、活跃的影响，是因为它对我们来说是如此的熟悉，它实际上是我们学会的第一种语言，它的诞生远远早于文字的出现。通过艺术，我们能够重新回忆起它的存在，艺术是使之复活的关键。[15]

阿尔瓦·阿尔托曾经在他的文章《鲑鱼和山泉》中描述他自己的创作过程。他承认：“我在描绘设计的时候，会顺应我的直觉而不是按照建筑学的综合性而进行设计。有的时候，我描画出的构图甚至可以称为幼稚的，可是顺延着这条创作路线，我终于从一个抽象的基础过渡到一个主题概念，并且获得一个普遍的物质，它促使众多（设计任务中）不和谐的事项变得和谐。”[16] 阿尔托的这个“普遍的物质”的概念，指的就是一种一致的氛围，或者，一种直觉，而不是任何概念性、理性或者正规的观念。

对某个空间实体的氛围，或者，整个景观氛围的全面掌握的存在价值，我们能够从生物生存的角度来理解。显然，如果一种生物能够即刻区分出它面对的是一个潜在危险的环境，或者，是一个安全的、能够提供食物和营养的环境，它就拥有一个进化上的优势。值得注意的是，这种判断并非是人们有意识地研究完细节后才得出的结论；它必须是人们在弹指瞬间产生的一种直觉领悟，它建立在对氛围的“广泛的”领悟基础之上。这种广泛的感知和认识力已被公认为人类发展创造性思维的条件之一。在这里，我想提醒大家的是，关于感知、意象和思想的元素孤立的观点是值得推敲的，甚至是完全错误的。在建筑方面，采用元素孤立的方式——如同对可定义和先入为主的元素进行附加一样——同样是有误导性的。

无意识的感知和创造性的思维

我曾经写过一篇标题为《对模糊的赞美：漫长的感知和含糊的思想》的文章，它是一份对创造性意象的心理分析研究，或者，是对创作过程中的感知和图像的研究。在那篇文章中，与众人公认的观念正好相反，我提出了这样的建议：富有创意的追求，实际上也是基于含糊的、和弦的，尤其是无意识的感知和思想方式，而不是基于集中性的、明确的关注。[17]通过无意识的、分散型的创意扫描，人们也同样能够领会那些复杂的实体和过程，而不需要有意识地去理解任何一种元素——就和我们如何领会氛围的实体一样。

这些对创造性思维的研究和理论都强调了一个事实——我们拥有一种意想不到的综合能力，尽管我们通常根本没有意识到这种能力的存在，也没有把它归纳到特殊的智力与价值的领域中去。因为文化偏见，我们更重视人类心理世界中的逻辑性和理性，因此，很不幸地，人们往往对这种综合能力持有排斥的态度。事实上，令人不解的是，即使西格蒙德·弗洛伊德在一个世纪之前就已经做出一些革命性的发现，时至今日，在现行的教学理念和现行的做法中，人们仍旧继续严重低估整个无意识的世界和体现的过程。在建筑学教育中，教育者除了强调集中的图像外，也继续强调这种有意识的意向性。

如果和那些概念性的、理智和言语式的理解来比较，我们传统性地低估了情绪所扮演的角色和它的认知能力。一种最全面和综合的判断，往往是从人们的情绪反应中诞生，尽管我们很难一一识别出这些评估中的所有构成要素。当我们感觉害怕某物或者喜欢某物的时候，并不需要对这种情绪进行任何合理化的解释。

马克·约翰逊认为情绪对思维来说有巨大的影响：“没有情绪就没有认知，即使我们没有意识到思想中的那些情感部分。”[18] 在他看来，情绪是初始意义的来源。“情绪，并非是处于二流位置的认知；它是我们与世界邂逅时出现的一些情感模式。借助于它，我们能够运用原始本能来处理事物。”[19] 在引用杜威的观点时，约翰逊还指出，“情绪，是与有机体环境互动的过程。”[20]他进一步地表明，正是因为不同的情况出现，才能促动不同情绪的诞生，而不是因为思想或者大脑。[21]他最终得出下面的结论：“情绪是人类意义的基本组成部分。”[22]

此外，我们必须承认，我们对人类智能的理解仍然处于相对局限的阶段。最近的心理研究揭示，除了普通的智商测量中规定的狭隘的智能范围外，还可以有七个或者十个不同的智能类别。美国心理学家霍华德·加德纳列出了七大智能类别。它们分别是：语言智能、逻辑——数学智能、音乐智能、身体——运动智能、空间智能、人际关系智能、内省智能。[23] 他还建议再加上另外三个类别：自然主义者智能、灵性智能和存在智能。[24]对这个人类认知能力的列举清单，我觉得我们应该再增加上情感、审美和道德智能类别，我甚至还想建议，我们应该把氛围智能看成是人类智慧的一个特殊的领域。

氛围智能——右脑的能力

最近，对人类大脑的研究证明，尽管人类大脑的两个半脑之间存在着重要的互动，但它们的功能是截然不同的。左半脑主要处理细节性的观察和信息；右半脑主要处理外围的体验和对实体的感知。此外，左半脑也掌管着情感方面的处理，而右半脑则与概念、抽象和语言相关。

右半脑主要以一种周边式和潜意识的方式处理对氛围实体的认知。在伊恩·麦格奎斯特充满了挑战性的、阐述详细的著作《主人和他的使者》中，在“分划的大脑”部分，他认为右半脑控制周边感知以及多方面体验的融合工作。“右半脑单独处理外围领域的视野，新的体验往往从中诞生，只有右半脑能够直接关注那些出现于我们的意识边缘的事件，无论它们从哪个角度冒出……因此，毫不奇怪的是，按照现象学的研究，右半脑能够协调理解任何新的事物。”[25]具备更强大的融合能力的右半脑，会在事物之间不断地寻找出一些模式。事实上，它对事物的理解就是基于对复杂模式的认知。[26]

麦格奎斯特认为，对情境的理解、对构形实体的识别，以及情绪方面的判断，都是右半脑的职责。他说："任何需要间接性地理解的事物——不明确的，或者，无法用文字表达的，换句话说，任何需要通过情境理解的事物，都需要右半脑来传递或者接收其意义。"[27]他还反复阐述了下面的观点："（在这里）右半脑充分显示出来的最关键功能，就是它能够识别出整体中构形的方面"[28]，"……右半脑对我们看见的那些事物赋予了情感价值"[29]。

空间和想象

与生俱来，我们就能够理解包罗万象的氛围和情绪，这一点，类似于当我们阅读的时候，能够相对整本小说而发挥想象，幻想出来一些充满感情的联想环境。我们既生活在物质的世界之中，也生活在精神的世界之中，这两个世界在不断地互相融合。当我们阅读一部伟大的小说时，我们会不断地跟随作者的暗示，幻想出顺应故事发展的环境和情形，我们会毫不费力地、准确无误地从一个环境切换到另外一个环境中去。这些环境仿佛在我们阅读之前就早已存在，正等待着我们的到达。值得注意的是，这些假想的空间并不是以图片的形式出现在我们的幻想之中，而是借助于充分的空间感和氛围。它们就像我们的梦一样，是充实的，而不是图片的组合——它们是完整的空间，是人们运用想象力后获得的生活体验。然而，它们完全是我们想象的产物。

伊莱因·斯卡里在她最近出版的《书之梦》一书中，讨论了文学想象的过程。她如此描述了一段深刻的文学文字所带来的生动性："为了获得物质世界中的'生机感'，语言艺术必须设法模仿它的'持久性'，以及更重要的，'给予'的特性。可以肯定的是，语言艺术所具备的“指导性的”特点，满足了它对‘给予’的模仿要求。”[30]捷克作家博胡米尔·赫拉巴尔曾经谈到文学想象的具体表现：“当我阅读的时候，我不是真的在阅读。我咀嚼一个漂亮的句子，像吸食水果或者小口地抿酒那样，直到思想如同酒精一样溶解到身体里面，流进我的大脑和心脏，并且通过静脉流遍每条血管的尽端。”[31]

建筑还引发出深化的物质性、严肃感和现实性，而不是娱乐或者梦幻的氛围。正如康斯坦丁·布朗库西的要求：“艺术必须能够给我们带来一种猛烈的、突袭式的生命冲击，为我们带来呼吸的感觉。”[32] 这也描述了建筑的力量，建筑强化了人们对真实生活的体验，甚至那个想象的部分，也来自于这个被强化以及被激活的现实感。

我们的想象技能决定了我们对空间的环境、情况和事件的经历、记忆和想象。甚至那些经历过的、记忆中的行为，都成为一些存在于人们脑海中的影像，它们形成一个富有想象力的现实，产生出与真实的体验相似的感觉。最近的研究表明，感知和想象都在大脑的同一位置上发生，因此，这些行为之间有密切的联系。[33] 甚至，感知能够引发想象，而感知不是由我们的感官机制自动创造出的产物；感知，是意向性和想象力创造出的重要发明和产品。正如亚瑟·扎乔克的意见，如果在我们的思想中不存在“内部的光明”和形成的视觉想象，我们甚至无法看到光明。[34]

我们的心理行为具备的最惊人的特点，就是对我们意向的人工完整性所赋予的感觉。当我们阅读一部伟大的小说时，我们可以创造出城市环境或者景观环境，还包括建筑物、空间和房间，可以感受到它们的氛围，然而，我们无法关注任何细节。毫无疑问，在这个过程中，统一感主导了对细节的安排，这一原则也反映出我们的思想方式。

当我们自动地将行为和社会的方面引入氛围的图像中——无论是存在的，潜在的或者是想象的——氛围或情景都是一种史诗般的体验维度或预测。我们还对背景中的时间分层或者叙述做出解释。从情感上来说，我们眷恋环境中存在的时间分层的痕迹以及过去生活留下的图像，我们喜欢和生命的迹象相连接，而不喜欢被隔离在一个密封和人工的环境之中。我们到处寻求具有浓重历史感的环境，不正是因为通过体验和想象，它们能够让我们和过去的生活连接起来吗？当我们成为时间连续统一体的一部分时，不是感觉更加安全和充实吗？生命的痕迹带来安全的图像，并产生出生活持续前进的图像。

我们不仅仅通过感官来对环境进行判断，还借助想象来测试和评估它们。安慰性、邀请性的环境，能够激发我们产生无意识的意象、白日梦和幻想。加斯东·巴什拉认为，“房子的好处，是它庇护了白日梦，房子保护了梦想家，房子让人可以安心地梦想 …… 房子是融合人类的思想、回忆和梦想的最伟大的融合力量之一。”[35]社会心理学家赫伯特·马尔库塞也认为，环境氛围和我们的幻想是深有联系的。他还发人深省地指出，因为我们的现代化环境不再刺激和支持色情幻想，这导致了惊人的性暴力事件增长以及扭曲的性行为的出现。[36]现代的城市风情和民居的氛围，往往都缺乏感性和色情的氛围。

“理解”艺术形象

我们都曾经被如此教导：在对建筑空间和环境进行构想、观察和评估的时候，主要把它们看成是一些审美和视觉的实体。然而，洋溢在建筑空间和环境里面的整体氛围，往往能够更加果断和有力地决定我们对之所持的态度。我们经常发现，那些不具备任何审美价值的建筑物和细节，却能够给人们带来丰富的感受和愉快的氛围。举例来说，一些本地的环境和传统城镇，尽管看起来不过是一些无趣的个体，却会让人们感到愉快。这种城市的氛围，经常通过某种特定的物质性、规模、节奏、色彩或者形式的主题，变化演绎而成。在建筑学的学习过程中，我们通常被教导，在设计的时候要从基础方面着手，然后过渡到更大的实体。然而，我认为，我们的感受和体验性判断其实是按照反方向的方式推进的，也就是说，它是从实体过渡到细节。当我们体验一件艺术作品的时候，整体会给局部细节带来意义，而不是相反。我们应该领会和构想出一些完整的图像，而不是一些元素。其实，在艺术表现的世界里面，“元素”是不存在的。真正存在的是那些完整的、与鲜明的情感倾向交织的诗意图像。

正如我前面已经涉及的，统一感的首要地位已经得到目前神经科学研究结果的支持。麦格奎斯特再次对此表示认同：“根据大脑右半球，理解来自统一感，因为只有依据统一感，人们才可能真正理解每一部分所具备的性质。”[37]

在真正理解某些艺术作品之前，我们就已经从精神上和情绪上感受到它们的影响；或者，说实话，我们往往根本没有“理解”它们。我冒昧地认为，从理智上而言，越是伟大的艺术作品，我们往往越觉得它们是难以理解的。艺术形象的构成特点，是生动而充满情感的接触与理智“理解”之间所发生的一种独特的思想撞击。这个观点也得到森马·泽基的赞同。他是当今一位处于领先地位的神经学家，他从神经系统的角度出发对艺术的形象进行了研究。按照他的意见，正是高度的模糊感为伟大的艺术作品做出了重大的贡献。[38] 例如米开朗基罗的未完成的奴隶图像，或者，维米尔的体现出矛盾情感的人物描述图像。在谈到这些深刻的艺术家们具备一种强大的能力，他们能够呼唤、操纵和牵引我们的情绪时，泽基提出下面一个令人吃惊的论点：“大多数的画家也是神经学家……尽管他们并没有意识到这一点，他们运用自己精通的技术，对相关的视觉性大脑的组织进行了亲身体验和了解。”[39]

多感官体验：触摸的意义

每次，人们对建筑作品进行重要体验的时候，都是一种人体多重感官的组合测量。眼睛、耳朵、鼻子、皮肤、舌头、骨骼和肌肉，它们彼此合作，测量出物体的质量、空间和规模。莫里斯·梅洛·庞蒂尤其强调了体验与感官的同时互动：“（因此）我的感知不是由定量的视觉、触觉和听觉提供的。我需要用我的整个生命来感觉。在我领会某一事物具备的独特的结构、独特的方式时，该事物会向我所有的感官同时发言。”[40] 这个描写也是对氛围感知的完美刻画。

甚至眼睛，也必须与其他感官密切合作。所有的感觉，包括视觉，都是触觉的延伸。感官，是皮肤的专业领域，因为所有的感官体验都会涉及触感。从根本上来说，我们的感官知觉是为了调解我们在“世界本身”的生存体验。我们也承认，强烈的氛围具有一种触觉的，甚至是物质的存在，就好像我们被某种特定的物质包围和环绕着。杰弗里·巴瓦设计的坐落在斯里兰卡的科伦坡城内外的建筑物，例如，属于他自己的三个不同翻新过的城市房屋都具有一种“浓厚的”和包容的氛围，它甚至融合了一些看上去显得零碎的实体。在他的房子里面，至少有一百多把具有不同的设计风格的椅子，由于它们被笼罩在一个共同的生活氛围之中，它们能够融合一体，而毫不显现出任何形态冲突。

通过医学证据，人类学家阿什利·蒙塔古确认了触觉领域的首要地位：“（皮肤）是我们所有器官中最古老的，也是最敏感的部分。它是我们拥有的第一个沟通媒介，也是我们拥有的最有效率的保护装置 …… 即使是透明的眼角膜，也覆盖着一层调整过的皮肤 …… 触摸，可以被美誉为我们的眼睛、耳朵、鼻子和嘴巴的父母。其他的感觉都是从触感出发而分化出来的。这个事实经历了古老的考证，触感被公认为是‘感官的母亲’。”[41] 通过触摸这种感官方式，我们把自身以及自身对世界的体验融合一体。视觉感受也被结合并融入自我的触觉连续性；我的身体记得我是谁，记得我在这个世界中的位置。马塞尔·普鲁斯特在《贡布雷》的开篇中，描述了主人公如何从他的床上醒来，在他的“身体两侧、膝盖和肩膀的记忆”基础上，逐渐重新建立起他的世界。[42]

在我们这个时代的建筑中存在着视网膜偏见，这明显地促发人们展开对触觉建筑的追求。蒙塔古认为，在西方意识中已经发生了一个更加广泛的变化：“在西方世界，我们开始意识到那些曾被我们忽略的感官。这种意识的发展揭示出一种逾期的反抗；我们反抗这个技术化的世界，因为它痛苦地剥夺了我们履行感官体验的权利。”[43] 我们这种讲究控制与速度的文化，它偏爱的正是视觉的建筑。这种建筑具备的不过是瞬间的影像与疏远的影响；而触觉建筑则提倡缓慢和亲密的感觉，引发出身体和皮肤的图像，逐渐得到人们的赞赏和理解。[44]视觉的建筑导致分离，强求控制；而触觉建筑则鼓励投入和结合。触觉感性之所以能够取代疏远的视觉图像，是因为它更具备物质性、贴近感和亲密感。[45]

透视空间和周边视觉

这种全方位包围和瞬时的氛围感知是一种特定的感知方式，我们可以把它称为无意识的、分散的周边感知。实际上，在正常的现实生活中，尽管我们自以为对一切事物的感知是精确的，我们也会运用这种零碎的感知。[46]我们对感知碎片世界的印象，是通过感官的不间断、活跃的信息扫描，通过我们的行动，借助记忆所达成的那些天然分离的感知的创造性融合与诠释，而进行结合的。[47]

与建筑的发展息息相关的是，描绘空间与形态的代表性技术的历史发展。对空间透视的理解，带给人们视觉建筑，而寻求从透视的固定中得到视觉解放的努力，使得多维透视的、同时性和氛围的空间概念得以发展。[48]透视空间，让我们不得不成为外部的观察者，而多维透视的、制造氛围的空间以及周边视觉，则向我们敞开怀抱，拥抱着我们。这是印象派、立体主义和抽象表现派的知觉和心理的本质。[49]我们被拉进一个空间，在那里经历丰富的体验，感受浓厚的氛围。在我们进行体验时使用的知觉机制和心理机制，决定了特殊现实的出现。比如，塞尚的风景、杰克逊·波洛克的绘画，以及扣人心弦的建筑和城市景观。正如梅洛-庞蒂的意见："我们来观赏的，不是艺术作品，而是这个艺术作品所表现出的世界。"[50]

当忙碌的照相机能够捕捉到瞬间的情景，一道仓促的闪光，或者一个孤立的、精心瞄准和对焦的碎片时，从根本上来说，建筑的现实体验则取决于周边的和预期的视觉；单纯的内在体验，意味着周边的感知。我们可以感受到的、存在于聚焦图像之外的视觉领域，就与被照相机冻结的聚焦图像一样重要。事实上，有证据显示，周边的和无意识的感受，对我们的感性系统和精神系统来说，比集中的感受更加重要。[51]

历史性的环境和自然的环境往往能够引发人们强烈的情感参与，而当代空间却使我们感觉疏远，原因之一，就是我们的周边视觉过于贫乏，以及随之而来的氛围质量的虚弱化。一个集中的视觉，让我们仅仅成为站在外界的观察者，而周边感知则把视网膜图像转换成一种空间和身体的介入，并产生引人入胜的氛围与个体的参与。周边感知是我们领会氛围的感知模式。对氛围感知来说，听觉，嗅觉，触觉（温度、湿度、空气流动）的重要性，来自它们作为不定向和环绕的体验本质。周边的和无意识的感知，解释了为什么在衡量真正的建筑质量的时候，我们无法把一幅摄影图像当做一位可靠的证人；而在焦点框架之外的，甚至处于观察者后面的那些事物，则比人们有意识地观察的那些事物更具有意义。事实上，如果建筑师不那么关心他们的作品是否上镜头，他们会做得更好。如同神经病学的研究所建议的，意义建立在总体文本之上。

即使创造性的活动也呼唤一种不聚焦、未分化的潜意识视觉模式，一种融合一体的触觉体验，[52] 创造性行为的对象，不仅需要承受眼睛和触摸的探索，它也必须能够转入内向，能够得到人的自身以及生存体验的认同。[53] 在思想的深处，聚焦的视觉受到阻碍；思想，与心不在焉的目光一齐神游。在创造性的活动中，艺术家经历着身体的、生存和氛围的体验，而不是沉迷于对外在逻辑问题的思考之中。

今天，人们对生态可持续建筑的迫切要求，也表明我们需要一个非自治、脆弱和合作型的建筑体系，它应该能够适应地形、土壤、气候和植被方面的严格条件，并且适应其他地区性和地点的条件。氛围具备的潜力、弱的形态和适应性的脆弱，这些特征，无疑会在不久的将来被人们一一加以探索，用来寻找一种建筑——它必须既承认生态现实的条件和原则，也承认我们自身的生物历史性本质。在不久的将来，我们很有可能会对氛围，而不是那些单独的表现形式产生更大的兴趣。通过理解氛围，我们会理解建筑的神秘力量，理解它如何引导整个社会，同时，也让我们能够创造出个人生存的立足点。

我们具备的这种能力——能够领悟复杂环境中实体的性质与氛围，能够离弃对其零部件和构成元素的详细记录与评估，可以被命名为我们拥有的第六感。从存在和生存的角度来看，它可能是对我们来说最重要的一种感官。

我们无法肯定，也许永远无法肯定，思想，甚至身体，到底是不是一个事物。思想，和事物相比，多出一个过程，多出一种形成，多出一种存在方式。它不单单是一个实体。每一个人的思想，是一个根据它自身的历史，和任何不属于我们的存在形式之间的交流过程。

——莱恩·麦吉克里斯特[54]

最深刻的体验，早在灵魂意识到它之前就已经发生了。在刚刚注意到那个有形事物的时候，我们就早已感受到无形事物的存在了。

——加布里埃莱·德邓南遮[55]

注释

① Lain McGilchrist.The Master and His Emissary: The Divided Brain and the Making of the Western World[M]. New Haven and London:Yale University Press,2009:184.

② Peter Zumthor.Atmospheres - Architectural Environments-Surrounding Objects[C].Birkhäuser:Basel/Boston/ Berlin,2006:13.

③ John Dewey,Art As Experience, 1934/1987, as quoted in: Mark Johnson.The Meaning of the Body: Aesthetics of Human Understanding[M]. Chicago and London: The University of Chicago Press,2007:75.

④ John Dewey,2007:74.

⑤ John Dewey,2007:73.

⑥ Robert Pogue Harrison. Gardens: An Essay on the Human Condition[M]. Chicago/London:The University of Chicago Press, 2008:130.

⑦ John Dewey,2007:75.

⑧ Peter Zumthor,2006:13.

⑨ See, for instance: Grant Hildebrand.The Origins of Architectural Pleasure[M].Berkeley/Los Angeles/London: University of California Press,1999; Grant Hildebrand.The Wright Space: Pattern & Meaning in Frank Lloyd Wright's Houses[M]. Seattle:University of Washington Press,1992.

⑩ Edward O. Wilson."The Right Place"[M]// Edward O. Wilson. Biophilia. Cambridge/Massachusetts/ London/England:Harvard University Press,1984:103-118.

⑪ Gernot Böhme,Atmosphäre, Suhrkamp Verlag, 1995; Gernot Böhme,Architektur und Atmosphäre,Wilhelm Fink GmbH & Co.Verlags-KG,2006; Hermann Schmitz,System der Philosophie, Bd. III: Der Raum, 2, Teil: Der Gefühlsraum, Bonn,1969.

⑫ Mark Johnson.The Meaning of the Body, Aesthetics of Human Understanding[M].Chicago and London:The University of Chicago Press,2007.

⑬ See note ①.

⑭ Peter Zumthor,2006:title page.

⑮ Sir Colin St. John Wilson."Architecture -Public Good and Private Necessity"[J].RIBA Journal,1979.

⑯ Alvar Aalto."The Trout and the Mountain Stream"// Göran Schildt(editor).Alvar Aalto Sketches. Cambridge/Massachusetts/ London/England: the MIT Press,1985:97.

⑰ Juhani Pallasmaa,"In Praise of Vagueness: diffuse perception and uncertain thought", manuscript for a book on psychoanalysis and architecture to be published by the University of Texas, Austin, Texas, 2011.

⑱ Mark Johnson,2007:9.

⑲ Mark Johnson,2007:18.

⑳ Mark Johnson,2007:66.

㉑ Mark Johnson,2007:67.

㉒ Mark Johnson,2007:67.

㉓ Howard Gardner.Intelligence Reframed: Multiple Intelligences for the

21st Century[M].New York:Basic Books,1999:41-43.

㉔ Howard Gardner,1999:47.

㉕ Iain McGilchrist,2009:40.

㉖ Iain McGilchrist,2009:47.

㉗ Iain McGilchrist,2009:49.

㉘ Iain McGilchrist,2009:60.

㉙ Iain McGilchrist,2009:62.

㉚ Elaine Scarry.Dreaming by the Book[M]. Princeton N J: Princeton University Press,2001:30.

㉛ Bohumil Hrabal.Too Loud a Solitude[M]. San Diego/New York/London: Harcourt,Inc,1990:1.

㉜ Constantin Brancusi, as quoted in: Eric Shanes, Constantin Brancusi[M].New York Abbeville Press,1989:67.

㉝ Ilpo Kojo.“Mielikuvat ovat Aivoille Todellisia”[M]//Anon. Images are Real for the Brain. Helsinki: Helsingin Sanomat,1996. 文章指的是哈佛大学的一项研究，是由一群研究者在史蒂芬·罗斯林（Stephen Rosslyn）的指导下于1990年代中期进行的。

㉞ See: Arthur Zajonc. Catching the Light: The Entwined History of Light and Mind[M]. New York, Oxford: Oxford University Press,1995:5.

㉟ Gaston Bachelard.The Poetics of Space[M].Boston:Beacon Press,1969:6.

㊱ Herbert Marcuse.The One Dimensional Man: Studies in the ideology of advanced industrial society[M]. Boston:Beacon Press,1991:73.

㊲ Iain McGilchrist,2009:142

㊳ Semir Zeki.Inner Vision: An Exploration of Art and the Brain[M]. Oxford: Oxford University Press,1999:22-36.

㊴ Semir Zeki,1999:2.

㊵ Maurice Merleau-Ponty.“The Film and the New Psychology”[M]//J. Harry Wray. Sense and Non-Sense. Evanston I L: Northwestern University Press,1964:48.

㊶ Ashley Montagu.Touching: The Human Significance of the Skin[M]. New York:Harper & Row,1971:3.

㊷ Marcel Proust.In Search of Lost Time: Volume 1 Swann's Way[M]. London:Vintage Books,1996:4.

㊸ Ashley Montagu,1971:XIII.

㊹ Gaston Bachelard."Introduction"[M]// Gaston Bachelard.Water and Dreams: An Essay On the Imagination of Matter. Dallas, Texas: Dallas Institute,1983:1.

㊺ Sir Colin St John Wilson.The Other Tradition of Modern Architecture[M]. London:Academy Editions,1995.

㊻ See:David Leatherbarrow, Mohsen Mostafavi.On Weathering: The Life of Buildings in Time[M]. Cambridge:The MIT Press,1993.

㊼ Andrew Todd,"Learning From Peter Brook's Work on Theatre Space", unpublished manuscript,1999-09-25:4.

㊽ Rainer Maria Rilke.The Notebooks of Malte Laurids Brigge[M]. New York and London:W. W. Norton & Co,1992: 47-48.

㊾ See:Janine M. Benuys.Biomimicry[M].New York: Quill William Morrow,1997.

㊿ Maurice Merleau-Ponty,1964

(51) Anton Ehrenzweig.The Hidden Order of Art[M].London: Paladin,1973:284.

(52) Anton Ehrenzweig,1973:284.

(53) 单词introjection在心理学语言中指的是孩子们对早年生活经历的一种态度，以及通过语言对世界形成内化的客观认知。

(54) Iain McGilchrist,2009:20.

(55) Gabriele d'Annunzio.Contemplazioni della morte, Milan, 1912:17-18. As quoted in: Gaston Bachelard. Water and Dreams: An Essay on the Imagination of Matter[M]. Dallas, Texas:The Pegasus Foundation,1983:16.

图14：位于巴黎的芬兰学院，1986—1991年。对着巴黎大学的Rue des Ecoles街的立面。作者：Gerard Dufresne

Figure 14：Finland Institute, Paris, 1986-91. Facade to the Rue des Ecoles opposite the University of Sorbonne.Photo Gerard Dufresne

Chapter 14

建筑的局限：虚幻与现实之间（2009年）

建筑奇观

现在，我准备重点讨论建筑作为一种文化、精神和艺术的实践的界限和范围，而不是对建筑在全球各地的地理发展或者社会发展进行调查。今天的建筑，往往被人们当做一个崇尚个人自由发挥的领域，毫无界限，缺乏现象本质的实践，并且缺乏先天的内部规则。

在过去的三十年中，我们经历了一个出乎意料、无所不能、狂妄自大和自我放纵的建筑亢奋时代。新颖性和独特性成为衡量建筑质量的唯一标准，我们的艺术形式发展为全球性的对崇尚壮观的形态、图像和视觉效果的追求。它导致建筑艺术全盘采用那些商业广告所强调的形象，采纳广告中的那些用来说服顾客的心理策略。居伊·德波在《奇观的社会》（1967年）中，把奇观定义为"资本积累到成为一个形象的地步。"[①] 哈尔·福斯特最近注意到，法兰克·盖瑞和其他建筑师的成就业已表明，时下，反方向的定义也是正确的：奇观，是"一个形象积累到成为资本的地步"[②]。德波还发人深省地做出进一步的评论："所有那些曾经被人们直接体验的，现在变成了单纯的表现。"[③] 建筑，也从一种经过实践的生存体验而沦落为审美的代表。

今日，非凡的财富积累、新技术发明的出现和新材料的制造、设计品牌的商业战略决策，尤其是全球化、全球性的流动，不论是物质的，还是非物质的，都满足了人们追求无法预见和出乎意料的事物的愿望。计算机的出现尤其起到了关键性的作用，它辅助复杂的形态配置和系统的生成和运作。然而，遗憾的是，数码技术的潜力经常被滥用，人们创造出许多毫无意义的复杂形态，而不是借助新技术提高和促进性能、效率、可持续性和意义，以及美学质量和城市的质量。人们已经不再把城市看成一个蕴含高度团体意义的体验实体。总之，在过去的几十年中，在建筑图像领域，一切似乎都是可能的；一些活跃于全球的建筑师也成为这个世界图像行业的明星。

与此同时，在令人兴奋的建筑狂欢节场面的上空，实际上早已乌云密布：气候的变化，对地球生态未来的关注，社会和政治局势的不平等和动荡，还有最近发生的全球经济体系的崩溃。在看似欣欣向荣的建筑媒体的舞台背后，在大多数国家中，建筑设计的实践已经渐渐被合法化要求、法规和控制的加强而扼制，更严重的是，建筑逐渐失去社会与文化的根基。诗人沃尔特·惠特曼曾经直言不讳地谈到："有伟大的读者，才会有伟大的诗歌。"[④] 建筑的诗歌，同样诞生于这种集体的赏识、理解和关怀之中。然而，今天，大多数人对此采取毫不在乎的态度。

改革时代

尽管我对今天媒体宣扬的建筑景象有诸多不满，我也深知，在世界各地的许多国家仍然存在着许多有责任感的、富有社会性意义和艺术性意义的建筑。这些有责任感的实践，往往也是谦虚的实践，它们在建筑业并不出风头。我批评的是那些污染了建筑学教育，那些追求轰动效应的人的意图。今天的一些著名建筑物只生存于它自定义的、自以为是和虚构的"艺术"境界之中。今天，所有那些被大张旗鼓地夸耀和反复宣传的建筑物，显现出来的却是患上自闭症后的症状，它们无法传达任何涉及人性精神意图的信息。我们要考虑的问题是：建筑，是否已经失去了它的现实感和社会有效性了呢？

我们必须重新评估我们的艺术形态基础——它所承担的社会、文化和精神的使命，还有，它作为社会、集体和艺术所构成的基石。除了建筑，我们也必须重新评估我们的技术经济系统的逻辑性，重新评估我们对自由、竞争和加速增长的偏执观念。我想在这里主要讨论的，是存在于现行的市场经济理论和实践中的自由内涵，而不是人权和尊严的问题。尽管在当前的危机中已经清楚显现出问题的严重性，我还没有听到或者读到任何主要的政治家或者经济专家，对我们现行的技术经济系统的思想和价值观提倡的那些基本假设提出任何质疑。我们可以这样概括这种全球性的思想自杀路线："是的，有一天我们会开始处理这些环境问题。不过，这要等到经济增长水平达到我们期望的标准。"

早在1849年，约翰·拉斯金就曾经表示过关注，他认为对个人天才的过于强调会摧毁城市的连续性结构："每一天，我们建筑师都听到一个呼吁，呼吁我们要有独创性，要创造出一种新的风格。"[5] 在半个世纪后，阿道夫·卢斯也对此现象给予了相同的关注。他向建筑师们建议，为了保证集体连贯性，他们应该放弃个人主义的野心："最好的形态就摆在那里，我们不应该害怕使用它，即使它的基本思路来自别人的头脑。我们受够了所谓的天才和他们的创意。让我们不断地重复自己吧！让这座建筑就像那座一样。虽然因此我们不会被刊登在《德国的艺术和装饰》里面，不会被任命为应用艺术的教授，但是，我们知道，我们为自己、为我们的时代、为我们的民族和人类提供了力所能及的服务。"[6] 不管我们是否同意卢斯的这个建议，必须承认的是，人们的确通常高估了个体艺术家或者设计师的位置。所有有意义的创造性作品，势必起源于传统，并且遵从传统的连续性，最终丰富和深化了我们的传统。

自由的幽灵——限制的力量

建筑的新颖性和质量通常和自由概念有关，自由意味着远离惯例，远离主导的风格喜好，远离艺术范例。在今天任何一所大学的设计工作室里，"自由"也经常被看成导师对学生作品做出的最高褒奖。然而，从艺术的本质和设计方面来看，“自由”这个概念实际上是被广泛误解的。值得大家注意的是，所有深刻的艺术家都不曾谈到或者写过他/她的作品中是否包含自由。真正的艺术家和建筑师总是对传统、局限、界限和限制深感兴趣，无论是从个人的角度，还是从外在的角度。五百年前，列奥纳多就曾经这样教导我们：“力量，在约束中诞生，在自由中死亡。”[7] 在《尤帕里内奥，或者建筑师》的对话中，保罗·瓦列里让苏格拉底做出如下声明：“最大的自由，诞生于最高度的严谨。”[8] 捷尔吉·都可兹在他的书《限制的力量》中建议：“为什么自然形态中明显出现的和谐不能成为我们社会形态中更为强大的力量呢？也许，正是因为处于迷恋发明和成功的过程之中，我们已经不再了解限制的力量。”[9]

在其充满了人性化的回忆录《我的生活和我的电影》中，让·雷诺阿曾经谈到“技术的阻力”[10]；伊戈尔·斯特拉文斯基在他的《音乐的诗意》一书中，也涉及“材料和技术的阻力”[11]。事实上，斯特拉文斯基，一位音乐界的现代主义者，曾经对那些向往自由的人们表示藐视：“那些试图逃避处于附属地位的人们，肯定会一致支持反对派（反传统）的意见。他们拒绝任何约束，他们滋养出希望，他们以为可以在自由中找到一种秘密力量，他们是注定失败的。除了畸形和毫无约束的随意性，他们什么也无法发现。他们已经完全失控，他们误入歧途。”[12] 在20世纪50年代末，阿尔瓦·阿尔托同样谴责了出现在其时代中的形式主义倾向，那些借用创建出一种国际风格的变相伪装：“今天的建筑学星象预示是如此的糟糕，以致我的声明也充满了负面的内容…… 成年的孩子们，情不自禁地玩弄着曲线和拉力。不光如此，更糟糕的是人们热衷于追求好莱坞电影般彩色的虚假心态。”[13]

人们以“自由表现建筑”为名而迷恋于自由，这导致了建筑对其永恒的本体与精神的基础，以及其内部的学科结构，都不幸地产生出排斥性的反应。对建筑表现方面的“解放”，往往意味着对其深层的本质、意义和感性的力量做出纯粹的否定和拒绝。在音乐界，斯特拉文斯基曾经使用严厉的措辞来谴责一部分人追求个性的愿望：“个性化和智力无政府状态，要求…… 创建出自己的语言、词汇和艺术表现方法。为了获得独立性，艺术家一般禁止自己使用已经得到公众承认的方法和形态，结果，他使用的是一种听众们从未接触过的语言。的确，他的艺术是独特的，然而，他的世界也是完全封闭的，它不提供任何与大众沟通的可能。”[14]

二十五年前，在我的论文《建筑学与我们这个时代的痴迷》[15]（1983年）中，我曾经建议：在这个混乱的时代，建筑应该重新与它的想象、生存、感性和体验性的精髓相连接，重新与建筑的深厚传统相连接。我们应该额外重视那些具体和现实的建筑制约因素和限制，而不去崇尚那个短暂性和毫无意义的自由的想法。事实证明，我们无法创造出人类的意义，它镶嵌于生活的本身，它只能被人们辨别，然后再重新表现出来。

一件在初看之下就流露出自由或者个体独立特征的艺术作品，实际上需要艺术家对环境，对任务的本质和潜力，对人类的生存现实中的局限做出卓越和准确的理解。即便是最激进和具有革命性的作品，如果它是深刻的，它最终也会成为传统的一部分，并且还会强化传统。那种在作品中显现出来的自由，其实汇集了艺术家对手头任务的深刻认识；它具备了清晰的视野和思维，拥有理解的深度和微妙的情感。这才是成功的关键，而不是任何含糊的对自由的追求。

兴奋的建筑

我们应该努力创造出一种建筑，它应该是优雅，而不仅仅是新颖、奇怪和令人兴奋的。建筑的任务不是让人感觉兴奋，而是要创造出一个能够理解和界定世界、文化与人类生活的生存结构。建筑协助人们强化生存体验，建筑本身不属于体验内容。当我们对建筑的任务做出重要评判的时候，要首先衡量它在建筑世界的等级地位，检验该建筑是归属于生活的背景，还是本身就是一个前景机构。我们面对的，究竟是一个建筑的影像还是建筑的基础？按照绝对的心理学规律，只有少量的事物能够组成前景，否则会变成混乱的一片。

即使在民主的思想体系中，建筑仍然注定会被用于表达和创建等级关系。每件事物都是不一样的，也不应该是一样的，就如同它们具备不同的价值一样。伊塔罗·卡尔维诺认为，文学的主要职责就是保障分歧的继续存在："在当今时代，当其他的一切都在超速地发展，当广泛的媒体取得胜利时，我们面临着一个危险，就是人类的交流最后只剩下一种单一和单调的方式。文学的功能就是在分歧中尝试沟通。分歧的存在，是因为事物本身就是不同的。文学创作——顺应书面语言的真实倾向，不应该削弱区分，而是要激化它们之间的差异。"[16] 在我看来，建筑的真正"倾向"，就是按照不同的等级类别和意义来构建和表现人类的空间和住所。

阿兰·德·波顿，近期出版的最畅销建筑著作《幸福的建筑》的作者，这样大胆地写道："（但是）一个试图显示不同的建筑师，最后可能如同一个想象力过于丰富的飞行员或者医生那样，令人感觉不安。尽管原创性在某些领域可能被认为是重要的，克制和遵守制度也已经渐渐变得和其他美德一样重要……我们的建筑物需要保持一致性，因为我们自己是容易迷失方向的，是容易变得狂热的…… 真正对我们有益的建筑师，是那些善良的、能够放弃那些可以证明自己是天才的人们。他们全心投入，潜心建筑出一些虽然不具备独创性却仍然优雅动人的作品。建筑应该是充满自信和宽容的，不必惧怕被指责有一点点单调的味道。"[17] 我在这里选择引用德·波顿的评论，并不表示我支持平庸，而是赞同人们应该做出理智性的选择。

让·保罗·萨特曾经这样描写克制和礼貌的美德："作家不应该试图让读者感觉不知所措，否则他就制造出一个矛盾。读者应该能够得到某种意义上的审美选择……尚·惹内把它看成是作者对读者表现出的一种礼貌。"[18] 建筑也可以呼吁类似的"审美选择"和"礼貌"，在别的文章中，我还使用了"建筑的大度和礼节"这个名称。

事实上，一个建筑物可以是重复性和灰色的，毕竟，大多数建筑的创建目的都注定是为了满足人类的普通生活行为，它们最后成为某些特殊建筑的背景。我奉劝那些怀疑重复性价值的人，好好看一看坐落在威尼斯圣马可广场北部的旧行政官邸大楼的极其单调的外墙[19]，正是该建筑物的存在促使观赏者感受到圣马可大教堂拥有的崇敬气息。

建筑作为艺术表达

今天，建筑被描绘成一个实现艺术性的自我表现的领域，它成为天才设计师权威性的个人签名。然而，建筑真的是提供自我表现的领域吗？

几年前，我曾经参观过巴尔蒂斯纪念馆的展览，巴尔蒂斯是20个世纪最优秀的形象画家之一。在威尼斯的格拉西宫，通向展览入口处的墙上，我发现一段艺术家的自白，它作为整个展览的座右铭而出现在那里。这是一段让我深感震撼的声明："艺术家经常谈到利用自己的作品来表达他们的见解 …… 而我从来没有那样想过。"[20] 他表现出的这一立场截然不同于我所知的有些怪癖又充满了自信的艺术家形象。[21][22]

这种论点也同样适用于建筑。真正具有持久价值的建筑必须能够表达除了它自身和它的制造者之外的那个世界。巴尔蒂斯提出的令人惊奇的关于匿名性呼吁，也同样适用于建筑方面。一个建筑作品要坚持与制造者保持独立的关系，而不屈服于他/她的个性。在通常情况下，作品和艺术家之间的关系不是那么简单的。伟大的作品需要很大程度的自治，对制造者而言，这些作品是处于独立状态的，在通常情况下，它们甚至似乎是自我创建的。美国作家唐·德里罗在最近的一次采访中承认："我的书，从某种程度上说，是自我生成的 …… 你应该始终信任那部小说，而不是写下它的那个作者。"[23] 我也倾向于信任深刻的建筑物，而不是它们的建筑师。

建筑不是为了表现建筑师的个性而被创建，而是以反映世界、反映人类的生存条件、反映我们的存在为己任。深刻的建筑总是能够把我们的视线从它身上牵引到世界，最后再牵引回我们自己身上。例如，安东尼奥·高迪的作品拥有持久性的价值，不是因为它具备的特别和怪异的风格，而是因为它有一种普遍性，因为它能够唤起人们对生存的普遍性关注。他的作品不是建立在建筑师的伟大个性上面；而是基于建筑师对艺术原则和整个宇宙的关注，类似于人们对自然现象的普遍性关注。为此他做出了谦逊和持久性的贡献。我还想在此提醒的是，为了建筑他的大教堂，这位伟大的建筑师曾经在一些星期日，站在巴塞罗那的街头，亲自向大众号召募捐筹款。

关于匿名性的理论，也同样反映在弗兰克·劳埃德·赖特和阿尔瓦·阿尔托的作品之中。这两位建筑师的名字是我从一些使用现代建筑语言的杰出建筑师中随意挑选的。或者，我还可以这样来阐述，如果这些作品对建筑中根本性和永恒的问题不曾给予关注，如果它们不具备基本的匿名性，如果建筑师没有真正理解和承认建筑的本质，那么，这些高度个人化的作品就不会拥有普世价值。举个反例，维也纳的艺术家百水先生的建筑作品就缺乏这种重要的匿名性和克制的特征，因此，他的那些作品只能继续作为一位艺术家的个人主义的率性表现而存在，而无法归属到深刻的建筑分类中去。

建筑，是了解世界并且把世界转变为一个更有意义和更人道的居所。正如桂冠诗人赖内·马利亚·里尔克指出的："艺术，不是一个小型的、挑选出的世界样品，它是对世界进行改造，是不停地朝美好的方向转变的过程。"[24] 弗兰克·劳埃德·赖特，在他八十五岁高龄的时候曾经谈到，他认为"诚恳"是人类和建筑的最高价值；[25] 阿尔瓦·阿尔托则立志要为他的人类同胞们建造出一个天堂。[26] 伟大的建筑能够为人类建设出一个理想的世界而做出自己的贡献。

艺术的匿名性并不意味着作者不再存在。有趣的是，越是伟大的匿名类型的作品，人们越能够强烈感受到原作者的存在。建筑作品的本身是向世界开放的，就如同让·保罗·萨特的描述："如果画家为我们展示出一片田地或者一瓶花，他的画，就是开向整个世界的窗口。"[27]

深刻的艺术作品具备的那种魅力，就是通过艺术家或者建筑师的限定和聚焦为我们打开通向世界的视野。当我在观赏维米尔的画的时候，我感觉自己好像站在艺术家的身边，在和他共同观看那个景像。事实上，当我全神贯注地欣赏那幅图画的时候，我甚至会产生出一种神圣的感觉，仿佛是我自己的手正在画这个奇迹，这个维米尔的《代尔夫特的风景》中的黄色房顶，这个在马塞尔·普鲁斯特的几乎是写无止境的小说《追忆逝水年华》中被作者满怀钦佩地提到过的屋顶。[28] 所有真正的艺术作品都是善良和有礼貌的，它们散发出一种有启发性、有高尚道德的力量。“像我一样！”每一首伟大的诗歌都这么要求，就如同约瑟夫·布罗茨基告诉我们的那样。[29] 像我一样：更加敏感、敏锐、负责和明智，通过我的眼睛来看世界，并且享受它——这是建筑向我们大家传递出的一个有意义的信息。也许，伟大的建筑无法大幅度地改善整个物质世界，但是，它一定能够改善我们——这些切身体验着建筑作品，并停留在它永恒的影响之中的人们。深刻的建筑解放了我们的观点，让我们与世界共进退。

建筑的幻想

今天，虚构的建筑，或者，幻想的建筑，在建筑领域中特别流行。在建筑史中，建筑幻想一直不过是人们偶尔显示的微小的好奇心，从不曾被当做一个有效的想法和图像试验的理由。建筑幻想，缺乏现实的重量和因果性，因此显得毫不重要。

一些伟大的建筑师曾经提出过一些建筑幻想。比如，法国乌托邦主义新古典主义的幻想，布鲁诺·陶特和赫尔曼·芬斯特林的玻璃建筑，埃里希·门德尔松和汉斯·夏隆的表现主义幻想，弗兰克·劳埃德·赖特的后期项目等等。然而，所有这些项目都对真正的建筑进程贡献甚微。至今为止，赖特的早期作品，比如统一教堂、拉金大厦和罗比住宅，仍旧被认为是建筑基因的重要组成部分，而他后期的幻想，虽然是以他一辈子的专业经验为基础，仍然不过是猎奇之物而已。

请允许我在此对两位伟大的建筑师——卡洛·斯卡帕和路易斯·康进行比较。我敢争辩说康的作品更加重要，因为它诞生于建筑的深层土壤和无形的潜流中；而斯卡帕的作品，只是运用不容置疑的、绝对性的优雅和精密来阐述形式、空间和物质。那么，康究竟创造出了什么？康重新创造出罗马式的建筑原则、它的庄严和沉默。他把那已经堕落到疲惫的合理性和矫揉造作的国际风格的现代建筑，重新领回到建筑的起源和本质。在这个过程中，他再次赋予建筑已经遗失的神话生命的力量。阿尔瓦罗·西扎是我们时代中一位最令人信服的建筑师之一。他既对当地的情况与传统保持一份敏感和尊重，又使之与他的生动的个人化表达形式相结合。他曾经这样描述："建筑师不创造任何东西，他们只改造现实。"[30] 是的，我们建筑师确实改造现实，不过，我们也肩负着继续发扬建筑的理性与诗意的传统重任。

需要澄清的是，我并不反对人们使用想象力和创造力，我也不支持建筑中存在的保守主义。我想提倡的是一种明智、有责任感、有一定约束性的建筑想象力。如果在设计中，建筑物只作为单纯的审美对象出现，它们注定会沦落为失败的建筑。因为它们没有立足于历史的、存在的、精神的人类思想或建筑文化的土壤中。

人类的历史性

在今天的建筑思想中，人们经常忽视一个根本的、不可否认的事实——我们既是生物性的人类，同时也是历史性的人类。因此，建筑不能成为一种抽象的构造，它必须承认人类的历史性。历史性不是指某些风格惯例或者正统观念；历史性这种意识，要求我们首先承认生物文化遗产的磅礴浩大，它贯穿了通过文字记载的那部分历史以及我们过去的遥远进化历程。

在一万五千多年中，我们已经驯化了狗，并且使之转化出数百个亚种。仅仅几代之后，我们就能做到完全改变狗的外观，然而我们却不能改变它基因衍生的反应，不能改变它扎根于物种历史中的那些动物本能。[31] 同样的现象也出现于人类与我们的建筑中；我们无法改变我们的生物构成或者原始反应。

我们注定生活在这样的一个世界中——它具有重力和光，物质和季节性的周期，以及其他无数的物质性和精神性的因果关系。地平线和重力作用继续成为人类的感知与心灵的构成元素。这些都是我们的感官的、身体的和心理的反应形成所需要的条件，它们继续为我们提供意义和乐趣。同样，建筑的意义也无法被创造出来，它只能被人们重新辨认出，得以复原。只有在我们的本性与人工建筑之间产生共鸣的时候，意义才会现身。为什么我们喜欢坐在火的旁边？为什么火焰会激发我们的梦想？正是因为我们的祖先在发明了火之后就一直这样做，我们必须承认这项发明保卫了人类的进化，它在70万年的社会生活中始终保持为一个中心点。在我们的身体中仍然保存着以前作为水生生物的一些残余；在我们的骨骼结构中也仍然保存着提醒我们是猿种的尾骨。在我们的神经系统和心理结构中究竟还隐藏了多少过去的故事？

西格蒙德·弗洛伊德和卡尔·荣格在发现了思想上的"古老遗迹"和"原型"[32]之后，展开了对人类精神方面的挖掘工作; 然而，对人类的生物历史的研究兴趣至今只在生物心理学与神经科学部门中开始萌发。在神经学的研究中，人们正在探索进化的起源与美学的主题，尽管布罗茨基早已给予我们这个答案："进化的目的，相信与否，是美。"[33]

我们在这里谈论人类具备生物性和历史性的本质是为了阐明这个道理：建筑不是一种单纯的技术创造或者形态创造的领域，也不是毫无依据的审美领域。阿尔托曾经使用生物隐喻来强调这一观点；他建议，合理性，需要在人类感知与行为的心理因素中扎根。"……从某种程度上来说，建筑与它的细节是生物学的一部分。"他曾经这样写道。[34]

生物学时代

除了我们的生物本质及其在建筑中的组成意义，生物学——存在于梦幻般的多重性与创造性的生命，将为我们提供关于人类未来和人类建筑最重要的模式与研究范围（从景观和城市，到可持续性的居住，还有特殊的技术创新）。因为仿生学、生物自卫本能、生体模仿学和生物伦理学等概念的出现，这种思想也已经向前推进发展了。爱德华·O. 威尔逊，运用他深具权威性的、富有科学性的声音，呼吁我们要捍卫生命世界的完整性，他认为切叶蚁社会的“超级有机体”比人类的任何发明都要复杂。它是生物进化的主发条，不知疲倦地、不断地重复着，它是精确的，与此同时，它也是难以想象的古老。[35]蚂蚁的进化与人类的进化相距6亿年，相对人类与人类建筑而言，昆虫和它的建筑占据了绝对性的优势。这种进化程度的图景应该能够促使我们产生出一种可喜的谦卑感。

尽管人类的建筑建立于人类精神方面的形而上学与美学的领域，它也同样建立在我们的生物构成中，或者，最终，建立于仿生建模领域，我们应该在训练和工艺中强调对生物知识的重视。生物系统中的简单性与复杂性的相互作用，以及这些制度天生具备的美和完善，取代了任何形式主义的生物形态或者有机论的建筑。无论如何，任何抽象虚无主义的建筑观点都是注定要失败的，正如同阿尔托所坚信的：“无论我们的任务是什么 …… 在任何情况下，事物的对立面必须恢复和谐。”[36]

小说和理想化

建筑总是悬浮于现实与虚构之间，悬浮于已经存在的观念与我们的渴望之间。它诞生于文化和生活的现实之中，却追求实现一个理想的世界。社会的等级与价值，经济环境，技术的可行性，技能和实践的要求，使得建筑深深扎根于现实之中。同时，建筑也具备理想化和叙述性的维度，不是指字面上的含义，而是说它能够表达人们的信念、理想和愿望。这些叙述是通过特定的建筑语言和概念产生的：秩序和几何形状，结构和规模，物质和光。因此，有意义的建筑不是由物体组合而成，它拥有史诗般的材料性的隐喻，它是思想上的人工制品，人们能够通过它来体验和理解世界。并且，这种建筑也是人类实现自我认识的工具。正如加斯东·巴什拉提出的提议，在我看来，它也是一句可以当成护身符的短语：“房子是一种最强大的能够融合人类的思想、记忆和梦想的力量之一。”[37]

十年前，我曾经参观过坐落在阿根廷的拉普拉塔的为医生佩德罗·库如查特设计的房子，它由勒·柯布西耶在1949年设计，由才华横溢的阿根廷建筑师阿曼西奥·威廉斯执行建造。参观者能够立刻意识到该房子具备的广阔的空间性。它同时是上面和下面，前面和后面，左边和右边。依照巴什拉的表达，它如同一个“摇篮”那样拥抱着你。[38] 它是空间化的曼荼罗。三层的地板，阳台，坡道和楼梯环绕着一棵处于房子中心的巨大的树，这棵大树仿佛是居住在那里的一位虚构的原始居民。该房子位于一排面对公园的建筑物之间，它朝向这个开放的空间与世界延伸。直到返回处于世界另一头的家中，我才意识到，我的身体系统已经被那所房子重新校准。在以后的几周内，我都因为坐落在地球另一端的这个形而上学的工具而继续体验着它产生出的对重力、水平力和重要的方向感的影响。[39]

建筑中的现实感

深刻的建筑是从现实感中诞生的，从给予的、无法拒绝的人类生存条件中诞生，然而，它借助想象的力量而追求获得一种理想的状况。一位有责任感的、有才华的建筑师，能够在他的现实任务中感觉并看到他的机遇，他会全心致力于对人类生存条件的改善。实现这种改善的前提，就是该建筑师能够想象出一个比他所被授予的条件还要更加人性化、更加敏感以及更加精神化的条件。阿尔瓦·阿尔托曾经做出如下中肯的评论：“现实主义，通常为我的想象提供最强悍的刺激。”[40]

在当今世界里，现实和现实感具备高度的价值。在小说《撞车》的前言中，作者J. G. 巴拉德曾经写道，小说与现实的关系正处于结束状态，我们日益生活于虚幻世界里面。因此，作家的任务不是创作虚幻。按照巴拉德的见解，虚幻早已存在，作家的任务是创作现实。[41] 建筑师的任务也是创造现实，然而，我们所承担的责任却是要创造出一个人道的、有尊严的现实。

注释

① Guy Debord. Society of the Spectacle[M].New York: Zone Books,1995:24.

② Hal Foster."Master Builder"[M]// Hal Foster.Design and Crime and Other Diatribes. London and New York: Verso,2002. as quoted in: Anthony Vidler."Introduction"[M]// Anthony Vidler(editor).Architecture Between Spectacle and Use.Williamstown, Massachusetts: Sterling and Francine Clark Art Institute,2008:VII.

③ Guy Debord.The Society of the Spectacle[M].New York: Zone Books,1994:12.

④ As quoted in: Joseph Brodsky. Less Than One[M].New York: Farrar, Straus and Giroux,1997:179.

⑤ As quoted in: Alain de Botton.The Architecture of Happiness[M].New York: Vintage Books,2008:182.

⑥ As quoted in: Alain de Botton,2008:183.

⑦ As quoted in:Igor Stravinsky, Musiikin poetiikka (The Poetics of Music)[M].Helsinki: Otava,1968:72.

⑧ Paul Valery."Eupalinos, or the Architect"[M]// William McCausland Stewart(trans).Dialogues.New York: Pantheon Books,1956:131.

⑨ Györgi Doczi."Preface"[M]// Györgi Doczi.The Power of Limits. Boulder & London: Shambala,1981.

⑩ Jean Renoir.Elämäni ja Elokuvani(My Life and My Films)[M].Helsinki: Love-Kirjat,1974.

⑪ Igor Stravinsky.Musiikin Poetiikka (The Poetics of Music)[M]. Helsinki:Kustannusosakeyhtiö Otava,1968:66-67.

⑫ Igor Stravinsky,1968:75.

⑬ Alvar Aalto."In Lieu of an Article" (1958)[M]//Göran Shildt(edited and annotated).Alvar Aalto In His Own Words.Helsinki: Otava Publishing Company,Ltd,1997:264.

⑭ Igor Stravinsky,1968:72.

⑮ Juhani Pallasmaa."Architecture and the Obsessions of Our Time" (1983)[M]//Juhani Pallasmaa.Encounters. Architectural Essays. Peter MacKeith(editor).Helsinki: Rakennustieto Oy,2005:46-57.

⑯ Italo Calvino.Six Memos for the Next Millennium[M].New York: Vintage Books,1988:45.

⑰ Alain de Botton,2008:183.

⑱ Jean-Paul Sartre.Basic Writings[M].Stephen Priest(editor).London and New York: Routledge,2001:268.

⑲ 由毛热·科度西（Mauro Coducci）等人建于1496—1530年间，由雅各布·桑索维诺（Jacopo Sansovino）完成于1532年。

⑳ 关于2001年在威尼斯的格拉西宫举办的巴尔蒂斯展览的座右铭，原本基于作者的回忆。

㉑ Claude Roy.Balthus[M].Boston, New York, Toronto: Little, Brown and Company,1996:18.

㉒ Cristina Carrillo de Albornoz.Balthus in His Own Words: A conversation with Cristina Carrillo de Albornoz [M].New York: Assouline,2001:6.

㉓ Jukka Petäjä. Sattuma Rakentaa Elämän Rikkoutunutta Palapeliä [M].Helsinki: Helsingin Sanomat,2009:8.

㉔ Rainer Maria Rilke. Letter to Jacob Baron Uexkull(Paris,1909 in Rainer Maria Rilke)[M]// Liisa Enwald (editor). Hiljainen taiteen sisin: kirjeitä vuosilta 1900—1926(The silent innermost core of art: letter 1900—1926).Helsinki: TAI-teos,1997:41.

㉕ Frank Lloyd Wright.“Integrity”[M]//Chiras Daniel D.The Natural House. New York: Mentor Books,1963:292-293. “今天的建筑最需要的东西和我们在生活中最需要的那个东西是一样的——诚实。就如同人类的品质一样，诚实也是一个建筑所具备的最深刻的品质之一。不过，在过去的岁月中，它的存在是不言自明的，人们并不需要强求建筑物具备这个品质。在个别的情况下，自从人们认为获得即刻的成功才是必要的以来，它也不再被看做最重要的先决条件之一。”

㉖ Alvar Aalto,“The Architect’s Dream of Paradise”, lecture at the jubilee meeting of the Southern Sweden Master Builders’ Society in Malmö, 1957. Republished in: Göran Schildt(editor),1997:214-217.

㉗ Jean-Paul Sartre,“What is literature?”Reprinted in: Jean-Paul Sartre. Basic Writings[M].Stephen Priest(editor).London and New York: Routledge,2001:272.

㉘ Marcel Proust.In Search of Lost Time, Volumes 5+6: The Captive,

The Fugitive[M].London: Random House,1996: 208.

㉙ Joseph Brodsky.On Grief and Reason [M].New York: Farrar, Straus and Giroux,1997:206.

㉚ As quoted in: Kenneth Frampton."Introduction"[M]//Kenneth Frampton. Labour, Work and Architecture: Collected Essays on Architecture and Design.London: Phaidon Press,2002:18.

㉛ A television program on Finnish Television,2009-08.

㉜ Carl G. Jung,et al(eds).Man and His Symbols[M].New York: Doubleday,1968:57.

㉝ Joseph Brodsky.On Grief and Reason[M].New York: Farrar, Straus and Giroux,1997:207.

㉞ Göran Schildt(editor),1997:108.

㉟ Edward O. Wilson. Biophilia[M].Cambridge/Massachusetts/London/England: Harvard University Press,1984:37.

㊱ Alvar Aalto,"Art and Technology," inaugural lecture as member of the Finnish Academy,1955-10-03. In: Göran Schildt(editor),1997:174.

㊲ Gaston Bachelard.The Poetics of Space[M].Boston: Beacon Press,1969:46.

㊳ Gaston Bachelard,1969:46

㊴ 2009年，我再次参观了库如查特的房子，这一次我对该房子的体验同样是震撼和难以忘怀的。

㊵ Interview for Finnish Television,1972-07, in: Göran Schildt(editor),1997:74.

㊶ Ballard J G.Crash Kolari[M].Helsinki:Loki-Kirjat,1996:8.

图15：凳子，1994年。弯曲薄片叠成的滩头木雏形细部。作者：Rauno Träskelin

Figure 15: Stool, bent laminated beach wood, prototype, 1994. Detail. Photo Rauno Träskelin

Chapter 15

赞美模糊性：融合的感知与不确定的思考（2010年）

个人申明

从我的大学时代（20世纪50年代末至60年代初）开始，在那些对我来说具有决定性影响的书籍中，安东·艾伦茨威格（1908—1966年）的两本著作已被今日的学术界[①]所遗忘：《艺术视觉与听觉的心理分析：对潜意识感知理论的介绍》[②]（1953年）以及《艺术的隐藏秩序》[③]（1970年）。受战后实证主义和理性主义的影响，我被教导必须清楚地观察与思考，应该追求精确和肯定性。然而，在70年代中期我阅读了一些精神分析研究方面的文献，它们解释说，在学术教育与职业实践中一味坚持精确，“从精神分析的意义上来说，成为一种防御性的次要工程”[④]。艾伦茨威格运用既富有挑战性又充满说服力的论述表明，创造性来源于模糊、并列以及互相融合的图像，来源于潜意识感知与处理，而不是来自于聚焦的知觉、精确和毫无歧义的逻辑。作为他的学术使命的象征，艾伦茨威格把美国先驱心理学家和哲学家威廉·詹姆斯（1842—1910年）的声明作为他的第一部著作的座右铭“简单地说，我渴望引起大家的关注，让模糊重新回到它在人类心理生活中的合适位置”[⑤]。

我所接受的教育基础以及刚建立的职业信念，因为这个观点而发生了强烈动摇。艾伦茨威格的两本著作以及他的题为

《从有意识的计划到潜意识的扫描》[6] 的文章，引发我对艺术现象的精神基础以及艺术创作的心理分析方式产生兴趣，为我指引出一个新的方向，最终，还帮助我打开了对生存性现象与艺术性现象的现象学理解的大门。

潜意识的重要性

在他的第一本著作的序言中，艾伦茨威格写下这样发人深省的论点："艺术的基础接受深沉的潜意识的雕磨塑造，它甚至可能会表现出一种比有意识思考所具备的逻辑结构还要更优越的复杂组织。"[7] 然而，在我接受教育的那些岁月中，我不记得自己曾经听到过潜意识概念。艾伦茨威格进一步地建议道："为了了解那些难以言说的形式（那些超越有意识的意向性与控制而渗透进作品中的艺术表现形式），我们应该采用一种类似于在心理分析中必须采用的、用来处理潜意识原料的精神态度，即一种融合性的关注。"[8] 以保罗·克利为例的艺术家们曾经指出，我们可以通过"多维关注"[9] 来理解意义深远的艺术作品中有层次、和弦的结构。艾伦茨威格尤其强调了这种层次性以及主题合并的重要性，并且指出它应该受到特殊的关注。"从本质上来看，所有的艺术结构都是和弦的：它不顺着单一的思路发展，而是从叠加的思路中演变出来。因此，创意需要一种融合和分散的关注，它不同于我们正常的思维逻辑习惯。"[10] 这种需要融合的关注同时涉及创造性感知的条件与思想。艾伦茨威格还使用了"全面协调结构"以及"这样或者那样的结构" 概念来描述有层次感的、模糊的艺术图像。[11]

我们大脑中的有意识神经系统和潜意识神经系统的信息输送能力的理论计算证明， 潜意识境界比有意识境界更具有令人震撼的影响力。神经纤维传递信息的能力大约是 20比特/秒，或者，根据一些人的估计，最多可以到达100比特/秒。在大脑中存在着1015条神经纤维，脑容量的总信息传递大约是1017比特/秒。然而，我们最多只能传递大约100比特/秒的有意识的信息内容。因此，大脑的信息输送总容量是其有意识输送容量的1015倍。[12]

视觉的动态

尽管我们通常不会承认，动态的模糊与聚焦的欠缺都属于正常的视觉感知系统。我们中的大多数有正常视力的人倾向于相信，我们一直相对而言视觉集中地观看着周围的世界。事实上，我们在任何时刻看到的只是一个模糊的、只占了一小部分的视野 — 大约是整个视野的千分之一 — 只有这千分之一的视野是清楚的。超过这一微小视野聚焦之外的部分，越接近视场边缘，就变得越模糊、越朦胧。焦距视觉约占视野面积中180度中的4度。然而，我们无法意识到这种准确性的基本欠缺，因为我们会不间断地用眼睛扫描视野 — 在大多数情况下，这个行为既是潜意识的，也是被忽略的 — 把模糊边缘的一部分带入视觉的狭窄光束中，把焦距定位在眼睛的中心凹区域。

通过实验揭示出一个令人惊讶的事实，潜意识的眼球运动不仅仅是为了帮助我们获得清晰的视觉，它还是我们获得视觉的一个绝对必要的前提。在实验过程中，当实验参与者的视线被迫保持固定于一件静物上，该物体的图像就会崩解，并且不断地消失，最后以扭曲的形状和碎片重现。“静态视觉是不存在的；没有探索就无法看到。”匈牙利出生的作家和学者阿瑟・凯斯特勒（1905—1983年）这样认为。[13]

可以说，我们通过视觉获得的世界图像并不是一张图片，而是一种连续、可塑的结构，通过记忆，它不断地融合个体的感知。事实上，通过融合和记忆，视觉感知转换为表现性的触觉实体，而不是类似快照镜头照出的单一视网膜照片。最终，我们之所以能够建立和维持体验世界的存在、持久性和连续性，是因为对“世界本身”的体现性、触觉性的理解——借用莫里斯・梅洛 – 庞蒂的概念——我们分享我们身体的存在。[14] 其实，我们可以把自我意识与世界意识视为感觉系统之一，的确，斯坦纳哲学中定义出十二种感觉，其中之一就是自我意识，自己的意识。[15] 对我们作为一种时间连续性与相对的恒定来体验世界、体验自身来说，这种感觉是至关重要的。

最近的神经系统研究揭示出另外一个令人惊讶的视觉动态

特征。在测试过人们感知颜色、形状和运动所需要的相对时间后，其结果显示，视觉感知中的这三种属性并非在同一时间被感知。颜色比形状更先被感知，形状比运动更为提前，颜色和运动之间的感知时差为60 — 80毫秒。这表明，不同的感知系统是功能各异的。[16] 因此，某些艺术家对颜色与形状进行分开处理的动机，就起源于我们的知觉机制。

库斯勒建议，在视觉扫描与心理扫描之间要使用谨慎的类推："在聚焦光线之外的模糊的周边视觉，和在有意识思维的边缘产生的含糊的、半成形概念之间"，[17] "如果有人试图飞快地抓住一个精神图像或者概念——让它成为静止和孤立的，成为意识中的焦点，它就会瓦解，好像静态的、处于中心凹区域上的视觉图像…… 思考，从来都不是一种尖锐的、整齐的、线性的过程。"库斯勒对焦点意识与周边意识进行了论述和区别。[18] 甚至对一个熟悉的词语进行重复性的发音，也会让它逐渐溶解，最终失去它的意义。

威廉・詹姆斯对思考的根本动力与历史性给予了类似的评价："思想中的每一幅明确的图像都沉浸在自由流动的水中，被水染色。水的流动带来相互关系的感觉，不论是近的还是远的，不论是不知何处传来的逐渐消失的回声，还是预感中指引的方向。 图像的意义、图像的价值，都隐藏在围绕与护卫它的光环或者黑影中。" [19]

非格式塔感知与潜意识视觉

格式塔理论建立了关于表达的见解或者格式塔倾向，表面感知能够依据明确的形式属性，例如简单性、相似性、紧凑性、连贯性以及封闭来选择和组织图像与图像元素。同时，该理论完全忽略了那些不属于格式塔的难以描绘的形式元素。然而，弗洛伊德就已观察到，对有意识的思想来说，从低层面思想中诞生而出的形式体验，例如梦想愿景，往往显得是难以描述的、混乱的，因此，它们很难或者几乎不可能被有意识地理解。然而，这种不确定的、无形的、不由自主地相互混杂的图像、联想和回忆，正是创造性的洞察力所需要的心理基础，也是艺术表现的丰富性和可塑性的心理基础，引发了“生活的冲击”以及“呼吸的感觉”，这就是康斯坦丁·布朗库西对深刻的艺术作品的需求。[20]

艾伦茨威格对表面视觉与潜意识视觉进行了明确的区分：“表面视觉是分离性的，低级视觉（潜意识的原始级别）是连续性的、系列性的”。[21] 对潜意识视觉的实验已证明出潜意识视觉在扫描总场时的优秀效率，例如我们能够理解有意隐形的、潜意识的图像所发出的极快曝光。这种能力被精明地运用在潜意识广告和其他形式的心理调节方法之中。

艾伦茨威格令人信服地确定了潜意识感知与思考在创作过程中的优先地位。他甚至认为“人类思想中的任何创造性行为都包括了（精神）表面功能的暂时性瘫痪，以及，或多或少地重新使用一些更古老的功能，而减少使用分化型的功能”。[22]因此，艺术语言中难以描述的成分，不仅仅是对多重艺术形式进行细节上的增加，而且很可能就是艺术语言的来源与本质。艾伦茨威格认为 “非格式塔视觉”（出现在格式塔视觉规则之外的视觉模式）是至关重要的，并认为，对同时性的、并联的图像采用有层次的感知能力，意味着必须要抑制正常的聚焦感知。根据亨利·柏格森的见解，他认为“所有的创意思维都是以一种可与直觉相媲美的流动视觉状态开始的 …… 后来，理性的见解出现了”。[23] 艾伦茨威格总结说：“所有的艺术感知都拥有一个非格式塔的元素”，“非格式塔的融合视觉 …… 是观察世界的艺术方式”。[24]

法国数学家雅克·阿达玛（1865—1963年）在对数学思维的心理研究中提出，即使在数学中也依靠潜意识做出最终的决定，因为我们通常无法把问题清楚地形象化。像他之前的另一位著名的数学家亨利·庞加莱（1854—1912年）一样，阿达玛曾经直截了当地说，要强制性地“蒙蔽一个人的意识，从而做出正确的决定”[25]。令人感兴趣的是，阿达玛还进一步地提出建议：“希腊几何在希腊化时期失去了它的创作动力，就是因为过于精确的形象化。它创造出智慧的电脑时代和几何时代，而不是真正的几何学家。几何理论的发展已经完全停止了。”[26]

我曾经满怀担心的提出过，在建筑的教育与实践领域中，绝对精确的电脑设计产生了负面的影响，它妨碍了存在于人类想象世界中的天生无形的、无法估量的图像与见解的流通。[27]

蒙蔽一个人的关注方式似乎还有其他的用处。有一次，美国工程天才理查德·巴克明斯特·富勒（1895—1983年）对其非凡的阅读能力进行了解释，阅读如同一种扫描，在扫描过程中，在他的潜意识发现任何新信息之前，他看到的那些页面只是一些不包含详细信息的毫无意义的灰色表面。只有在发现新信息的那一刻，他的眼睛才会专注于文本，在读完了对他的意识来说是新信息的那一段之后，该文本再次变为一种不含任何表达意义的视觉上的模糊。[28]

在他的关于潜意识感知在创意中的作用的开拓性研究中，艾伦茨威格展示了两种不同的感知方式如何适用于艺术听觉和音乐，视觉艺术中的表面格式塔是以有意识吸引人们关注的音乐旋律为代表，它也代表了乐曲的被记忆的形式。然而，在音乐中包含着许多难以描绘的旋律，例如颤音、滑音和散板，它们很难通过音乐符号得到明晰地表达，尽管它们对音乐体验的情感影响贡献巨大，属于体验中的基本结构部分。它们依靠表演者的即兴发挥。[29]

生活的世界与不聚焦视觉

在艺术感知与创造力的特定领域之外，对包含世界的空间性、心灵感知和触觉的日常体验的一个必不可少的先决条件，就是要故意地抑制清晰的聚焦视觉。只有放弃精确度和细节，我们才能感知并理解整体的单位和结构。然而，这项重要的观察几乎从来没有在任何建筑理论论文中出现过，在建筑的理论与教学中始终被给予关注的是：聚焦视觉，强大的格式塔，有意识的意向性以及对空间的透视理解。

空间的代表性技术的历史发展与建筑本身的历史紧密相联。代表性技术显示出对空间本质的同时性理解，反之，空间表达的模式引导了对空间现象的理解。有证据表明，人类的感官感知系统是进化过程的结果，它由我们的基本原始生存条件决定与限制，然而，我们的智慧与想象力能够了解存在于直接的感官感知范围之外的概念化的空间特征。多维空间的科学结构是无法被形象化的，这个例子体现出人类具有的非凡的心理能力。

发人深省的是，今日的计算机生成的建筑表现图似乎展现在一个无价值的、同质的空间中，一个抽象的、数学式的、毫无意义的空间里，而不是处于人类生存和生活的现实中。人类的生活环境始终是由一些不可调和的成分组成的“不纯洁”或者“不干净”的混合体。生活的世界超越了形式化的描述，因为它是一种多重的感知和梦想、观察和愿望、潜意识的处理和有意识的意图，并且与过去、现在和未来相关。当今日电脑化实践中的设计疏远了这种“杂质”时，“本身的世界”，运用梅洛－庞蒂的重要的、带有暗示性的概念，亦即建筑所具备的生死攸关的生命力，就趋向于被减弱甚至完全丧失。

空间的体现性体验

对空间的透视理解自文艺复兴时期被创建以来，就强调并增强了视觉建筑的地位。按照它自身的定义，透视空间让我们成为局外人和观察者，它把我们赶出聚焦感知对象的范围，而同时性的触觉空间则把我们环绕和拥抱在它的怀抱中，使我们成为知情者和参与者。在视觉性理解的空间，我们只能观察它，而触觉的空间则构成了一种共享的、生活的存在状况。世界和感知主体不是分离和极化的，因为它们两者都是世界本身共享的元素之一。

这种把人类的双眼从透视固定中解放出来的努力，逐步带来多种透视的、同时性的、触觉空间的概念。这是印象派、立体主义、抽象表现主义绘画空间中的知觉和心理的本质，它把我们带入绘画之中，让我们作为知情者来充分感受和体验它。就此，视觉空间变成了一种体现与生存的空间，从本质上来说，它是一种空间世界与感知者的心理世界内部空间之间发生的对话和交流。对心灵感知和归属性的体验是内部世界与外部世界的融合，它唤起了一种威尔汀（Weltinnenraum）——对世界的内部体验——使用赖内·马利亚·里尔克的美丽概念。[30]“全世界都在我之中，而我则完全在我之外。”[31]梅洛·庞蒂这样声明。这是我们在生活体验中拥有的一个独特的、个人的存在空间。在体验地点的时候，尤其在自己的家中，外部世界与空间都被内部化；它们是以内部私人的状态而获得感知，而不是被当做外部的物质对象与感知对象。

深刻的艺术作品所具有的强化的存在感和现实感，来自它们参与我们的知觉机制与心理机制，并表现出观众的自我体验与世界体验之间的边界方式。艺术作品具有两种同时性的存在：一方面，作为物体或者作为表演（音乐、戏剧、舞蹈）而存在；另一方面，作为图像与理想的想象中的世界。艺术的体验性现实始终是一个想象力的现实，从本质上来说，它是一个由观察者 / 听众 / 读者/ 居住者所进行的再创造。[32]

生活现实总是把观察、记忆和幻想融合成为一种生活生存体验。这种“杂质”型的体验，超越了客观的、科学的描述，只有通过诗意的召唤才能靠近它。这是人类意识中先天的、结构性的模糊。加斯东·巴什拉是一位深具权威的科学哲学家，直到其职业生涯的中期，他才得出这个结论：并非是科学的调查与方法学，而是一种诗意的方式，才能够触及人类现实生活的本质。

同样，在建筑领域，那种邀请我们进行多感官体验和充分体现的建筑，以及另外一种冰冷的、保持视觉距离的建筑，它们之间的差异也同样是明显的。弗兰克·劳埃德·赖特、阿尔瓦·阿尔托，路易斯·康的作品，还有更多近期的作品，例如伦佐·皮亚诺、格伦·默科特、史蒂芬·霍尔，彼得·卒姆托、托德·威廉姆斯和比利·钱，帕特里夏·派特考、约翰·派特考，他们是今日那些不计其数的、思想深刻的建筑师中的一部分，他们的多感官建筑把我们拉进空间，强化了我们对自己、对真实感的体验。

这些作品让我们在复杂和神秘的感知世界与现实世界中扎根，而不是把我们局限在一种疏远的、建造的人工世界中。正如上面提到的，艺术现象同时性地发生在两个世界内：物质的领域与精神意象的领域。而在富有意义的建筑作品中，甚至意象的建筑世界都扎根于现实、物质和建筑过程中。正是在建造与使用中的这种叙述部分和逻辑部分，把建筑与其他利用空间结构的艺术形式区分开来。如果在建筑作品中，它的同时性的物质现实，以及它的意象心理建议之间，不再存在着一种张力，这个建筑作品将仍旧是肤浅的、令人伤感的。

视觉的模糊与边界的软化

在令人兴奋的情绪状态中，例如在倾听音乐或者抚摸我们的爱人的时候，我们往往通过闭上双眼来消除视觉所带来的客观性与距离感。在一幅绘画中，空间、形式和色彩的融合也经常靠减弱视觉清晰度来获得，而且只有通过抑制细节才能获得动态的组合整体。

实际上，在绘画中，最大限度的色彩互动需要一种弱化的形式格式塔，它使得形式的边界变得模糊，因此允许色域间的无限制的互动。在视觉感知中，形象和背景间的相互作用，恰与形象的格式塔力度成反比。强劲的格式塔产生并维持了一个严格的感知边界，而被解放的无格式塔感知则减弱了界限的结构影响，允许形式和色彩、背景和形象跨出边界线而进行互动。

在创造性思维中，边界的模糊与软化具有另外一层意义，它与自我体验相关。萨尔曼·拉什迪在1990年对赫伯特·里德的追忆文章中指出，在艺术体验中，世界和自我的边界出现软化："文学，站在自我和世界的分界线上，在创造性行为出现的过程中，这个分界不再坚固，它变得可以穿透，结果，世界涌入艺术家，艺术家涌入世界。"[33] 在创造性融合的时刻，艺术家/建筑师的自我意识甚至短暂地与世界、与创造对象融合。在精神分析著作中，这种与世界同一的体验，通常被称为一种"海洋性"的融合或者体验。

创造性活动与深层思考必然需要一种不聚焦的、未分化的、潜意识模式的视觉，它是由触觉体验和表现性的认可融合组成。这种创造性视觉是内向的，事实上，在同一时间，它既是内向的，也是外向的。深层思考出现在一个转变的现实中，在这种情况下，生存优先与警觉性都被暂时抛于脑后。创造行为的对象，不光被通过眼睛与触摸而得到确认与观察，它也是内摄的（一个精神分析的概念，表示在婴儿期的最早阶段通过嘴巴内部开始的一个内在化的对象），并通过自己的身体和生存状况来进行确定。在深思的时候，聚焦的视觉被阻止，思想伴随着心不在焉的目光而四处游荡，同时出现对状况的暂时性的表面失控。这正说明了深层思考通常只能在建筑的保护性怀抱中出现的原因，使用巴什拉的概念，是在“房子的摇篮”中，[34]而不是在无防卫的户外。巴什拉指出建筑使人们能够安全地做梦：“房子的主要好处是它庇护了白日梦，房子保护了梦想家，房子让人可以安心地梦想。”[35]

模糊的聚集地——周边视觉

被拍摄下来的建筑图像是一些处于聚焦感知中心的、精确的照片。然而，从根本上来说，生活中的建筑现实的质量取决于周边视觉的性质，取决于有意压抑空间中物体的清晰度。对基本视觉功能来说，被拍摄下来的意象，特别是那些通过广角和长焦距拍摄出的照片，是陌生的事物。因此，在通过照片体验的建筑与具有真实的生活体验的建筑之间，存在着一个明显的差异，事实证明，照片中的建筑图像往往没有现场体验的那样令人印象深刻。

以森林为背景，日本式的花园、豪华模式的建筑空间，以及美化的或者装饰性的室内，为周边视觉提供了充足的刺激，这些设置作为空间组成成分把我们缠绕住，以触觉的方式把我们包围起来。当我们在空间中改变位置时，哪怕只是轻微的移动，那些无意识的、周边感知出的细节与变形，就好像是一种潜意识的触觉按摩那样激发出心灵感知的体验。尽管我们聚焦的注视投落在具有外形的物体上，它具有很严格的限制属性，尽管存在着连续流动的个体的零碎图像，我们仍然可以感受到围绕我们空间的连续性与完整性。我们甚至能够感受到我们身后的空间；我们生活在围绕着我们的世界中，而不是生活在眼前的视网膜图像中，也不生活在那些摆在我们面前的透视照片中。我们的皮肤具有惊人的区分与识别光线和颜色的能力，这个事实证明我们的空间感是与生俱来的。[36]

在视觉聚焦范围之外所体验的前意识感知部分，与那些聚焦的图像一样重要。事实上，医学证明，在我们的知觉系统与心理系统中，周边视觉具有一个更加优先的地位。艾伦茨威格提供过关于偏盲的医疗案例，借此证明，从视力机制的心理状况角度出发来看，周围视觉占有一个优先的地位。在这种罕见的病例中，视野中的一半呈盲目状态，另外一半则仍旧保存着视觉。在某些病例中，视野最后自我调整构成一个新的完整的圆形，它具备一个新的清晰视野焦点，以及一个不聚焦的周围部分。当新的焦点形成的时候，这种重新组合意味着原先那些不准确的周围视力部分，重新获得了敏锐的视觉。更重要的是，原先那个聚焦的视野部分放弃了它原有的敏锐的视觉能力，而转化成为一个新的、不聚焦的周围领域中的一个部分。“如果需要出示证明的话，那么，这些案例史就能够向大家证明，一种强烈的心理需求是的确存在的，它要求在我们视场的更大部分拥有模糊的混合图像”，艾伦茨威格这样评注道。[37]

特殊性的丧失与连续感

对不聚焦的周边视觉存在意义的观察表明，与那些更震撼人心的历史环境和自然环境相比，我们这个时代的建筑与城市环境设施的空间感、内在性、地方感之所以显得淡薄，可能就归因于它们无法为周边感知提供足够的刺激。我大胆地推论，我们生活的这个现代世界比以往的任何时期都要集中。文学作品令人信服地证明，人类的感官世界伴随着时间的迁移而发生了巨大的变化。这种刚刚起步的精确——从进化的角度来看——得到了处于我们文化核心地位的阅读和图像的支持，因为它们都需要专注与凝视。显而易见的是，对世界的视觉体验的增强，是以听觉、触觉和嗅觉体验的减弱为代价的。这是沃尔特·翁的重要著作《口头表达和读写》中传递出的信息。[38]

其实，目前视觉的无可挑战的霸权地位是最近出现的一种新情况，尽管它的哲学起源可以追溯到希腊时期的思想和视觉。按照吕西安·费弗尔的看法："在16世纪时还不是先看到：它先听到与闻到，它闻闻空气，它抓住声音。只是到了后来，它才开始认真地、积极地摆弄几何形状，与开普勒（1571—1630年）和里昂的笛沙格（1593—1662年）一起，将注意力集中在形式世界上。就在那时，在科学、身体感觉以及美学的领域中，视觉得到了解放。"[39]

潜意识的周边知觉把尖锐和零散的视网膜图像转变成非格式塔的、空间的模糊，呈现式和触觉式的体验，它们构成了我们完整的生存与可塑的体验以及连续感。我们之所以生活在可塑的、持续的世界中，是因为我们的感知、意识和记忆的动态系统能够不断地从不连续的碎片中构造出一个实体。周边视觉让我们融入空间，而聚焦视觉则使我们成为单纯的观察者。在体育锻炼中，我们能够针对某项具体的运动项目而最大程度上提升身体技能，但在教育中，我们很难触及创意感知与思考的心理过程。现在，我们应该承认模糊性在人类意识、在对艺术与建筑的思考和教育中所起的作用。

不确定性的价值

模糊性、不明确性与不确定性的概念相关。我们通常被教导，在思考与工作的时候应该追求确定性，然而，对确定性的自信感往往会阻碍敏感的创造性探索，结果往往是无益的。

约瑟夫·布罗茨基指出不安全性与不确定性在创造性努力中的价值。"在写作行业中，人们积累的不是专业知识，而是不确定性。"[40]这位诗人这样承认，而我觉得一位真正的设计师也同样在积累不确定性。布罗茨基认为不确定性与谦虚感是相连的："诗学，是一所巨大的不安全感和不确定性的学校 …… 写诗和读诗会教会你谦逊，而且会很快收效。尤其如果你既爱写诗，又爱读诗的话。"[41] 当然，这一观察结果也适用于建筑领域，如果你既进行建筑设计，又研究建筑理论的话，你必然会成为一个谦虚的人。布罗茨基认为，这些通常被认为是负面的心理状态，其实可以转变为一种创造性的优势：

“如果这（不明确性或者不安全感）不会摧毁你，那么，不安全感和不确定性将成为你的亲密伙伴，你会发现属于它们的智慧。”[42] 不确定性和不安全感是一种接受式的精神状态，它们尤其唤醒创造性的感知与领悟的敏感意识。正如布罗茨基所澄清的：“…… 在不确定性出现后，你会感受到美的接近。不确定性，仅仅是一种比确定性更加警觉的状态，因此，它创造出一种更诗意的气氛。”[43]

我个人完全赞同约瑟夫・布罗茨基的意见。在写作和绘画中，文字和图像同样需要从一个先入为主的目的、目标和方式中得到解放。当一个人年轻而思想狭隘时，他希望每个字、每笔画都能够具体化，希望证明一个先入为主的观念，希望他的见解即刻具备精确的构造与形状。通过逐步培养的能力，对不确定性、模糊性、缺乏定义，以及精确的表现、对暂时性不符逻辑和开放式结局的容忍，这个人逐渐学会与其作品进行合作，并且听从作品提出的建议，允许作品按照它自己的意愿而发展。思考过程不再是强行规定某种想法，而变成倾听、合作、对话和耐心的等待。作品的目的存在于思想的空间中，同时，作品又反映出思想的内容；作品的内部和外部空间构成了一个具有单一表面的莫比乌斯带。作品演变成为一个思想旅程，它展现出一些设计者从未设想过的愿景与见解，如果不借助作品自身的引导与想象，设计者甚至不知道某种愿景与见解的存在，还有，因为设计者感受到真实的不确定性，他对作品抱有一种既犹豫又好奇的态度。

在艺术中，明确性与不明确性处于一种天然的对立位置。在实现自给自足的存在之前，艺术现象总是试图逃离明确性。真正的创意融合总是能够超越任何理论预测，深刻的设计总是比计划纲要或者参与设计过程的任何人所预料的获得更大的成功。这就是米兰・昆德拉提出“小说的智慧”的原因，他认为所有伟大的作家都听从超个人的智慧。在他看来，伟大的小说总是比它们的作者更富有智慧。[44]

在这篇文章的开端，我发表了一段个人申明，现在我要用另外一段申明来结束本文。无论是设计作品还是写作，“融合性的关注”和“空白”，或者，“不聚焦的盯视”[45]，已经逐渐成为我的工作方式，它协助我的感知与思考从聚焦和理性的制约中解放出来。只有在学会将所面对的任务当做对实体，对其本质和界限没有任何先入为主之见解的开放式结局的探讨时，我才掌握通向视野与思考的新领域的工作方式。

我意识到，从青年时期的愚蠢自信的日子开始（其实，这份自信是真实的不确定性、狭隘的理解以及见识短浅的伪装），我的不确定感在不断地增强，它几乎到达让人无法忍受的地步。每一条议题，每一个问题，每一种思想，它们是如此根深蒂固地嵌进人类存在的奥秘之中，往往，一种令人满意的、不矛盾的反应或者表现似乎是根本不存在的。我可以这样说，从根本上来讲，随着人的年龄与阅历的增加， 一个人不但没有变得更加专业、能够更即时性地处理、提供更可靠的反应，他反而逐渐变成一名业余爱好者。然而，他也学会了容忍不确定性与模糊性，甚至学会利用这些心理状态，尽管对一个人的安全意识和自我来说，它们通常被视为精神上的弱点与威胁。

最具人性的不是理性，而是不被控制的、无法控制的创意激进的想象力，它在表现、影响与期望中不断地改变。

——科内利乌斯·卡斯托里亚迪斯[46]

注释

① 安东·艾伦茨威格出生于维也纳，并且在那里接受教育，尽管他接受培训并成为一名律师，他却对现代艺术和音乐具有浓厚的兴趣。他也是一位得到公认的钢琴家和歌手。1938年，在德奥合并之后，艾伦茨威格放弃了他的正规教育而移居英国，在伦敦大学戈德史密斯学院，他作为一位艺术教育系的讲师开始了教学生涯。

② Anton Ehrenzweig.The Psychoanalysis of Artistic Vision and Hearing: An Introduction to a Theory of Unconscious Perception (1953)[M].London: Sheldon Press,1975.

③ Anton Ehrenzweig.The Hidden Order of Art (1970)[M].Frogmore, St Albans: Paladin,1973. 除了鲁道夫·阿恩海姆（Rudolf Arnheim）的

《艺术与视知觉》以及赫歇尔·奇普(Herschel Chipp)的《现代艺术理论》之外，艾伦茨威格(Ehrenzweig)的第二本书被公认是艺术心理学的三大经 典著作之一。

④ Anton Ehrenzweig,1973:59.

⑤ As quoted in: Anton Ehrenzweig,1975:III.

⑥ Anton Ehrenzweig. “Conscious Planning and Unconscious Scanning”[M]// Gyorgy Kepes (editor).Education in Vision.New York: George Braziller,Inc,1965:27-49.

⑦ Anton Ehrenzweig,1975:VIII.

⑧ Anton Ehrenzweig,1975:XI.

⑨ See:Paul Klee.The Thinking Eye[M].London: Hutchinson,1964.

⑩ Anton Ehrenzweig,1973:14.

⑪ Anton Ehrenzweig,1975:28,30.

⑫ Matti Bergström.Aivojen Fysiologiasta ja Psyykestä (On the Physiology of the Brain and the Psyche)[C]. Helsinki,1979:77-78.

⑬ Arthur Koestler.The Act of Creation[M].London: Hutchinson & Co LTD,1964:158.

⑭ 梅洛 – 庞蒂在他的《可见的与不可见的》著作中一篇标题为《相互交织–交叉》的论文中，描述了关于“肉体” 的概念： “我的身体与组成世界的肉体是相同的…… 我的肉体与世界共享”（248），“（组成世界或者我自身的）肉体是…… 一个返回到自身，并符合自身的结构” （146）。 这一概念起源于梅洛 – 庞蒂的世界与自我是交织的辩证原则。他还把“肉体的本体论” 作为他自己最初的感知现象学的最终结论。该本体论意味着意义既是内在的，也是外在的；既是主观的，也是客观的；既是精神的，也是物质的。参见：“The Intertwining: The Chiasm”,in: Claude Lefort(editor).The Visible and the Invisible. Evanston: Northwestern University Press .fourth printing, 1992; Richard Kearney.“Maurice Merleau-Ponty”[M]// Kearney. Modern Movements in European Philosophy .Manchester and New York: Manchester University Press,1994:73-90.

⑮ Albert Soesman. Our Twelve Senses: Wellsprings of the Soul[M]. Stroud, Glos: Hawthorne,1998.

⑯ Semir Zeki. Inner Vision: An Exploration of Art and the Brain[M]. Oxford: Oxford University Press,1999: 66.

⑰ Arthur Koestler,1964:158.

⑱ Arthur Koestler,1964:180.

⑲ William James.Principles of Psychology (1890)[M].Cambridge, Massachusetts: Harvard University Press, 1983.

⑳ As quoted in: Eric Shanes. Constantin Brancusi[M].New York: Abbeville Press,1989:67.

㉑ Anton Ehrenzweig,1973:46.

㉒ Anton Ehrenzweig,1975:18.

㉓ Anton Ehrenzweig,1975:35.

㉔ Anton Ehrenzweig,1975:36.

㉕ As quoted in: Anton Ehrenzweig,1973:59

㉖ As quoted in: Anton Ehrenzweig,1973:58.

㉗ Juhani Pallasmaa. The Thinking Hand: Existential and Embodied Wisdom in Architecture[M].London: John Wiley & Sons,2009:95-100.

㉘ 和作者的私人谈话，印度新德里，1969年10月。

㉙ Anton Ehrenzweig,1973:43.

㉚ Liisa Enwald(editor). Lukijalle(To the Reader)[R]// Rainer Maria Rilke. Hiljainen taiteen sisin: kirjeitä vuosilta 1900—1926 (The Silent innermost core of art; letters 1900—1926). Helsinki: TAI-Teos,1997:8.

㉛ Maurice Merleau-Ponty.The Phenomenology of Perception[M].Colin Smith(trans).London: Routledge and Kegan Paul,1962:407.

㉜ 关于艺术的想象力现实，可以参见：Jean-Paul Sartre.The Psychology of Imagination[M]. Secausus, New Jersey: The Citadel Press,1948; Jean-Paul Sartre.The Imaginary[M].London and New York, Routledge, 2004; Richard Kearney.The Wake of Imagination [M]. London: Routledge,1988.

㉝ Salman Rushdie. Eikö Mikään ole Pyhää(Isn't Anything Sacred?)[M]. Helsinki:Parnasso:1,8.

㉞ Gaston Bachelard.The Poetics of Space[M].Boston: Beacon Press,

1969:7.

㉟ Gaston Bachelard,1969:6.

㊱ James Turrell."Plato's Cave and Light Within"[C]//Mikko Heikkinen(editor).Elephant and Butterfly: Permanence and Change in Architecture.Jyväskylä, 9th Alvar Aalto Symposium,2003:144.

㊲ Anton Ehrenzweig,1973:284.

㊳ Walter J. Ong. Orality and Literacy-The Technologizing of the World[M]. London and New York: Routledge, 1991.

㊴ As quoted in: Martin Jay. Downcast Eyes: The Denigration of Vision in Twentieth Century French Thought[M]. Berkeley and Los Angeles: University of California Press,1994:34.

㊵ Joseph Brodsky."Less Than One"[M]//Joseph Brodsky. Less Than One. New York: Farrar, Straus & Giroux,1998: 17.

㊶ Joseph Brodsky."In memory of Stephen Spender"[M]//Joseph Brodsky. On Grief and Reason. New York: Farrar, Straus & Giroux,1997:473-474.

㊷ Joseph Brodsky,1997:473.

㊸ Joseph Brodsky,"On 'September 1, 1939' by W. H. Auden," in: Joseph Brodsky,1998:340.

㊹ Milan Kundera. Romaanin taide (The Art of the Novel)[M].Helsinki: Werner Soderstrom Ltd,1986:165).

㊺ Anton Ehrenzweig,1965:32,34

㊻ As quoted in: Arnold H. Modell. Imagination and the Meaningful Brain [M].Cambridge, Mass. and London: The MIT Press,2006:title page.

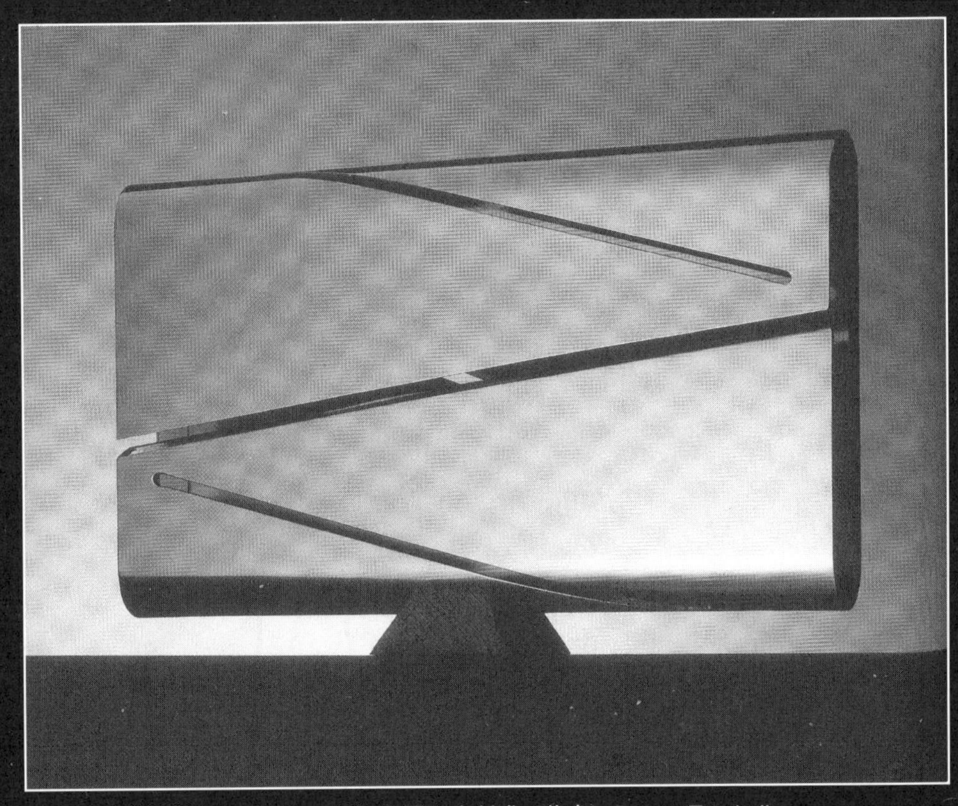

图16：建筑构件，1991年。不锈钢和黑斑木制成。作者：Rauno Träskelin

Figure 16：Architectural object, 1991. Stainless steel, wenge wood, 1991. Photo Rauno Träskelin

Chapter 16

新颖，传统和个性[1]：建筑的生存内容和意义（2012年）

今天，对传统的重要意义所表现出的兴趣往往会被视为怀旧和保守主义；在我们这个时代，因为迷恋于进步，我们只把目光锁定在现在和未来上。在过去的几十年里，独特性和新颖已经成为建筑、设计和艺术的主要质量标准。人们不再把风景和都市的连贯性与和谐性，不再把它们蕴含的丰富历史层次视为建筑的基本目标。实际上，艺术独特性和形式的创新已经取代了对存在意义和情感影响的追求；而对精神尺度以及美的追求，则更被人们抛之于脑后了。

2012年普利兹克建筑奖的得主，来自中国的王澍在北京召开的接受获奖的演讲中曾经坦率地承认，在事业发展初期，他的起步作品跟随当时主要流行的后现代主义和解构主义的步伐，但是后来，他终于认识到，中国与其传统和文化个性的联系正在消失。自从认识到这一点之后，他一直努力让自己的建筑与中国悠久和深厚的文化传统相连。[2]面对在场的中国高层官员，他的发言显得格外坦率不讳。

王澍的一些最近的建筑作品，例如象山校区和宁波的历史博物馆，的确成功地重新接连上那条通向永恒的中国形象和传统的看不见的暗流。他的这些建筑物并不与中国悠久的建筑历史中的任何明显的形式特征相呼应，然而，它们所唤起的氛围和情绪能够让人感触到时间的深度和历史的基石。这种扎根的感觉并非起源于任何一种形式语言或者隐语，而是取决于建筑逻辑的本身及其文化的深层结构。这种建筑还能够传递出它融入有意义的历史连续性后获得的那种舒适和充实的体验感。这位建筑师重复使用那些能够循环再用的材料，例如旧砖和屋上的瓦片，它们能够让人联想到世袭的工艺，永恒和无私的劳动，集体感以及传递给下代人的共享个性。

在参观王澍的建筑物的时候，我不由联想起路易斯·康在达卡建造的充满震撼力的议会大厦，该建筑物展现出一种传统的权威凝结，既是永恒的，又是现代的；既是几何形状的，又是神秘的；既是欧洲的，又是东方的。康在孟加拉国创建的建筑物，成功地表现出这个新兴伊斯兰国家在顺应古老传统的同时所拥有的一种自豪和乐观的文化个性。这些例子表明尊重传统并不意味回归到传统主义，而是认可它是意义、灵感和情感根源的源泉。

新颖的迷幻

显然，历史感和进化个性的消失已经成为许多国家关注的主要问题之一，这些国家借助于当今侵略性的投资策略，快捷的施工方法以及流行的建筑时尚，获得加速化的发展。然而，在艺术和建筑领域，新颖，是否是一个与质量相关的愿望和标准？我们能否设想出一个不包含过去的未来？

我们拥有的超物质文化和享乐消费文化，似乎正逐步失去其能够辨认出生活和体验的本质以及接受它们深刻影响的能力。质量、细微差别和表达的微妙被一些可计量的方式所取代，例如大小、声量、冲击值和陌生感。人们对独特性和新颖的兴趣，使得艺术撞击从一种真实和自主的体验变成为一种比较性和准理性的判断。理性的推理取代了充满情感的真诚，在不知不觉中，定量性的评估取代了体验性的质量。

人们期望新颖能够引发兴趣和兴奋感；而对讨论中的艺术形式采用任何与传统有关的参考，都会被看成极端保守主义以及导致无聊感的缘由，更不要提那些有意识的加强传统连续性的尝试了。早在20世纪80年代，作为后现代主义的批评家之一的格曼诺·瑟兰特，就曾经使用过下列这些概念——“当代”，“超现代”，“当代的恐怖”和“今天的眩晕”——并且提到过“一种病态和因循守旧的焦虑……把现在转变为一种绝对性的参照框架，一个不争的事实”[③]。今天，在思考新千年的第一个十年的艺术和建筑场景时，我们无疑可以使用“新颖的眩晕”这个概念。借用伊塔罗·卡尔维诺的描述，这些不断涌现的艺术新形象就好像是一场“无休止的图像降雨”[④]。

对新颖的持续和偏执的追求，已经发展成为一种特殊的重复和单调；令人意外的是，对独特性的追求反而导致出现千篇一律、重复和无聊。新颖是一种形式的表面质量，它无法提供更深层的心理回应，因此无法给作品以及重复性的体验注射活力。挪威哲学家拉斯·史文德森在他的著作《无聊的哲学》中谈到过这一矛盾的现象：“按照这个目标，人们一直通过追求新的事物来避免旧事物带来的无聊感。然而，当对新事物的要求仅仅是它的新颖性时，一切就变成同样的，因为除了新颖之外，该事物不具备任何其他的属性。”[⑤]就此，对新的厌倦取代了“对老的厌倦”。

艺术的新颖往往和激进相关，人们期望新的思想能够在质量和效果方面超过以往的思想，并且推翻主要的传统。然而，在艺术和建筑中，是否当真存在着一个人们可以辨认的过程，或者，我们只是见证了针对根本的生存目的而采用的不断变化的表现方法？当我们体验一幅拥有两万五千年历史的洞穴壁画的时候，或者，当我们体验今日作品的时候，究竟是什么品质产生同样的影响和效果？难道艺术不是永远致力于表达人类的生存条件吗？难道艺术不应该追求那些永恒的生存主题，而不被短暂和时尚的吸引物所诱惑吗？艺术和建筑，难道不应该对人类生存的本质问题展开深刻和永久的钻研，而不是痴迷于尝试制造出一种来去匆匆的新颖体验吗？我相信，任何有深度的艺术家都不会对新颖或者自我表现的方式直接产生兴趣，因为艺术关注的是深刻的生存问题，而不是这类来去匆匆的尝试。“任何一位真正的作家都不想成为当代的作家。”豪尔赫·路易斯·博尔赫斯曾经这样坦率地表白。[⑥]

新颖通常与极端的个性和自我表现相关，然而，在艺术领域中，自我表现也值得我们提出质疑。事实上，从现代以来，艺术和建筑越来被看成是提供自我表现的领域。然而，巴尔蒂斯曾经宣扬过相反的观点。[7] 后来，这位画家重新组织了他的论点。[8] 越强调作者之主观性的作品，它自身就越是主观的，而那些向世界敞开怀抱的作品，则为他人提供了一个认同的基础。比如存在于世界各地、由本土建筑传统引发而出的那种令人宽慰的真实感。

巴尔蒂斯还批判过把自我表现当做一种艺术目的："从真正的意义上来说，现代性起源于文艺复兴时期，它决定了艺术的悲剧。当艺术家作为一个单独的个体出现的时候，传统的绘画方式就消失了。从那时开始，艺术家试图表现他的内心世界，而这个内心世界是一个有限的宇宙：他试图让自己的个性取得控制权，并且把绘画当做自我表现的一种手段。"巴尔蒂斯这位画家的关注显然也适用于建筑领域，虽然建筑师很少能表达出其作品中的精神尺度。

传统和极端性

1939年，伊戈尔·斯特拉文斯基，这位主要的现代主义者和激进派音乐家，在哈佛大学的演讲中出人意料地对艺术激进主义和对传统的拒绝进行了有力的批判："那些试图避开处于附属地位的人们，肯定会一致支持反对派（反传统）的意见。他们拒绝任何约束，他们滋养出希望，他们以为可以在自由中找到一种秘密力量，但总是注定要失败的。除了畸形和毫无约束的随意性，他们什么也无法发现。他们已经完全失控，他们误入歧途。"[9] 按照该作曲家的看法，拒绝传统摧毁了艺术的交流基础："个性化和智力无政府状态，要求……创建出自己的语言、词汇和艺术表现方法。为了获得独立性，艺术家一般禁止自己使用已经得到公众承认的方法和形式，结果，他使用的是一种听众们从未接触过的语言。的确，他的艺术是独特的，然而，他的世界也是完全封闭的，它不提供任何与大众沟通的可能。"[10] 斯特拉文斯基的《春之祭》在当时被视为是如此的激进，以至于它在1913年的巴黎首演最终演变为一场文化动乱，这一事实使该作曲家关于传统的辩证见解以及艺术激进主义的观点更加获得人们的重视。

我想在此重申的是，从艺术角度来看，单纯性地追求新颖和独特是与艺术几乎无关的努力。真正富有意义的艺术作品是一些具体的与生存相关的表现，它们能够激发出我们人类在共享的情态下的体验和情感。艺术作品，从诗歌到音乐，从绘画到建筑，都是对人类与世界之间生存性的撞击的隐喻表现，它们的质量取决于作品蕴含的生存性内容，也就是说，取决于该作品是否能够重新表现这个撞击，对它进行体验性的现实化，并且给它赋予活力。伟大的建筑和艺术作品能够重新组织我们与世界的撞击，使它更加敏感，并且帮助我们获得更加丰富的体验。正如莫里斯·梅洛–庞蒂强调指出的："我们来观赏的，不是艺术作品，而是这个艺术作品所表现出的世界。"[11]对艺术的根本问题给予清新和敏感化的表现，会让作品拥有一种特殊的感情动力和生命力量。对艺术的目的，康斯坦丁·布朗库西给予过这样有力的描述："艺术必须能够给我们带来一种猛烈的、突袭式的生命冲击，为我们带来呼吸的感觉。"[12]这位雕塑大师的要求也同样适用于建筑；一个无法唤起生活感的建筑仅仅是一种纯粹的形式主义的练习。从艺术的心理任务角度来看，某些形式、文化和社会学的标准和成见——例如与众不同，只具备了一种从属性的价值。从艺术的存在性尺度来看，与众不同，作为一种形式质量就失去了它的重要意义。

另外一位主要的激进人士庞德，意象派诗人，在指出各种艺术形式的本体论起源的重要意义时，也承认了他对传统和历史的连续性在各种艺术形式中的尊重态度。[13]同样的，在我看来，如果建筑背离了它的原初动机，也就是通过不同的原始撞击，例如四大要素——重力、垂直度、水平度，以及蕴含在建筑行为中的隐喻表现，来协助人类栖身于空间和时间之中，建筑就会变成纯粹的形式主义的视觉美学。如果建筑失去了它对永恒的神话和构造传统的回应，它就会退化成一种毫无意义的形式游戏。真正的建筑不是表现新颖，而是让我们意识到整个构造史，它帮助我们重组对时间的持续性的理解。今天，人们往往忽视下面这个观点，也就是，通过建筑，我们既组织出对过往的理解，也获得对未来图像的建议。每一个杰作都重新照亮了艺术形式的历史，让我们能够用新的眼光来看待那些早期的作品。“当一个人在写作的时候，他最直接的读者，不是他的同代人，更不是后人，而是他的前辈。”约瑟夫·布罗茨基曾经如此断言。[14]

文化个性

文化个性，这种扎根感和归属感，是我们人性中的一个无法替代的基础。我们的个性，不仅参与了我们身体和建筑背景间的对话，并且伴随着我们发展成为无数不同的文化、社会、语言、地理以及审美个性的背景的一个组成部分。我们的个性并非和一些孤立性的东西挂钩，而是和文化、生活的连续性相连；因为它们自身具有历史性和连续性，我们的真正个性也不是短暂的。所有这些尺度都不是偶尔存在的背景，而是和许多其他的功能一样，构成了我们的个性成分。个性，不是一个给予的事实，也不是一个封闭的个体。它是一种交换，当我定居于一个空间的时候，这个空间也在我身上落户。运用莫里斯·梅洛－庞蒂的概念，空间和地点不仅仅是我们生活的阶段，它们是“交叉地”交织在一起的。这位哲学家认为“全世界都在我之中，而我则完全在我之外”[15]，或者，如同路德维希·维特根斯坦的结论：“我是我的世界。”[16]

传统具有一个重要的意义，这不光是指文化历史中的一般意义，还包括我们应该理解文化的特殊性和地方性，尤其要关注今日那些只为了获取商业利益而在异样文化中进行草率设计的行为。以爱德华·T. 霍尔为代表的人类学家曾经令人信服地证明，文化代码深深潜伏在人类潜意识的和前反思的行为之中，以至于我们需要花费一生的时间来学习和掌握文化的实质。我们是否真的拥有这种权利——仅仅为了满足我们自己的经济利益需求，而在那些与我们极不相同的文化中强力推行自己的设计方案？这算不算是另外一种形式的殖民主义？

作为进化过程的建筑和个性

我要表明的是，我并不支持怀旧的传统主义或者保守主义，我只是想指出，尽管在大多数的情况下文化的持续性是潜意识的，它仍然是我们的生活和个体创造性作品的一个重要组成部分。创造性的工作始终是一种合作：它不光是与其他无数的思想家、建筑师和艺术家的合作，它也既谦卑又骄傲地承认了自己在传统持续性中的地位。每一种创新的思想——无论是在科学还是在艺术领域，都起源于这个基础，然后又重新投入这个崇高的背景中。任何从事精神领域工作的人，如果认为他/她完全依靠个体的努力就可以获取所有的成就，即是过于自大和天真了。

建筑和艺术作品源于文化的连续性，它们在这个统一体中寻求自己的角色和位置。尚·热内曾经非常感人地表达了让作品回归到传统的想法，的确，“为了获得真正的意义，每一件艺术作品必须沉淀千年，凭借着极大的耐心、极端的谨慎，如果可能的话，回归到那个古老的夜晚，回归到那些逝者能够在这部作品中辨认出他们自己的时代中去。”[17] 如果一件明显具备某种非凡的独特性的作品，无法在这个不断扩大的艺术传统画廊中被人们接受的话，它就会被人们很快地遗忘，就会沦落为一时的奇物。从另一个方面来看，即使是最原创、最革命的作品，如果它具备了那些必要的生存质量，那么，除了它最初展现的新鲜感和冲击感，它最终仍会强化艺术传统的持续性，并且成为其中的一个部分。这就揭示出了艺术创作的一个基本矛盾：最激进的作品，最终却能够澄清和加强传统。加泰罗尼亚哲学家欧金尼奥·德欧斯对这种矛盾做出这样令人难忘的归纳：“一切不属于传统的东西都是剽窃。”[18] 该哲学家借用这个有隐含意义的句子揭示出，那些艺术作品，那些拒绝传统，拒绝通过持续不断的传统血液循环而被重新赋予活力的作品，注定会被困在傲慢和自负的新颖领域之中，最终沦落为一种剽窃。这些作品欠缺艺术生命力，它们注定只会成为属于过去的奇物。

T.S.艾略特在其文章《传统与个人才能》（1929）中，曾经为传统提供了最清楚和最有说服力的辩护，遗憾的是，今天人们已经遗忘了他书中的智慧。他曾经指出传统不是一个静态的“东西”，无法被继承、保留或者占有，真正的传统必然要经过每一辈新人的重新发明和创造。该诗人看重的不是单纯的确凿的历史，他宣扬“一种历史感”的重要性，宣扬一种国际化的精神尺度。正是这种历史感促使艺术家和建筑师与文化持续性挂钩，并且为他 / 她的语言和理解提供了框架。那些例如“我们是谁”，“我们与世界之间是怎样的关系”，等等与个性相关的基本主题都是本质性的。这种历史感也带来了集体性的文化意义以及一种社会针对性。正是这种历史感赋予深刻的作品以共有的谦虚、耐心和冷静的权威，而那些拼命追求新颖和独特性的作品总是显得傲慢、紧张和不耐烦。尽管我经常引用T. S.艾略特的文章，我仍想在这里引述其中一段最重要的信息，在全球化时代的今天，这个信息比以往任何时候都更具针对性：

传统具有更加广泛的意义。它无法被继承，如果你要得到它，就必须付出很大的劳力。第一，它含有历史的意义 …… 历史的意义又含有一种领悟，不但要理解过去的过去性，还要理解过去的存在性；历史的意识，不但使人写作时（设计时）有他自己那一代的背景，还要感到整个文学（建筑）…… 有一个同时的存在，组成一个同时的局面。这个历史的意识是对于永久的意识，也是对于暂时的意识，也是对于永久和暂时的合起来的意识，就是这个意识使一个作家（建筑师）成为传统性的，同时，也还是这个意识使一个作家（建筑师）最敏锐地意识到自己在时间中的地位，自己和当代的关系。

诗人，任何门类的艺术家，谁也不能单独地具有他完全的意义。他的重要性以及我们对他的鉴赏，就是鉴赏对他和已逝的诗人以及艺术家的关系。你不能对他做出单独的评价，你得把他放在已逝的人之间来对照，来比较。[19]

这位诗人的辩论明确地表明创造性的作品总是与合作相关，这种合作是他 / 她的同时代人以及前辈艺术家的一种集体努力。我在这篇文章中所引用的那些艺术思想家的意见，也揭开了所谓天才是孤独和寂寞的神秘面纱。伟大的艺术和建筑作品无法起源于文化的愚昧无知，它们出现于艺术形式的历史演变过程中。杰作的出现伴随着一个永恒的比较和对话的能力。

传统与创新

我要重申的是，我并不希望因为对过往的怀旧而赞美传统。我也不提倡让传统主义代替个人发明，我认为，有意义的创造力应该把体现传统的精髓作为它的一个必要的前提条件。我提倡传统的价值，是因为它在文化和人类个性以及对艺术或者任何其他创造性的努力中具备了重要的意义。正是传统维护和保障了集体的、积累了无数代的生存智慧。它也为我们指出走向新颖的可靠方向，它使得新颖变得易于理解，它维护了新颖的意义。

显而易见的是，艺术的意义是无法被发明的，它们是对具有生存性的原始的人类体验、情感和神话的再次遭遇，它们大多是潜意识的、前反射的。阿尔瓦罗·西扎曾经这样写道："建筑师没有发明出任何东西，他们改造了现实。"[20] 以西扎为例，因为这种谦虚的态度，他比许多著名和自负的同事——那些特意以一种激进的形式创新者的角色出现的同事——创造出更多具有持久质量的建筑作品。传统的连续性为所有的人类意义提供了基础。建筑的意义总是情景化的、相关联的、时间性的。伟大的作品能够通过回应过去而获得密度和深度，而那些肤浅的新颖产品则始终是虚弱的、不可理解甚至毫无意义的。

文化的基础

传统主要是一种潜意识的系统，它在不断向前流动的文化中组织和维持历史感、背景、连贯性、层次性和意义。传统的连贯性来自于坚实的文化基础，而并非来自于任何一种单一、孤立的特征或者主张。

在过去几十年中，这种集体性的精神基础的快速崩溃已经成为创新领域教育的一个严重障碍。的确，如果在教建筑的时候，缺乏那种继承下来的传统知识——正是依靠传统知识，人们才能够理解和组织新的知识——那么，教育就变得困难重重甚至是不可行的。因为新的数码搜索媒体的主导地位，知识被分割成孤立的事实和信息碎片，它导致了文化背景不融合的状态变得更加严重，导致了世界观的快速分裂。古典文学和艺术中蕴含的广泛知识，一直是我们理解文化，理解新思想、艺术创作的背景和环境的一个关键因素。如果当你提到某一个具有重要历史意义的名称或者现象的时候，回应你的只是一种懵懂的眼神，你将如何教授建筑和艺术？我们的私人个性不是目标，不是物体；我们的个性是动态的过程，它建立于一个可继承的文化传统的核心。自我意识只可能诞生于文化背景以及文化历史性中。

按照反证法的原则，今天那些受到广泛宣传和赞美的前卫建筑，它们的形式独特性是以丧失功能性、结构性和技术的逻辑，以及丧失人类的知觉和感官现实为代价而获得的。建筑实体被视为一些反历史的、分离的、解体的物体，它们与情景脱离，丧失了社会动机，不再与过去进行对话。

社会和国家不同于个人，它们不具有学习的能力。可悲的是，我们观察到一个接一个的城市，一个又一个的国家，重复着那些在文化和经济发展方面曾先行一步的国家所犯过的同样的根本性错误。格外突出的是，财富所带来的狂喜似乎导致社会失去了它的判断力，让它轻视或者忽视自己的历史、传统和个性。对那些新的富裕的现代社会来说，好像一旦暴富，我们就开始为自己的过去感到羞愧，尽管这个过去包含了人类的完整性和背景质量。就好像我们突然希望能够忘记我们是谁，以及我们来自何处。

重要传统感的丧失是危险的，因为我们面临着个性和历史感的丧失。从根本上来说，我们是历史的人类，既是生物方面的，也是文化方面的。我们完全有理由相信人类具有几百万年的历史；借助那些遗留在我们身体内的生物遗迹，我们的身体记住了我们的整个进化历史，例如，从我们的树栖生活中留下的尾骨，从蜥蜴生活中留下的眼睛皱襞，从我们的原始鱼类生活中残留下的肺鳃。

米兰·昆德拉在他的关于缓慢主题的著作中指出，遗忘与速度之间存在着一种直接的关系，而缓慢则与记忆相关。[21] 痴迷于时尚和生活方式的加速变化，导致在精神方面难以对传统和记忆进行积累。正如保罗·维希留的建议，速度是当代社会制造出的主要产物。事实上，根据哲学家大卫·哈维和弗雷德里克·詹姆逊的见解，后现代时代具备了两个令人不安的特点，这就是欠缺深度以及欠缺一种宏观的看法。[22]

建筑的任务

建筑的首要任务仍然是保卫和加强人类生活的整体性和尊严，并且为我们在世界上提供一个生存立足点。建筑师的首要任务始终是对那些继承下来的景观或者城市的设施负责；一个深刻的建筑物应该能够对其身处的广泛背景起到强化作用，并且为该背景赋予一些新的意义和审美质量。一个有责任感的建筑会提高它所处之处的景观价值，赠予其他弱化的建筑邻居们一些新的质量，而不是把这些邻居踩在脚下。它总是与当时的存在情况展开对话； 具有深刻意义的建筑，从不做以自我为中心的独白。建筑能够调解文化、时间和地点的深层叙述，从本质上来说，建筑始终是一种史诗性的艺术形式。艺术的内容和意义——即使是最简明的诗、最精巧的绘画，或者，最简单的房子——都是一首史诗， 因为它蕴含了人类在这个世界上的生存隐喻。

一般来说，对新颖的迷恋正是现代主义的特征，不过，这种痴迷从来没有像今天那样被人们毫无质疑地全盘接纳，我们今天正处于一个大众消费和超现实的唯物主义时代。人们设计的那些会老化的产品以及对青春的崇拜，其实是为加速消费而服务的蓄意的心理机制。然而，这些特征也是今天集体性心理疾病的组成要素。而且，建筑也越加频繁地被用来推广不同的生活方式、形象和个性，而不是用来加强个人的真实感和自我感。

建筑的任务不是要创造出梦想世界，而是要强化本质的因果关系、扎根的过程以及真实感。对新奇的迷恋与自我毁灭的消费意识形态和持续的发展紧密相关。今天的商业结构（在这个资本流动的世界，几乎一切都变成商业），不但不为创建出有意义的、可协调的景观和城市景观做出贡献，反而沦落为以自我为中心的、自我放纵的商业广告。当那些有责任感的建筑深深扎根于它们身处的历史性中，并且为时间感和文化的连续性作出贡献的时候，今天那些自私和新奇的所谓纪念碑却使得历史感和时间变得单调。这种单调的现实体验让我们成为自己居所中的局外人；在今天的富足状态下，我们却成为自己生命的消费者，越来越感到无家可归。然而，正如阿尔多·凡·艾克所坚持的："建筑，应该促使人们回家。"[23]

伟大的作品具有永恒的新鲜感，它总是能够重新展现其中蕴含的那些谜，好像我们是第一次接触它：越伟大的作品，越能够抵抗时间。正如保罗·瓦莱里所建议的："一位艺术家值一千个世纪"。[24] 新颖起到一个调节的作用，它能借助一些新鲜的、意想不到的隐喻来揭示出生存性的尺度。只有借助这种不断的重新充电以及重新赋予图像活力，永恒的新颖才变成艺术和建筑作品中的一个质量。基于同样的道理，匿名性才成为一种特殊的价值。这些作品构成了传统的领域，通过这种连续性的权威和气氛，它们得以强化。就个人而言，我喜欢反复参观一些绘画和建筑杰作，或者，重新阅读一些我喜爱的书籍，我每次都会感到同样的着迷与感动。幸运的是，在过去的五十年中，我曾经无数遍地参观过阿尔瓦·阿尔托在努玛库的工业区修建的（1937—1939年）玛利亚别墅，然而，在每次参观这个建筑奇迹的时候，它总能给我新鲜感以及充满了期盼和惊奇的刺激感。它表现出了真正的艺术传统的力量，它能够让时间停步，运用诱人的新鲜和亲近对我们进行新的自我介绍。这种建筑能够同时打动居民和偶尔到达的访客的心，并且强化了他/她的自我感觉和个性。

> 在我们的时代 …… 出现了一种新的地方主义，它不是空间上的，而是时间上的；按照这种地方主义，历史被单纯地看成是人类机器的编年史，它在完成使命后就废弃了，世界只是属于活着的人的，逝去的人不享有任何主权。
>
> ——T. S. 艾略特[25]

注释:

① 在1988年，在哥本哈根举行的题为“北欧传统”的讨论会上，我发表了一篇题为“传统和现代性：后现代社会中地域建筑的可行性”的演讲。该演讲后来被刊登在《建筑评论5》(伦敦,1988年5月）中。 今天，近乎在二十五年之后，我觉得我有义务结合“可持续个性III研讨会”的主题重新谈论它。

② 择于王澍在2012年5月25日北京人民大会堂举行的普利兹克建筑奖的颁奖仪式的讲话。

③ Germano Celant. Unexpressionism: Art Beyond the Contemporary[M]. New York: Rizzoli International Publications, 1988:5,6,10.

④ Italo Calvino. Six Memos for the Next Millennium [M].New York:Vintage Books,1988:57.

⑤ Lars Fr. H. Svendsen. Ikävystymisen Filosofia(The Philosophy of Boredom)[M].Helsinki:Kustannusosakeyhtiö Tammi,2005:75.

⑥ Jorge Luis Borges.Borges on Writing[M]. Norman Thomas di Giovanni,Daniel Halpern,Frank MacShane(eds). Hopewell, New Jersey: The Ecco Press,1994:53.

⑦ Claude Roy. Balthus, Little, Brown and Company[M]. Boston, New York, Toronto,1996:18.

⑧ Cristina Carrillo de Albornoz. Balthus in His Own Words: A conversation with Cristina Carrillo de Albornoz [M].New York: Assouline, 2001:6.

⑨ Igor Stravinsky, Musiikin poetiikka [The Poetics of Music][M].Helsinki: Kustannusosakeyhtiö Otava, 1968:75.

⑩ Igor Stravinsky,1968:72.

⑪ As quoted in: Iain McGillchrist.The Master and His Emissary[M]. New Haven and London:Yale University Press, 2010:409.

⑫ As quoted in: Eric Shanes.Brancusi[M].New York Abbeville Press,1989:67.

⑬ Ezra Pound. ABC of Reading[M]. New York:New Directions,1987:14.

⑭ Joseph Brodsky.“Letter to Horace”[M]//Joseph Brodsky. On Grief and Reason. New York: Farrar Straus Giroux,1997:439.

⑮ Maurice Merleau-Ponty.The Phenomenology of Perception[M]. London: Routledge and Keagan Paul,1962:407.

⑯ Ludwig Wittgenstein. Tractatus Logico-Philosophicus eli Loogis-Filosofinen Tutkielma[M]. Porvoo and Helsinki: Werner Söderström,1972:68.

⑰ Jean Genet. L'Atelier d'Alberto Giacometti[M]. Juhani Pallasmaa (trans).Cárbelét: Marc Barbezat,1963.

⑱ 伊戈尔·斯特拉文斯基在他的著作《音乐的诗意》（诗学音乐剧，1962年）中引用了这句话。然而，他并没有指出参考出处——欧金尼奥·德欧斯。有趣的是，电影业的激进主义代表路易斯·布努埃尔在他的自传《我的最后一声叹息》（*Mon Dernier Soupir,* 1982）中，也谈到同样的思想，然而他正确地指出参考来源就是这位加泰罗尼亚哲学家。

⑲ Eliot T S."Tradition and Individual Talent"[M]// Eliot T S. Selected Essays. new edition. New York: Harcourt, Brace & World,1964.

⑳ As quoted in: Kenneth Frampton."Introduction"[M]//Kenneth Frampton. Labour, Work and Architecture: Collective Essays on Architecture and Design. London: Phaidon Press,2002:18.

㉑ Milan Kundera. Slowness[M]. New York: Harper Collins Publishers, Inc,1996.

㉒ See: David Harvey. The Condition of Postmodernity[M].Cambridge: Blackwell,1990;Frederic Jameson. Postmodernism, or the Cultural Logic of Late Capitalism[M].Durham: Duke University Press,1991.

㉓ Aldo van Eyck,Herman Hertzberger. Addie van Roijen-Wortmann[M]. Francis Strauven(editors).Amsterdam: Stichting Wonen,1982:65.

㉔ Paul Valéry. Dialogues[M]. New York Pantheon Books,1956:XIII.

㉕ Eliot T S."What is a Classic"[M]// Eliot T S .Selected Essays. new edition. New York: Harcourt, Brace & World,1964.

图17：楼梯，1992年。赫尔辛基城市规划办公室地下扩建部分，赫尔辛基。作者：Rauno Träskelin

Figure 17：Stairway, Helsinkii City Planning Office, underground extension, Helsinki, 1992. Photo Rauno Träskelin

Chapter 17

帕拉斯玛访谈录（2012年）

背景

您是否可以为我们描述一下您是谁？您是一位建筑师，一位颇具诗意感的建筑理论家，一位设计师，或者，是一位教授？您曾经这样有趣地描述过您自己："费尔南多·佩索阿曾经说过：'我是一个深受哲学影响的诗人，而不是一个拥有诗意才能的哲学家。'我与建筑以及建筑哲学之间的关系也是类似的。"您是否可以更加详细地解释这句评语，让我们能够更清楚地了解您？

我一直认为我的主要职业是设计师和建筑师，尽管我也一直把自己看成是业余爱好者，而不是专业人士。然而，自20世纪50年代末开始，我就渐渐沉迷于对建筑进行理论性的思考和研讨。从1958年开始，我在芬兰建筑博物馆担任展览设计助理的职务，也是在那个时候，芬兰的法语理论刊物《勒卡雷布鲁》（Le Carré Bleu）初始创立。当时博物馆的创始馆长科斯特·阿兰德，也是勒卡雷布鲁组的创始成员之一，他与这些成员会经常逗留在我们的博物馆中，对建筑的论题展开热烈的讨论，这些讨论往往持续到深夜。而作为一名初学者的我，会经常聆听这些交谈，并且最终参与进他们的讨论中去。我想，我对建筑哲学思考的兴趣，或者，激情，正是从那时开始萌芽的。

也许，在北欧国家中，与我同代的建筑师们相比，我比他们撰写了更多的文章。不过，我始终是作为一名建筑师来写作的。也就是说，我的写作内容反映出的是一名建筑师的观察。对我来说，设计和写作是我用来研究建筑现象的两种相互对应的方式。

您能否向大家简单介绍一下您的背景以及教育情况？在您学习期间以及在此之后，都有哪些人扮演过您的导师角色？

我很幸运，很早就得到良机，能够结识一些优秀的建筑师和思想家，并且和他们成为亲密的朋友。在他们之中，既有上一代的长辈，也有我的同代人。我国的一些最优秀的画家、雕塑家、设计师、作家和哲学家，也一直是我的良朋好友。自20世纪70年代中期开始，我也曾经与一些受人尊敬的芬兰治疗专家有过一些有意义的讨论。

对我而言，科斯特·阿兰德是一位父亲般的人物。奥利斯·布隆斯泰特，既是一位建筑师，也是一位教授，后来，他又成为一位对我具有深刻影响的朋友。正是从他那里，我学会欣赏简洁和毕达哥拉斯的和谐，并且对建筑和其他艺术形式的关系产生了兴趣。塔皮奥·维尔卡拉，这位传奇式的设计师，如同我的兄长一样，通过他的教授我认识到工艺的重要性。在我的农民爷爷拥有的那个简单的农场里面，我度过了童年时代，度过了那些具备了决定性意义的岁月。正是因为这个缘故，我和塔皮奥分享了那种对自然、孤独和沉默的热爱。

在您的一生中，曾经有哪些关键的事件、碰撞以及灵感，对您的实践，更为重要的是，对您的生活，产生了巨大的影响？究竟是谁，或者，是什么，促使您成为今天的您？

对我来说，与以芬兰建筑博物馆为中心的那个知识圈界的交往具有决定性的意义。同样重要的是和我亲密的朋友基尔莫·米科拉，我们曾经共享过一间办公室。还有在几年之后与我一起工作的克里斯蒂安·古力克森以及其他那些同时代的同事，他们都是重要的。从20世纪60年代初开始，我在国外陆续举办了一系列芬兰建筑展览，它们为我开启了一个特殊的领域，让我获取经验，建立友谊，并且获得欣赏世界各地的建筑杰作和艺术杰作的机会。我曾经在大约30个国家中举办过展览。

我深信友谊无价。在我看来，物以类聚，人以群分，一个人不会比他的朋友们高明到哪里去。如果我的朋友向我推荐了某本书籍，我就会购买和阅读它。我也十分推崇讨论的价值，我把写作看成是讨论的一种形式。有的时候，和我对话的那些人早在数百年前就去世了。在写作的过程中，我会常常想起我的某位朋友，对我正在撰写的那个主题，他 / 她恰好是博学的。我就仿佛正在和他 / 她进行书信交流一样。

我们曾经拜读过由您的朋友们（在此只列举其中的一些姓名：史蒂文·霍尔、丹尼尔·里伯斯金、肯尼思·弗兰普顿、阿尔贝托·佩雷斯–戈麦斯、彼得·卒姆托等等），为了庆祝您70岁的生日而刊出的感人著作《群岛》。它是大家给您献上的一份难得的致敬！里伯斯金写的见证词尤其给我们留下深刻的印象。他这样描述道："就是如此的简单。他敲响我的门，然后开门见山自我介绍说：'我来自芬兰，我是一名建筑师。我被告知，在建筑领域中您正是我要找的那个人，所以我就来见您了。'就是这样的，就是这么简单。"或者，在您第一次约见史蒂芬·霍尔的时候，您直接把他带到了一座由"会唱歌的"木板打造建成的教堂。他不但获得了一个充满感性的体验经历，并且无需借助任何言语，他就确认您和他正是同类的人。可以说，您当时是一击即中，触及实质。我们也曾经和其他一些人谈论过您，所有的人都认为您是一位美好而友善的朋友，即使他们中的一些人和您只有过短暂的邂逅。您究竟是如何做到获得大家的一致好评的？您是如何处理所有这些关系的？尤其难得的是，他们中的许多人实际上和您相距甚远。您是否可以谈谈友谊，以及对您来说，友谊意味着什么？

从年青时代开始，我就学会尊重他人。我相信，这个态度的形成，起源于我在战争年代、在农场度过的那个童年时光，那时每个人，无论他/她的财富或者社会角色的差异如何，作为一个独立的人，都会获得大家的尊重。

在过去的50年中，我与遍布世界各地的朋友，甚至和一些陌生人，进行了非常密集的通信。每当某人向我提出一个问题，或者，给我写了一封信，我觉得从道义角度上来说，我有

回应他 / 她的义务。至今为止，我的通信文件夹中包含了大约8万封信件。这的确是一个庞大的数字，毕竟，在通信文坛，我们已知的通信之最是萧伯纳爵士，他拥有的惊人纪录是2.5万封信件。

写作、书籍和论文

我们觉得，以世界为背景，您所采用的相关建筑的写作方式和讨论方式是独具一格的。您是否能够为我们描述一下您的写作以及您探讨建筑的目的？在探讨建筑的时候，您没有使用直接的方法，而采纳了一种调解性的方式，这一点非常耐人寻味。您拥有这个魔力，通过您的写作，您能够开拓我们对建筑的感知，扩大对建筑物的理解。您的文章能够挖掘出潜伏在我们内心深处的那些感觉，那些我们甚至从来不知道自己竟然拥有的感情。我们相信，这种效果不仅仅反映在我们的身上。您是否可以告诉我们，您开始从事写作的时间和原因？对您来说，它是否是一种用来观察和理解建筑的不同方式？对您来说，写作是一件容易的事吗？

在1966年，我写下了第一篇简短的文章， 它是一篇对我的朋友瑞玛·比尔蒂拉的建筑——奥塔涅米的第陂里学生会总部的评价。我从来没有刻意想过要成为一名作家，我只是不知不觉地写了下去。在先前的几十年中，对我来说，写作是困难的。这是因为那时候的我觉得自己的任务就是要向读者证明某一条理论或者某一条个人的见解。后来我才意识到，在写作中我其实完全可以使用开放式的结局，而不一定需要一个可预见的定点或者目标。就此，写作变成一种类似绘画那样令人兴奋的探索过程。一旦动笔，你不再知道你最终将落笔何处。

我总是希望可以彻底地了解我自己想要表达的内容。我曾经这样说过，通常，语言会“泄漏”，它是不准确的，而思维是混乱的。通常情况下，在经过六至十次的反复修改之后，我才会停止校正自己撰写的文章。

当初，我们给您发出这本书（指前述的《群岛》）的概念雏形，主要是希望把您最近这三至四年内撰写的一些论文进行分类整理，对此，您给予了这样的答复："我必须说，我觉得您希望分解我的论文的这个想法是非常有吸引力的。是的，您已经完全领悟了我的方式，我从来都不曾渴望制定出一条综合的、封闭式的理论公式。我喜欢开放方式，联想和回忆，一定程度的默默无闻，以及使用拼贴或者组合的概念。我只是把自己的视线投向那个与题材相关的现象，然后把我所看到的一切报告给大家。我认为，刻意追求发表一些毫无周转余地的、一锤定音的声明，是一种自命不凡的表现。你在生命的某个特定时期看待和理解事物的方式，取决于你当时所处的生活状况，以及你当时所设置的重心。正是因为这种情形限制，一个人不免会偶尔发现他 /她现在的见解和以前的见解是自相矛盾的。"能否请您谈谈您所采取的方式，以及您在回复中提到的那些主题？

据我所见，想法就是观察。根据这个定义，通过观察，我们能够界定某件事物的瞬间状况和背景状况，而并非就此验证出一条绝对的规则或者真理。过去的二十年，在写作过程中，我孜孜追求创作出具备文学价值和情感质量的作品。一个只具备逻辑性的论证很难打动读者的心，而一个充满诗意的构想，则大有机会能够调动起读者的情绪。美、意义和真理是相互关联的。在我的年青时代，我努力追求的是精确。但后来我却认识到，如果某一个观点能够唤起读者的联想，甚至让他们产生质疑，或者，引发出一个完全相反的观点，那么，它也是有价值的。正是通过研究约瑟夫・布罗茨基的著作，我认识到不确定性和无安全感的价值。我期待我的那些文章既能够激发读者的信心，又能够引发出疑问。

我们希望您也能谈谈"弱化思想"，以及这个概念对您的写作和思维方式所产生的影响。

我的关于"弱化的"或者"脆弱的"的建筑概念，起源于詹尼・瓦蒂莫关于"弱化的思想"的那些文章。不过后来我了解到，伊戈那兹・索拉–莫拉莱斯也曾经讨论过弱化的建筑这一概念。

"弱化"，指的是某些特殊类型的视觉图像，它们并非基于几何概念，它们不追求拥有鲜明的形象力，而借助众多的成分得到滋长。而且人们可以选用不同的方式来理解它们。一个弱化的形象是前后关联的，它能够把进行观察的人调动起来，让他以一个积极的参与者身份参与进整个体验过程。弱化的图像在进行建筑对话的时候，能够把当地的背景和历史性容纳其中。这样，聆听就和发言一样具备同样重要的意义。

在您所有的文章中充满了对书籍的参考和引用。因此，在阅读您的书的同时，人们往往也伴随性地阅读那些您引用的作者的书籍。这不仅使得阅读过程总是充满了趣味，也会引发读者深思。由于每一本书都意味着一个碰撞，我们希望您可以谈谈您自己的那些碰撞。换言之，我们希望您可以谈谈那些导致您发生思想转变的书籍，那些您再也无法从脑海中删除的书籍，那些让您爱不释手，反复阅读的书籍。

在高中时代，我曾经阅读过许多书籍。不过让我至今仍然引以为憾的是，在我学习建筑的时期，以及身为一名年轻的建筑师履行工作的那个阶段，我不曾阅读过大量的书籍。在那个时候，我更注重的是作为一名建筑师以及社会存在体的自我发展工作。我也渐渐从一个农场男孩转变成为一个都市人，或者说，转变成为一个国际化的人。在我年长之后，书籍才开始变得非常重要，它们成为我最好的朋友。我无法想象，如果没有书的陪伴，我该如何入眠，在我的床头柜上总放有一堆的书籍。

和大多数人一样，我也拥有许多改变了我的思维方式的书籍。事实上，它们甚至改变了我的个性和品质。在求学期间，许多作者的书都给我留下了深刻的印象，例如，弗兰兹·卡夫卡（Franz Kafka）、赫尔曼·黑塞（Hermann Hesse）、托马斯·曼（Thomas Mann）、费奥多·陀思妥耶夫斯基（Fyodor Dostoyevsky）和安东·契诃夫（Anton Chechov）的著作。再举例而言，早在20世纪60年代由埃里希·弗洛姆（Erich Fromm）和赫伯特·马尔库塞（Herbert Marcuse）撰写的著作，其后，由西格蒙德·弗洛伊德（Sigmund Freud），C.G. 荣格（C.G. Jung）和安东·艾伦茨威格（Anton Ehrenzweig）发表的作品，还有在过去的十五年中，例如，由赖内·马利亚·里尔克（Rainer Maria Rilke）、约瑟夫·布罗茨基（Joseph Brodsky）、加斯东·巴什拉（Gaston Bachelard）、让－保罗·萨特（Jean-Paul Sartre）、伊塔罗·卡尔维诺（Italo Calvino）和莫里斯·梅洛-庞蒂（Maurice Merleau-Ponty）撰写的著作。

据我们所知，在您的人生不同阶段，您的思想也在不停地改变。我们想知道，在您开展研究的那些特定时期，有哪些书籍能够被誉为是具备代表性的？

我的思考，从准科学的理性主义，从对人类学、社会精神病学和精神分析的兴趣，进一步过渡到现象学。各类艺术的作用以及它们与生存相关的那些问题，也不断地引起人们的注目。有的时候，我很遗憾我未曾在二十年前就阅读过梅洛-庞蒂的书，尽管那时的我还不具备足够的心理准备和成熟程度来消化它。思考是一种进化，人们往往需要经历好几个阶段和步骤，才能够真正地理解这些观点，并且最终让它们成为自己的兴趣和工作的重心。

您是否乐意谈谈那些“负面的”书，也就是那些沽名钓誉的书籍，或者是那些不好的榜样，它们对建筑业产生了一个负面的影响？您能分析一下它们导致该结果的原因吗？

我不认为有完全负面的书籍或者完全负面的影响。有一些书，不值得我们花费时间去阅读，也会产生一些短暂的影响，导致人们怀疑自己选择的路径是否正确。但是，所有的经历最终都会变成你的一部分。例如，后现代主义者对现代主义信仰的争论和指责曾经导致我产生一些困惑和疑问，但是我相信，正是通过那个（错误的）标准，我才可能对现代主义有了更加深刻的理解。我一直无法理解那种逻各斯中心主义、超智能化的著述。艺术，主要是一种体验，一种充满了情感的体验。

哪些意大利史学家和评论家曾经对您产生过影响？现在，您又是谁的追随者呢？

曼弗雷多·塔夫里（Manfredo Tafuri）、阿尔多·罗西（Aldo Rossi）和弗朗西斯科·达尔柯（Francesco Dal Co）都曾经对我产生过一定的影响，不过后来，我更加受到安伯托·艾柯（Umberto Eco）和詹尼·瓦蒂莫（Gianni Vattimo）的影响。25年前，由瓦蒂莫撰写的《现代性的终结》是一本对我来说具有重要意义的书。

在意大利，并且不光在这里，我们会发现许多建筑杂志。它们简直到了泛滥成灾的地步。每一座城市，每一所学院，每一个建筑小组都会创建他们自己的杂志。但是，似乎没有人愿意培养一种批判性的态度，没有任何人拥有一个领先的、稳定的、最具权威的声音。不得不这样说，我们缺乏“批评家的良心”。人们只着重收集建筑工程和建筑作品。他们展现出的只是一些单调的、完工的建筑目录，建筑成品越是显得壮观，就越受到欢迎。翻翻杂志，它们看起来都是一样的，它们展现出来的是同样的东西，同样的“建筑明星”。那些被出版的东西看上去既乏味，又恼人。然而，我们认为建筑评论不应该只是担任这种工作，互联网要比建筑杂志能够更好地担任这种提供信息的任务。请您谈谈建筑杂志的作用。您是否阅读某份特定的杂志？对您来说，哪一份杂志具有影响意义？

早在百年之前，后来又在二战之后，建筑杂志都具有重要的意义。作为一名大学一年级的学生，我曾经阅读了所有装订成册的芬兰的建筑杂志《芬兰建筑评论》（*Arkkitehti*），这本从期刊创立之初就存在的杂志。在我的学生时代，在20世纪50年代末和60年代初，有一些期刊曾经是重要的。例如：意大利的《多莫斯》（*Domus*），德国的《建筑和生活》（*Bauen + Wohnen*），法国的《今日建筑》（*L' Architecture d' Aujourdhui*），英国的《建筑评论》（*Architectural Review*）以及北欧的一些建筑期刊。对于这些期刊，我曾经在芬兰建筑博物馆的图书馆中系统性地跟踪阅读过。今天，淹没在如同马尾藻似的信息海洋和图像海洋中，我们几乎感到窒息。在战争刚刚结束的那些年月里，人们对新的事物抱有求知似渴的态度。在20世纪50年代末，我订阅了《美国艺术与建筑》（*American Arts & Architecture*）杂志，该杂志中刊登的美国加州的房屋研究案例，对我影响甚深。房屋研究案例展示出人们对社会、文化和建筑所持有的一种乐观的、乌托邦的态度。可是，在过去的半个世纪里，这种开明的态度已经大都消失了。

我现在不再听从那些建筑杂志的号召。事实上我对它们抱有一种抵抗性的态度，就好像我要保护自己不受那些损害健康的东西污染一样。我不喜欢现今存在的信息和宣传的通胀现象。在进行设计的时候，我从来不翻阅建筑刊物。我宁愿在艺术书籍中寻找灵感。

在对建筑的交流、传播和教学方面，互联网起到什么样的作用？

我个人并不使用互联网，因为写作之故，我的秘书会偶尔帮我查查日期或者某个名字的拼写。我对这个既无确切地点又无确切名字的信息来源持有一种不信任的态度。我更信任和钟爱书籍，我知道这一类信息拥有具体的位置（保存在我的图书馆中的九千本书籍中的一大部分，都可以栩栩如生地出现在我的脑海中），并且一个署名的个人通常能够保障那些打印出的信息的真实性。

我们还能够借助书籍体会到历史感和知识的层次；而互联网是一种无物质性的存在，它不具备任何前后关联，不具备内在逻辑感。今天的搜索媒体把知识切成片段，把知识转化为零散的信息。信息，只有在能够显示出它的来龙去脉的条件下，才是有意义的；那时信息才会转变成为知识。而知识，在经过了个人的生活体验、环境的打磨之后，才会变成智慧。

您的写作方式和理论方式是否会影响您的设计实践？同样，您的设计实践是否会影响您的写作方式和理论方式？或者，您认为它们之间是没有任何联系的？

在我周游世界讲学的时候，经常会有人问我这个问题。我可以坦诚地说，在有意识的状态下，它们之间既不互相影响，也不是互动的。对我来说，写作（创建理论）和设计是两个既平行又独立的建筑处理方式。我甚至可以这样断言，因为全情投入写作生涯，它使得我的设计工作变得愈加艰难，因为写作促使我的意识和知识水平更加集中化和深化。不过，我对思考和写作的兴趣也产生了一个间接的影响，就是它们促使我在进行观察的时候变得更加敏锐，（我希望）它还帮助我变得更加明智。最重要的是，创建理论和写作让我成为一个更加谦逊的人。正如约瑟夫·布罗茨基的见解："写诗和读诗会教会你谦逊。尤其如果某人既爱写诗，又爱读诗的话，他 / 她很快就会拥有这种谦逊的品质。"

您在世界各地讲学，在您的研究和写作生涯中，会议和讲座扮演了怎样的角色？

我乐意接受那些讲课和教学的邀请，是因为它们能够促使我自己不断地进步。正是因为这些活动，因为活动中与大家的交谈，才引发出一些我否则绝对不会遇到的问题或者见解。我的写作目的不是向大家宣扬什么，而是促使我自己不停地观看、质疑和思考。我认为，保持好奇心，可能是抵抗智力懒惰和年老所带来的负面影响的最好方式。

一个人体验得越多，结交的朋友越多，他所拥有的世界和意识境界就会越为广阔。

您打算撰写怎样的新书，或者，撰写哪些新主题？

由于许多出版商面临着经济困境，他们决定出版一些我早期撰写的书籍。现在，我有六本不同的书籍在等待出版。我的题为《碰撞 2》的论文选集的第二卷将在今年夏季出版。另外一本我和罗伯特·麦卡特共同撰写的书籍《了解建筑：作为体验的建筑》也将在今年出版。一个星期之后，我的葡萄牙语的论文合集也将诞生。与此同时，我正在为一本即将出版的中文论文合集做准备。此外，我还投入由北京的方海教授组织的超长采访对话，它也将用中文出版。我还十分感兴趣撰写一本关于氛围的书。

教学

您在许多不同的国家中执教多年。您是否可以为我们介绍一下您的教学内容以及您所采用的教学方式？您是否会根据不同的背景而相应地改变您的教学态度？您给学生们安排了怎样的课程，您又给他们布置了什么样的功课？通常您会有多少名学生？您可能会觉得这是一个奇怪的问题，但是，在这里，在意大利，我们的一间教室里往往坐有八十至一百名学生（有时

候甚至更多）。教授这么多的学生是一件难事，保障导师和学生之间产生真正富有成果的交流，更是一件难事。我们的大学更似一座座的工厂，而不像学院。您是否接触过类似这样的现实？

我不认为我能够教授建筑的定义。但是我能够指引人们如何能够走近建筑。举例来说，我能够向大家展示一位建筑师的生活方式。建筑学的议题是无处不在的，而深刻的建筑作品总会把人们的兴趣引回到对世界和自身生活的体验。

如今在应邀进行演讲的时候，我通常会自愿地召开一个持续数小时的研讨会，或者附加一个提问解答活动，以便能够让自己和学生们之间展开一个更加广泛的、更加亲近的交往。这和正式讲课的方式是截然不同的。

我也会时常举办为期一周的研讨会。它们通常是一些颇具艺术气氛和情感的项目，例如“最后的晚餐”或者“报喜”，而不是一些平常的建筑任务。这些研讨会的目的是帮助学生们从理性的和实用性的思想负担中获得解放。我很喜欢这种为期一周的研讨会所具备的强化力量。我也曾经担任过长达学期之久的工作室的授课工作，或者由我本人亲自辅导，或者和某位老师合作，在我缺席的情况下，他/她会继续授课。我喜欢工作室的任务具备的那种现实感，它包含了一个真正的地点、程序和客户，学生们面临的是一个拥有具体规定的项目。我喜欢选择一些侧重开发建筑的情感内涵的任务。

我的工作群体一般由十二至十五名学生组成，极少会超过三十名。根据我的个人体会，最理想的组合是十二名学生，它既提供了一个良好的集体能源，也不会因为人员过多而致使任何人埋没在群体中。我在挪威、丹麦、美国、阿根廷、加拿大、智利和卡塔尔举办的为期更短的研讨会，有十五至二十四名学生。不过我得指出，十八名算是最大的名额了，超出这个数字就会有学生从你的注意力中遗漏，你也无法再掌握和记住他们的性格。在教学中，我们应该重视学生们的自我意识，这只可能在一个小群体中得到实现。

您所接触过的学生来自于不同的时代，他们之间存在着什么区别？我们意识到，当学生们开始使用一些软件的时候，例如Photoshop，InDesign中，CAD程序，还有当他们通过互联网与全世界联系的时候，那些属于数码革命之前的一代学生和数码革命之后的一代学生，他们之间存在着很大的差异。

数码时代的人以及电脑诞生之前的那一代人，他们之间的确是有区别的。最显著的区别就是数码时代的人往往阅读的更少一些，绘图的更少一些。因为缺乏对经典文学系统性的阅读，对历史和艺术欠缺足够的熟悉感，这就导致我们的教学变得费力和低效。因为在引证某个文化领域、艺术或者思想传统的时候，你无法简单地使用与之相关的那个名称来一语带过。所有的学生都应该具备这个能力，他/她应该能够把西方文化传统作为一个独立存在体，就好似一个物理的存在体那样去感受，尽管这种存在有时表现得十分含糊。T.S. 艾略特曾经谈过“历史感”，它是一种对历史性的感觉，而不是指关于历史事实的知识。我也一直强调这种历史感。我始终坚信传统的价值。当知识沦落成为一些孤立的信息，真正的智慧就被遗弃了。智慧永远是和背景相关的。

我们知道您不欣赏人们使用电脑进行构思和设计，事实上我们有许多学生，他们是天生的CAD设计师，如果要求他们在设计时使用笔和纸做设计，他们就再也无法描画建筑物的空间、细节甚至剖面图。您与您的学生们是如何处理这些问题的？您是否能够为我们提供一个好的建议，使得人们在设计过程中能够合理地利用电脑？

我并不反对人们使用电脑，但是，如果电脑屏幕取代了人类的想象力和怜悯心，那就意味着我们正面临着一场灾难。对此，我的态度是这样的：在学生们因为设计目的而被指示、被允许使用电脑之前，他们应该先学会画草图，学会如何运用自己的双手和身体。更重要的是，学生们要学会运用他们的想象力。想象力是我们拥有的最神奇的能力。它是多感官的，它包含了人类现实中存在的道德尺度和怜悯尺度。

在设计和制造的过程中，电脑的确发挥出一定的作用。但是，人们不应该滥用电脑，毕竟有一些事情，只有通过人类的想象、体验和怜悯才能够做到。

您的日常实践是否会影响您的教学方法？或者，您让这两者保持分离的状态？我们知道有一些教师会混合实践和教学，也就是，在教学中，教师会以他们在实践中采用的理论为标准。您的处理方式呢？

我曾经从事过许多工作。在我的职业生涯中，建筑实践只占据了几个阶段的主导地位。在那段时期我曾经雇佣过二十多名助手。在我的一生中，单单和数百名来自世界各地的朋友们保持联系，就占据了我的大部分工作时间（平均下来，我每天要至少花费三个小时的时间来处理信件。目前我所拥有的通信档案中包含了大约8万多封信件）。在写电子邮件的时候，我也会使用正式的书信格式。我一直从事着许多不同的工作，大量的工作推动我的大脑不停地运作。或许，如果我能够集中时间和精力进行纯粹的设计工作，我也许能够作为一名建筑师而做出更大的贡献。不过，这些事情是人们无法有意识地计划和设计的，至少我无法做到。我一向按照实际需要来计划生活，在不停改变的情况下，我始终尽力诚恳地完成我面临的那些任务。

从20世纪60年代末开始，教学就成为我的工作的一个组成部分。对我来说，教学既是我的生活方式，也是我工作的方式，而不是一种职业或者责任。我觉得在这个过程中我所得到的获益，并不亚于我的学生们。

建筑和现代建筑

其实，我们之所以要向您请教下面这个问题，是因为在面对当代建筑的时候，我们感到一点茫然和困惑。现今存在的建筑学派就和建筑师一样多到举不胜举的地步。在现代建筑中，您是否能够识别出任何成熟的、占有主导性的运动倾向或者趋势呢？

我曾经相当认真地追随过建筑的发展和新趋向。但是，今天的建筑界变得如此纷纭多样和混乱，我甚至失去了想要理解这些不同的努力的愿望。从学生时代开始，我就一直是一名现代主义者。按照现代主义的定义，我追求的不是某种风格，而是一个持续不断地提出质疑的过程。我还想补充的是，这种质疑，是以文化、自然（或者世界）和人类命运为根据，以背景为依据的质疑。实际上，按照现代主义的观点，人们应该忽略对风格的关注，而把侧重点偏向那些伦理道德方面的议题。

今天除了众多的形式主义方式的涌现，还出现了一些本地性的抵抗，出现了一些反对今日的消费文化、商品化建筑或者审美化建筑的建筑师和团体。在欧洲、美洲、非洲、亚洲和澳洲，我们都能够见识到那些小规模的文化抵抗力量。我对这个具有重大意义的文化抵抗力量持有认同的态度。

您是否可以告诉我们，您对哪些当代的建筑师感兴趣以及对他们关注的原因？

经过五十年之久的世界周游，我亲身结识了许多才华横溢、见解深刻的建筑师。如果非要我在这里列举寥寥几位朋友的姓名，我会感到不安。让我这样地简述吧：我关注的是那些投入于建筑艺术的生存意义，而不热衷于取得视觉效果、技术或者风格的建筑师。当然，建筑是一项综合工程，任何只重视某个单项的做法都会削弱建筑的力量。

您是否能够为我们描述一些曾经影响和改变您的建筑物？您能否解释一下它们影响和改变您的原因和方式？

我经常在写作中谈到一些个体的杰出建筑布局或者建筑物，它们拥有一种非凡的力量，不仅占据了我的意识，而且还改变了我。如同我曾经写过的，艺术体验实际上就是一种交流；事实上所有的体验都包含了一个交流元素：我栖身于某一个空间中，该空间也栖身在我的身上。

根据我的个人体会，下面这些体验颇具变革意义：卡纳克神庙，邦贾加拉的多安村，在京都的Rioani'ji的禅宗花园，坐落在佛罗伦萨的米开朗基罗的罗伦佐图书馆，同样坐落在佛罗伦萨的布鲁内莱斯基弃婴医院，在拉普拉塔的由勒·柯布西耶设计的Currutchet众议院，在熊市的弗兰克·劳埃德·赖特的流水别墅，在巴黎的皮埃尔Chareau的Verre之家，阿尔瓦·阿尔托在努玛库的玛利亚别墅。当然，还有其他一些具有决定性意义的建筑体验，如果要把它们全部一一列入，我的这个名单就显得太长了。

我曾经在两年前有机会参观坐落在孟加拉国达卡的路易斯·康的议会大厦。那是一个如此强大的、令人震撼的体验，我当时几乎站立不稳。

所有这些具有变革性的建筑体验都改变了我对生存的体验和理解，也改变了我相对世界的自我意识。我相信强大的艺术体验是彼此相关的，它们改变了事物的层次结构和关系。

我们觉得在当今社会中建筑只是一个附件，它扮演了一个边缘角色。它欠缺影响社会的实力。导致这种状况的根本原因在于建筑本身，因为它已经失去了自身的能力，失去了那个向人类展现出一个可能实现的、积极向上的未来的能力，失去了它的预见能力。现在的建筑只追求冲击人们的视线，这就是它的目的！您认为建筑的社会责任是什么，它应该在我们的社会中发挥出什么样的作用呢？

建筑曾经被人们当做是一部“石头做的书”。维克多·雨果在他的著作《巴黎圣母院》中所做的预言已经变成现实，不光是那些被印刷的、被大量出版的书籍，还有那些具有更加即时性的、更带有侵略性的信息和通讯方式，以及心理调节和娱乐，它们的出现导致建筑丧失了它作为最重要的文化和人类生活的框架设施的核心地位。我们的体验世界所天生具备的无地域限制的特性、广泛性和即时性，导致建筑减弱了它在这个世界上作为我们的一个形而上学的家的意义以及重要性。

建筑既是我们的内在宇宙，也是我们的心理世界的具体化表现。它既是由外转内，也是由内转外的。从心理角度来说，我们比以往任何时候都更需要建筑，因为我们已经放弃了其他形而上学的理解工具，例如宗教和神话。

建筑师的主要任务是什么？他们应该牢牢记住的任务是什么？

建筑，既和世界相关，同时也和它的制造者密不可分。巴尔蒂斯，上世纪最伟大的具象画家之一，他这样认为：“如果一幅画表现的只是艺术家的个性，它是一幅不值一提的绘画。”建筑，应该通过建筑师的意识和理解而表现出现实世界的状况，而不是他 / 她的个性。从根本上来说，建筑传递出人类对这个世界的所知所感。建筑为人类提供了一个既感觉骄傲又感到谦卑的根源。

当代的建筑作品应该向外行人传递出怎样的信息？我们问您这个问题，是因为我们觉得普通的观众对建筑和房屋并不给予关注。在一般情况下，建筑仅仅得到大众的忍耐，而不是为人们带来积极的体验。居住人往往更趋向抱怨某个建筑，而非献上欣赏之辞。建筑师被看做是讨厌的人，人们并不认可正是因为建筑师，我们才生活在一个更美好的世界中。您是否能够告诉我们，是什么导致外行人和专业建筑师之间存在这样的隔阂？

建筑创造出让人们体验和了解世界的视野和框架：自然世界，人类历史，人类机构和关系以及那个无法看见的、无形的、精神的生活尺度。建筑增强了居住人的自我意识。简而言之，建筑的任务就是帮助我们在特有的现实中扎根，在人类的历史性和时间的持续性中立足。据我所见，大多数人对建筑感到失望的原因，就是因为它往往无法达到这种精神上的实质水平。

建筑是否已经失去了它的沟通能力和它丰富的层次？和那些历史悠久的建筑相比，现代建筑作品是否显得过于单调和肤浅？

我并不相信建筑已经失去了它能够制约、引导和帮助我们的能力。是我们自身沦落为超现实的消费文化、快速文化和流动性文化的奴隶，我们无法集中精神，丧失了让自身融入建筑现象的能力。现代人感到在现实世界中越来越难以找到自身的立足点。新型的形而上学意义上的无家可归者就这样形成了。

我记得诗人华莱士・史蒂文斯曾经做出这样的断言：“只有拥有伟大的读者，我们才能够创作出伟大的诗歌。”我们也可以做出类似的断言：只有拥有伟大的居民、居住人和建筑使用者，我们才能够创造出伟大的建筑。

建筑和其他学科

您觉得建筑和哲学之间是否存在着某种联系？如果它们之间有联系的话，哲学理念是如何影响建筑的？它采用了怎样的方式？每一个领域都有属于它自己的方式、主题和工具，依据您的见解，哲学如何可能对建筑产生影响？每一门学科都具备了自身固有的特性以及具体状况，这一部分是无法与其他学科共享的。按照各学科的规则，共同的话题都会被剔出。经过这种方式的处理，它们会显现出自己的个性。我们认为，并非所有的哲学潮流都和建筑相关。有时候，它们处于平行状态；有时候，因为拥有相同的世界观，它们会享有一些共同点。但是，如同某些人争议的那样，它们之间并不存在着一种完美的匹配，我们指的是解构主义和解构式建筑。现今存在着一些运用完全误导性的哲学来诠释建筑的言论。有一些建筑师试图把哲学概念灌输到建筑中去。在他们的眼中，建筑是一本教科书，而不是一个人们赖以生存的空间。我们认为，我们应该使用辩证的态度来对待跨学科。

路德维希·维特根斯坦曾经在维也纳为他的姐姐设计了一座著名的房子（不过，这座房子也是枯燥的、欠缺生命力的），他宣称建筑和哲学是紧密相连的："哲学和建筑是相似的，它们都是促使人们进步的方式。"在我看来，每一种艺术形式都代表了一种特定的思考方式，或者，是与生存相关的哲学思考。我并不认为，这种所谓把某种哲学思想转移到建筑领域的方式是存在的，因为建筑起源于人类具体经历的体验，它体现出了人类所掌握的知识，而不是一些概念性和语言方面的定义。不过，哲学能够提升一个人的意识水平，促使他/她更好地理解那些具有象征性的现象。不是所有的哲学学派都蕴含了建筑学的价值，不过，存在主义和现象学所运用的那些方法，也就是承认主体和客体的融合，承认自我和世界的融合，的确有助于大家对艺术形象的理解。对我来说，梅洛-庞蒂的哲学，特别是他的关于开放式结局和保持乐观的哲学思想，始终具备了重要的意义，这也是我在艺术领域中所坚持的精神立场。让-保罗·萨特所撰写的关于想象力的著作，在我心中也具有显著的意义。还有一些当代哲学家的那些著作，例如迈克尔·戴维·莱文（Michael David Levin）、爱德华·S. 凯西（Edward S. Casey）、理查德·科尔尼（Richard Kearney）、杰夫·马尔帕斯（Jeff Malpas）和大卫·斯蒙（David Seamon），帮助我澄清了对地方、记忆和想象这些方面的思考。还有一些文学批评家也发挥了同样的影响作用，例如伊莱恩·斯卡里（Elaine Scarry）和苏珊斯·图尔特（Susan Stewart）。

如果我们没有说错的话，您对现象学的兴趣起源于您以前对环境心理学的研究。您能否可以谈谈，您认为人类学究竟具备什么样的作用？我们认为，人类学应该在建筑领域发挥一个关键的作用。然而，据我们所知，至少是在意大利，在各位导师的建筑讲座中，没有任何人曾经提到过这门学科。事实上，建筑师应该算得上是天生的人类学家，尽管他们也需要接受相关的教育。

从1972年至1974年，当我在坐落于亚的斯亚贝巴的海尔·塞拉西一世大学教授建筑的时候，我对文化相对主义，对取得统一性特征和全人类质量的可能性，以及对人类文化的根本性差异等议题产生了兴趣。我曾经阅读过玛格丽特·米德（Margaret Mead）、克劳德·列维–斯特劳斯（Claude Lévi-Strauss）、爱德华·萨丕尔（Edward Sapir）、李本杰明·沃尔夫（Lee Benjamin Whorf）、爱德华·T. 哈尔（Edward T. Hall）的书籍。哈尔的那些关于空间关系和感觉的研究书籍，应该被列为所有建筑系学生的必读书籍之一。我对格式塔和环境心理学的兴趣，后来被对人类学的兴趣所取代。在此之后，我又大量地阅读了精神分析学的书籍。

现在，我对建筑人类学产生了兴趣。我觉得对建筑的出现和初期发展有所了解，是一件至关重要的事情。可以肯定的是，我们早先关于人类最早建筑的假设是错误的。根据建筑人类学家诺德·埃根特的见解，建筑其实起源于织造，而并非起源于构造性的组装行为。建筑师们并没有意识到，当他们专心投入关于空间、行为和情形的人类学主题的思考时，投入对受文化制约的感知感觉的探索时，投入对无意识状态下的集体神话的力量等等问题的思索时，其中都潜伏着人类学的天性。今日的建筑物之所以经常显得缺乏一种人性意义，就是因为建筑已经忘记了它自己最初的原始根源和意义。即使在第三个千年的时代，我们人类将仍然作为一种具备历史性和生物性的生物而繁衍下去。建筑必须要承认我们拥有的这种生物文化的历史性。

在谈论到不同学科之间的关系和影响的时候，您是否可以告诉我们，建筑师和建筑学可以从电影和艺术领域取得哪些借鉴？您认为，在受到上述艺术类型的影响之前，建筑是否可能先对其他艺术产生影响？在我们看来，相对于其他的艺术形式，建筑的反应总是缓慢的。如果这是一个事实，为什么会这样呢？是否只是因为它受功能和重力的制约？

在我看来，建筑师能够从所有的艺术中得到借鉴学习，尤其是电影这种形式。如同我在自己的书《建筑的图像：电影中的生存空间》中的阐述，建筑和电影都表达出人类的体验和生存空间，并且把物质世界和精神世界融合一体。这种影响其实是双向的，电影导演、作家和画家都深刻投入参与那些建筑议题中，例如：空间、场所和背景中隐含的人性意义，以及外部空间和内部空间的相互作用，世界和自我的相互作用。

因为在我们自己的这种艺术形式过于偏重理性标准和推论，建筑师也变得束手束脚，往往把创造性的精力浪费在解决问题上面，而不是进行诗意的探索。然而，就其本质而言，建筑是和世界维持一种诗意的关系，是展现人类诗意性的生存。通过学习其他艺术形式，我们能够加强对生存的诗意尺度的理解以及表现。

在您的书籍和文章中，您曾经讨论过寂静的声音、自然的声音和材料的声音，不过您从来没有涉及人造的声音。您和音乐之间存在着怎样的关系？难道您不认为，建筑也能够从音乐那里学习到一些东西吗？

在《皮肤的眼睛》一书中，我曾经写过一章关于空间的听觉和声学质量的文字。在我自己的设计作品中，我也有意识地尝试通过踩在木桥上或者坡道上的脚步声，来唤醒人们对声学空间的意识。

我的导师和朋友奥利斯·布隆斯泰特，曾经对毕达哥拉斯的谐波颇感兴趣。在比例系统，还有，在音乐的和谐关系和视觉现象中的比例相称——例如建筑方面，他都做出了不懈的研究。我曾经制作过两个展览，都是关于布隆斯泰特对和谐的研究（第一个展览举办于60年代中期，和他现在已故的画家儿子尤哈那合作）。在我自己的设计工作中，我也曾经使用过布隆斯泰特的毕达哥拉斯谐波系统Canon 60。Canon 60是一个经过深入研究的、关于比例（或者预协调尺寸）的系统，它原本基于西方音乐中的和音系统。布隆斯泰特所建立的Canon 60，把我们重新带回音乐和建筑共享的那个谐波基础，它在文艺复兴时期对建筑的思考中占据了一个中心的地位。

此外，音乐对我来说是很重要的，虽然，让我深感遗憾的是，我不会演奏任何乐器。不过，尽管我不是音乐理论方面的专家，无法对这些理论下笔进行比较，我仍然能够理解建筑和音乐现象的相似之处。对我来说，音乐主要是一种空间性的、动感的体验，在这种体验中存在着各具特色的气氛、质感、温度和照明。我觉得我能够栖身于音乐空间。从我求学的那些岁月开始，从摇滚乐到爵士音乐，再到古典音乐，音乐始终是我获得灵感、得以精神高度集中的一个伟大来源。

私人的问题

我们希望您能够谈谈您所犯过的错误或者发生的失误。您能否告诉我们，在作为一名教师、一名理论家以及一位专业人士的职业生涯中，您曾经犯过怎样的错误？讨论失误，也许能帮助其他人，帮助那些年轻的学生或者即将就业的人们避免犯同样的错误。

每个人都会不停地犯错误，或者，会做出错误的判断。最常见的缺点，就是人们鼠目寸光，或者，看见和注意到某些错误的事物。另外一种常见的错误，则是人们往往持有片面的、单维的或者浅薄的见解。一个强大的思想或者理论立足点可能会蒙蔽一个人的感官和直观性的评估；而艺术质量必然是感知的，而不是推算而来的。

我也曾经犯过所有这些错误，也许伴随着年龄的增长，我犯的错误也在减少。这是因为我已经学会要理解事物的本质，而不再片面地关注某件事物。经过岁月的洗涤，我还学会辨认事情的急缓，能够区分出哪些是重要的，哪些是不重要的。通常，我的身体能够通过一个自动的、非理智性的辨认过程，做出正确的反应。自我纠正错误，例如，改正某一个失败的尺度或者比例，是一种有趣的体验，在这种情况下，你必须更加清醒地意识到你自己的意图，它甚至比你辨认出自身所犯的错误更加重要。

您是怎样看待当代人的？您觉得当代人的形象是怎样的？很抱歉，我们知道这个问题可能显得有一些含糊。

我想，我已经对这个问题做出过一些含蓄的回答。对这样一个棘手的问题，我无法给予更明确的答复。不过，我要指出的是，生活在消费文化中，痴迷于拜物主义里的那些人士，显然正踏上一条引向自尽的不归路。

您是一位怎样的人呢？您平时会沉迷于安静思考，还是追求活跃的生活？我们向您提出这个疑问，是因为写作要求作者保持安宁、平静和注意力集中，而您的专业实践则要求您无休止地奔忙：您必须会见许多人，解决许多问题，调解许多差异，并且做出许多妥协……您是如何身兼多职的？您又是如何保持平衡的？

我选择了一种既主动又被动的生活模式。当我在家中或者在办公室里的时候，我会让自己保持忙碌的状态。但是，在旅行途中，除了必须履行一些迫在眉睫的职责之外，我几乎无法专注于任何工作，譬如写作。平时，我擅长在同一时间内处理好几件事务，这种方式能够防止我自己钻进任何死胡同。在我处理一件事情的时候，它会自动地推动其他事务的进展。我从工作中获得能量，而不是失去能量。我不觉得自己身兼多职，我所做的那些事情都和我的个人生活、我对某件事情的态度和想法，以及和我的朋友们相关。对我来说，我的个人生活或者隐私以及我的工作或者使命感，它们都是一体的。

您的生活总是非常忙碌的。自从我们认识您以来，您总是在旅途中，在讲学，在进行设计，在准备展览工作或者正在接受某个奖项等等。不过，您又是忙而不乱的。您始终用一种令

人感动的、温和的方式来回复所有的电子邮件，对提出的问题给予解答。您拥有一种非常平衡的心态，您总是能够为别人找到时间，即使是为一些与您素不相识的人，就像我们当初与您联系的时候那样。您是如何做到这点的？您是否关注精神尺度的培养？您究竟是如何获得这种平衡感的？

对您提出的这个问题，我不希望给予一个浪漫化的回答。我如此辛勤工作的原因，是我需要及时地完成一切——例如立即回复信件，否则它们就会积少成多，变成一个巨大的负担。除非是在项目或者其他任务的创造过程中，否则我不需要考虑任何没有完成的或者延期的任务。

一直以来，我把回复来自世界各地学生们的信件或者电子邮件当做我的首要任务。我这么做的根本原因，是希望能够鼓励这些学生们，让他们知道我听到了他们的心声，我阅读了他们的电子邮件，我用充满尊重的、严肃的态度来对待这些信息。

在信件交流中，我们经常讨论自然以及它在我们各自的生活中所发挥的根本作用。您是否能够介绍一下，自然在您的生活中扮演着什么样的角色？在您的项目中，您是如何处理自然的？在您的写作中，您又是如何对待它的？

体验自然，是我获得平衡感和保持心理健康的基础。每当我感到沮丧或者因为工作而感觉劳累的时候，我就会渴望到森林中去散散步。对我来说，森林所包含的丰富的空间、形态、声音和气味，提供了一种心理按摩和疗养。森林也为人们提供了一个强烈的触觉体验，可以毫不夸张地说，森林对我们敞开了它的怀抱。我一直很喜欢野营、钓鱼和采蘑菇。能够亲自去捕捉或者采集自己的食物，然后亲手调配，会给人们带来一种格外的满足感。这种体验能够加强一个人的现实感和因果感。并且，还会提升一个人的存在感。

旅行，对您产生了怎样的影响？其他的国家、城市、景观和建筑是否会影响您的工作、思考方式和写作方式？

从20世纪50年代末开始至今，我经历过不可计数的旅程。当然，它们对我的世界观和自我认识都起到决定性的改变。虽然，我的父母曾经住在城市和半城市的环境中，在战争年代，我的童年时光却是在我爷爷的平凡的农场里度过的。因此，我的灵魂是一个农场男孩的灵魂。尽管，因为这些旅行，因为我在世界各地与无数的人的交往，这个灵魂中发生了或多或少的改变，我还是那么喜爱芬兰乡村所拥有的孤独与沉默。我总是需要回到那里，让自己的心理世界重新得到平衡，重新定位。我仍旧通过一个羞怯的农场男孩的一双眼睛，满怀天真地观察着这个充满了奇迹和疯狂的世界。

我喜欢约瑟夫·布罗茨基的观点："一个人旅行得愈多，他/她的怀旧内容就会变得愈加复杂。"

您经常引用伊塔洛·卡尔维诺的见解，他曾经在《下一个千年的六个备忘录》中，为21世纪制定了六个主题。您自己的备忘录是怎样的？

很巧，在回答这些问题的时候，我又开始复读卡尔维诺的《看不见的城市》。有一些书籍，我会周而复始地阅读。例如，约瑟夫·布罗茨基的《水印》，安东·契诃夫的短篇故事和信件，豪尔赫·路易斯·博尔热的短篇小说和散文，赖内·马利亚·里尔克所著的《马尔特·劳瑞兹·本瑞格的笔记本》的上半部。对我来说，这些书永远是新书。

在1994年，我曾经写过一篇文章，它的标题是《下一世纪的六个主题》。它建立在卡尔维诺的备忘录的基础上。我的六个主题分别为：①缓慢；②可塑性；③感性；④真实性；⑤理想化；⑥沉默。如果今天我要重新撰写这篇文章的话，我也会把其他主题纳入考虑之中，例如匿名性，普遍性，传统性，不确定性，同情和谦逊。也许，有一天我会另外撰写一篇与这六个主题相关的文章。

注：本文是针对玛泰·赞贝利和莫罗·弗拉塔在2009年6月12日提出问题的回答。后于2009年6月25日，芬兰萨马提整理，并于2012年5月31日改正和补充。

中英对照表

（一）主要人名中英对照表

A

阿贝・拉梅耐	Abbé Lamennais
阿道夫・卢斯	Adolf Loos
阿德里安・斯托克斯	Adrian Stokes
阿德里安・斯托克斯	Adrian Stokes
阿尔班・贝尔格	Alban Berg
阿尔贝托・佩雷斯–戈麦斯	Alberto Pérez-Gómez
阿尔贝托・贾科梅蒂	Alberto Giacometti
阿尔多・范・艾克	Aldo van Eyck
阿尔弗雷德・希区柯克	Alfred Hitchcock
阿尔曼	Arman
阿尔托图式	Aaltoesque
阿尔瓦・阿尔托	Alvar Aalto
阿尔瓦罗・西扎	Alvaro Siza
阿尔文・克南	Alvin Kernan
阿兰・德・波顿	Alain de Botton
阿兰・莱特曼	Alan Lightman
阿曼西奥・威廉斯	Amancio Williams
阿纳托尔・法朗士	Anatole France
阿诺德・勃克林	Arnold Böcklin
阿奇・邦克	Archie Bunker
阿瑟・C. 丹托	Arthur C. Danto

阿什利・蒙塔古	Ashley Montagu
阿特・波韦热	Arte Povera
埃德蒙德・胡塞尔	Edmund Husserl
埃里克・布里格曼	Erik Bryggman
埃里克・贡纳尔・阿斯普隆	Erik Gunnar Asplund
埃里希・门德尔松	Erich Mendelsson
埃兹拉・庞德	Ezra Pound
艾比・柯雅	Abbé Coignard
艾里克・弗洛姆	Erich Fromm
艾略特	Eliot T. S.
艾伦・伍德	Allan Wood
爱德华・霍珀	Edward Hopper
爱德华・S. 凯西	Edward S. Casey
爱德华・T. 哈尔	Edward T. Hall
爱德华・雷尔夫	Edward Relph
爱德华・威尔逊	Edward O. Wilson
爱德华多・奇利达	Eduardo Chillida
安伯托・艾柯	Umberto Eco
安布鲁瓦兹・培尔	Ambroise Paré
安德烈・塔可夫斯基	Andrey Tarkovsky (1章); Andrei Tarkovsky(9章)
安德鲁・托德	Andrew Todd
安迪・沃霍尔	Andy Warhol
安迪・戈兹沃西	Andy Goldsworthy
安东・艾伦茨威格	Anton Ehrenzweig
安东・契诃夫	Anton Chekhov
安东尼・德・圣艾修伯里	Antoine de Saint-Exupéry
安东尼奥・高迪	Antonio Gaudi
安吉利科	Angelico Fra
安塞尔姆・基弗	Anselm Kiefer
安藤忠雄	Ando Tadao
安托万・洛朗・拉瓦锡	Antoine Laurent Lavoisier
奥波尔图	Oporto
奥古斯特・罗丹	Auguste Rodin
奥利斯・布隆姆斯达特	Aulis Blomstedt
奥鲁学派	Oulu School

沃尔夫冈·莱布	Wolfgang Leib
沃尔特·翁	Walter J. Ong
沃克·埃文斯	Walker Evans
B	
巴尔蒂斯	Balthus
巴尔塔萨·克洛索斯基·罗拉	Balthasar Klossowski de Rola
巴拉德 J. G.	Ballard J. G.
巴克明斯特·富勒	Buckminster Fuller
巴克明斯特·富勒	Buckminster Fuller
柏格森	Bergson
包豪斯	Bauhaus
保罗·塞尚	Paul Cézanne
保罗·克利	Paul Klee
保罗·瓦列里	Paul Valéry
保罗·维瑞里奥	Paul Virilio
比利·钱	Billie Tsien
比约恩·诺伽	Björn Nørgaard
彼得·艾森曼	Peter Eisenman
彼得·布鲁克	Peter Brook
彼得·卒姆托	Peter Zumthor
伯纳德·贝伦森	Bernard Berenson
伯纳德·鲁多夫斯基	Bernard Rudofsky
博胡米尔·赫拉巴尔	Bohumil Hrabal
布鲁诺·陶特	Bruno Taut
C	
查尔斯·柯里亚	Charles Correa
查尔斯·穆尔	Charles Moore
查尔斯·汤姆林森	Charles Tomlinson
查尔斯 I. V.	Charles I. V.
D	
大卫·哈维	David Harvey
大卫·卡普兰	David Kaplan
戴维·迈克尔·莱文	David Michael Levin
丹·霍夫曼	Dan Hoffman
丹尼尔·贝尔	Daniel Bell

赫伯特・里德	Herbert Read
赫伯特・马尔库塞	Herbert Marcuse
赫尔曼・芬斯特林	Hermann Finsterlin
赫尔曼・闵可夫斯基	Hermann Minkowski
赫尔曼・施密茨	Herman Schmitz
亨里克・莫斯基	Henryk Skolimowski
亨利・柏格森	Henry Bergson
亨利・摩尔	Henry Moore
亨利・庞加莱	Henri Poincaré
华莱士・史蒂文斯	Wallace Stevens
霍华德・加德纳	Howard Gardner
霍拉提奥・格林诺夫	Horatio Greenough
I	
J	
基尔莫・米科拉	Kirmo Mikkola
季米特里斯・皮吉奥尼斯	Dimitris Pikionis
加布里埃莱・德邓南遮	Gabriele d’Annunzio
加斯东・巴什拉	Gaston Bachelard
杰弗里・巴瓦	Geoffrey Bawa
杰克逊・波洛克	Jackson Pollock
吉恩・吉耐特	Jean Genet
捷尔吉・都可兹	György Doczi
居伊・德波	Guy Debord
K	
卡尔・冯・弗里施	Karl von Frisch
卡尔・拉尔森	Carl Larsson
卡尔・荣格	Carl Jung
卡尔・冯・林耐	Carl von Linné
卡罗・斯卡帕	Carlo Scarpa
卡斯滕・哈里斯	Karsten Harries
开普勒	Kepler
康迪利斯	Candilis
康定斯基	Kandinsky
康斯坦丁・布朗库西	Constantin Brancusi
考尼埃宁	Kauniainen

科尔布	Corbu
科林・圣约翰・威尔逊	Colin St. John Wilson
科内利乌斯・卡斯托里亚迪斯	Cornelius Castoriadis
科斯特・阿兰德	Kyösti Ålander
克尔凯郭尔	Kirkegaard
克久拉霍	Khajuraho
克拉斯・奥尔登堡	Claes Oldenburg
克莱门特・格林伯格	Clement Greenberg
克劳德・莫奈	Claude Monet
克里斯蒂安・古力克森	Kristian Gullichsen
克里斯托	Christo
克里斯托弗・雷恩	Christopher Wren
库斯勒	Kostler
L	
拉・图雷特修道院	La Tourette Convent
拉尔斯・冯・特里尔	Lars von Trier
拉马克	Lamarck
拉普拉塔	La Plata
拉塞尔・康纳	Russel Connor
拉斯・史文德森	Lars Svendsen
莱昂・克里尔	Leon Krier
莱昂・巴蒂斯塔・阿尔贝蒂	Leon Battista Alberti
赖内・马利亚・里尔克	Rainer Maria Rilke
劳埃德	Lloyd
劳伦斯・哈普林	Lawrence Halprin
勒・柯布西耶	Le Corbusier
里克・乔伊	Rick Joy
理查德・普林斯	Richard Prince
理查德・巴克明斯特・富勒	Richard Buckminster Fuller
理查德・朗	Richard Long
理查德・罗杰斯	Richard Rogers
理查德・迈耶	Richard Meier
理查德・塞拉	Richard Serra
列昂尼多夫	Leonidov
列奥纳多・达・芬奇	Leonardo da Vinci

刘易斯·芒福德	Lewis Mumford
路德维希·维特根斯坦	Ludwig Wittgenstein
路易斯·康	Louis Kahn
路易斯·巴拉甘	Luis Barragán
吕西安·费弗尔	Lucien Febvre
伦佐·皮亚诺	Renzo Piano
罗伯特·波格·哈里森	Robert Pogue Harrison
罗伯特·斯特恩	Robert A•M• Stern
罗伯特·劳森伯格	Robert Rauschenberg
罗伯特·史密森	Robert Smithson
罗伯特·文丘里	Robert Venturi
罗伯托·瓦卡	Roberto Vacca
罗兰·巴特	Roland Barthes
罗莎琳德·克劳斯	Rosalind Krauss
尼尔斯·乌都	Nils-Udo
M	
马丁·海德格尔	Martin Heidegger
马尔科姆·莫利	Malcolm Morley
马尔特·劳瑞兹·本瑞格	Malte Laurids Brigge
马克·罗斯科	Mark Rothko
马克·约翰逊	Mark Johnson
马克斯·皮卡德	Max Picard
马里内蒂 F. T.	Marinetti F. T.
马塞尔·普鲁斯特	Marcel Proust
迈克尔·格雷夫斯	Michael Graves
迈克尔·汉塞尔	Michael Hansell
麦克·比德洛	Mike Bidlo
梅芮迪斯·莫克	Meredith Monk
米达多·罗索	Medardo Rosso
米开朗基罗	Michelangelo
米开朗基罗·安东尼奥尼	Michelangelo Antonioni
米歇尔·塞雷斯	Michel Serres
密斯·凡·德罗	Mies van der Rohe
摩西	Moses
莫里斯·梅洛－庞蒂	Maurice Merleau-Ponty

N	
南希・霍尔特	Nancy Holt
诺埃尔・阿尔诺	Nöel Arnaud
诺德・埃根特	Nold Egenter
诺曼・梅勒	Norman Mailer
诺曼・福斯特	Norman Foster
O	
奥菲斯	Orpheus
欧几里得	Euclidian
P	
帕特里夏・派特考	Patricia and John Patkau
派克斯・奥古斯塔	Pax Augusta
潘悌・林可拉	Pentti Linkola
蓬・科科贝	Per Kirkeby
皮埃尔・布列兹	Pierre Boulez
普鲁斯特	Proust
Q	
乔恩・R. 斯奈德	Jon R. Snyder
乔托	Giotto
乔伊斯	Joyce
乔治・路易斯・莫兰迪	Jorge Luis Borges
R	
让・鲍德里亚	Jean Baudrillard
让・保罗・萨特	Jean-Paul Sartre
让・雷诺阿	Jean Renoir
让・塔迪厄	Jean Tardieu
让・维果	Jean Vigo
让纳莱	Jeanneret
瑞玛・比尔蒂拉	Reima Pietilä
若西克	Josic
S	
萨尔曼・拉什迪	Salman Rushdie
萨伏伊别墅	Villa Savoye
塞尚	Cézanne
沙任玛	Saarenmaa

珊达・伊利埃斯库	Sanda Iliescu
尚・热内	Jean Genet
圣阿德尔伯特	St. Adalbert
圣阿尔瓦	St. Alvar
圣科尔布	St. Corbu
圣斯蒂凡努斯	St. Stefanus
圣索非亚	St. Sofia
圣维塔利斯	St. Vitalisis
圣伊欧巴努斯	St. Eobanus
史丹利・泰戈曼	Stanley Tigerman
史蒂芬・霍尔	Steven Holl
史蒂芬・杰伊・古尔德	Stephen Jay Gould
史蒂文・霍尔	Steven Holl
斯德哥尔摩	Stockholm
斯蒂芬・霍金	Stephen Hawking
斯坦纳	Steinerian
斯维尔・费恩	Sverre Fehn
苏格拉底	Socrates
苏珊・桑塔格	Susan Sontag
T	
唐・德里罗	Don DeLillo
唐纳德・B. 卡斯比特	Donald B. Kuspit
特纳 J. M. W.	Turner J. M. W.
托德・威廉姆斯	Tod Williams
托洛茨基	Trotsky
托马斯・劳森	Thomas Lawson
托马斯・曼	Thomas Mann
U	
V	
W	
瓦萨里	Giorgio Vasari
威廉・柯蒂斯	William Curtis
威廉・福克纳	William Faulkner
威廉・詹姆斯	William James
隈研吾	Kengo Kuma

维克托・冯・维兹萨克	Viktor von Weizsäcker
维罗纳	Veronese
维米尔	Vermeer
维斯宁	Vesnin
维特鲁威・波利奥	Vitruvius Pollio
文森特・P. 皮科拉	Vincent P. Pecora
沃尔夫冈・阿玛多伊斯・莫扎特	Wolfgang Amadeus Mozart
沃尔特・德・玛丽亚	Walter de Maria
沃尔特・惠特曼	Walt Whitman
沃克・埃文斯	Walker Evans
伍兹	Woods
X	
西格尔德・勒维润兹	Sigurd Lewerentz
西格蒙德・弗洛伊德	Sigmund Freud
西里尔・康诺利	Cyril Connolly
希格弗莱德・吉迪恩	Siegfried Giedion
谢莉・莱文	Sherrie Levine
Y	
雅克・阿达玛	Jacques Hadamar
雅克・莱恩	Jarkko Laine
雅尼斯・库奈里斯	Jannis Kounellis
亚里士多德	Aristotle
亚瑟・扎乔克	Arthur Zajonc
伊恩・麦格奎斯特	Iain McGilchrist
伊戈尔・斯特拉文斯基	Igor Stravinsky
伊莱因・斯卡里	Elaine Scarry
伊姆雷・马克维兹	Imre Makovecz
伊塔罗・卡尔维诺	Italo Calvino
因格纳斯・索拉-莫拉莱斯	Ignasi de Solà-Morales
尤尔根・哈贝马斯	Jürgen Habermas
尤哈・莱维斯卡	Juha Leiviskä
尤哈那	Juhana
尤纳・弗里德曼	Yona Friedman
约哈那・布隆姆斯达特	Juhana Blomstedt
约翰・杜威	John Dewey

约翰・拉斯金	John Ruskin
约翰・派特考	John Patkau
约翰・索恩	John Soane
约瑟夫・博伊斯	Josef Beuys
约瑟夫・布罗茨基	Joseph Brodsky
约瑟夫・康奈尔	Joseph Cornell
Z	
詹尼・瓦蒂莫	Gianni Vattimo

（二）主要书报名中英对照表

A	
爱的建筑：对伦理和美学的建筑向往	Built Upon Love: Architectural Longing After Ethics and Aesthetics
爱因斯坦的梦	Einstein´s Dreams
奥赛罗	Othello
B	
北极光	Northern Light
毕加索	Picassos
玻璃玫瑰	Homo Faber
C	
草原	The Steppe
超现实旅行	Travels in Hyper-Reality
传统和个人才能	Tradition and the Individual Talent
从1900年开始的现代建筑	Modern Architecture since 1900
从家门口到客厅	From the doorstep to the living room
大使	The Ambassadors
代尔夫特的风景	View of Delft
D	
单向度的人	One Dimensional Man
德国的艺术和装饰	Deutsche Kunst und Dekoration

动物建筑	Animal Architecture
对模糊的赞美：漫长的感知和含糊的思想	In Praise of Vagueness: Diffuse Perception and Uncertain Thought
E	
F	
芬兰建筑评论	The Finnish Architectural Review (that is Arkkitehti)
芬尼根的苏醒	Finnegan's Wake
G	
功能的虚构	The Fiction of Function
功能主义：乌托邦或者前进之路?	Functionalism: Utopia or the Way Forward?
贡布雷	Combray
关于否定的哲学：一种新的科学思维的哲学	The Philosophy of No: A Philosophy of the New Scientific Mind
关于摄影	On Photography
关于时间终结的对话	Conversations About the End of Time
鲑鱼和山泉	The Trout and the Mountain Stream
果壳中的宇宙	The Universe in a Nutshell
H	
后现代主义的状态	The Condition of Postmodernity
后现代主义或者晚期资本主义的文化逻辑	Postmodernism, or the Cultural Logic of Late Capitalism
I	
J	
基督在葡萄园	Christ in the Vineyard
记忆：一种现象学研究	Memorizing: A Phenomenological Study
建筑的自主性	The Autonomy of Architecture
建筑十书	Libri Decem (The Ten Books on Architecture
建筑学的功能和表现	Function and Expression in Architecture
建筑学和现代科学的危机	Architecture and the Crisis of Modern Science
经济学人	The Economist
静默的世界	The World of Silence
k	
看不见的城市	Invisible Cities
科学通讯	Science News
空间，时间和建筑	Space, Time and Architecture
空间的诗学	The Poetics of Space

L	
历史的结束	The End of History
了解建筑：作为体验的建筑	Understanding Architecture: Architecture as Experience
列宁格勒真理报	Leningradskaya Pravda
聆听的眼睛	The Listening Eye
M	
马尔特·劳瑞兹·本瑞格的笔记本	The Notebooks of Malte Laurids Brigge
没有建筑师的建筑	Architecture Without Architects
魔山	The Magic Mountain
莫兰迪	Morandis
N	
O	
P	
普力菲罗或者再访黑森林：建筑的色情顿悟	Polyphilo or The Dark Forest Revisited: An Erotic Epiphany of Architecture
Q	
奇观的社会	Society of the Spectacle
R	
弱质的建筑	Weak Architecture
S	
身体的意义：人类认识的美学	The Meaning of the Body: Aesthetics of Human Understanding
诗学的遐想	The Poetics of Reverie
什么是经典	What is a Classic
书之梦	Dreaming by the Book
死亡之岛	Island of Death
四首诗集	Fourth Quartet
T	
U	
V	
W	
文学的死亡	The Death of Literature
我的生活和我的电影	My Life and My Films
沃采克	Wozzeck
无聊的哲学	The Philosophy of Boredom

X	
夏夜之梦	Dreams of the Summer Night
现代梦想	Modern Dreams
现代性的终结	The End of Modernity
限制的力量	The Power of Limits
小房子	La Petite MAISON
小吉丁	Little Gidding
小说的艺术	The Art of the Novel
新罗马	Le nouvel roman
幸福的建筑	The Architecture of Happiness
寻爱绮梦	Hypnerotomachia Poliphili
艺术家的工作室	The Artist's Studio
艺术作品的起源	The Origin of the Work of Art
意大利最杰出的画家、雕塑家和建筑师的生活史	Lives of the most Eminent Italian Painters, Sculptors and Architects
音乐的诗意	The Poetics of Music
用怀旧来抵抗	Nostalgia as Resistance
尤帕里内奥，或者建筑师	Eupalinos, or the Architect
Y	
月球上的一把火	A Fire on the Moon
阅读ABC	ABC of Reading
Z	
在狂欢后你要干什么	What are you doing after the orgy?
主人和他的使者：大脑的区分和西方世界的形成	The Master and his Emissary: The Divided Brain and the Making of the Western World
撞车	Crash
追忆逝水年华	In Search of Lost Time
资本主义晚期	Late Capitalism:
市场资本主义和跨国资本	Market Capitalism and Multinational Capital
钻石灰尘鞋	Diamond Dust Shoes
作品全集	Oeuvre compléte

（三）其他主要名词中英对照表

中文	English
A	
阿尔伯蒂主义	Albertian
阿基格拉姆集团	Archigram Group
爱沙尼亚岛	Estonian island
B	
百水	Friedensreich Hundertwasser
玻璃之家	Maison de Verre
布里洛盒	BRILLO BOX
布利昂维加礼拜堂	Brion-Vega Chapel
C	
D	
道格拉斯住宅	Douglas House
得克萨斯州	Texas
第陂里学生会总部	Dipoli Student Union
E	
F	
费城	Philadelphia
G	
甘博住宅	Gamble House
古登堡	Gutenberg
国际现代建筑协会 CIAM	International Congresses of Modern Architecture, CIAM, (原文为法文：Congrès International d' Architecture Moderne)
H	
I	
J	
加州大学旧行政官邸大楼	Procuratie Vecchie
K	
卡纳克神庙	Karnak Temple

快乐之家	The House of Pleasure
匡溪艺术学院	Cranbook Academy of Art
L	
拉金大厦	Larkin Building
拉斯科洞穴	Lascaux Cave
拉斯维加斯大道	The Strip
蓝天组	Coop Himmelb(l)au
里昂的笛沙格	Desargues of Lyon
联合国教科文组织	UNESCO
流水别墅	Fallingwater
罗比住宅	Robie House
罗斯科礼拜堂	Rothko Chapel
洛杉矶	Los Angeles
M	
玛利亚别墅	Villa Mairea
美蒂奇礼拜堂	Medici Chapel
孟加拉	Bangladesh
米洛的维纳斯 (著名古希腊大理石雕刻像)	Venus of Milo
模式理念	The Idea as Model
莫卧儿朝代	Moghul
N	
O	
P	
帕米奥疗养院	Paimio Sanatorium
蓬皮杜中心	Pompidou Center
普林斯顿大学	Princeton University
Q	
R	
S	
撒日马小岛屿	Saarenmaa
萨克教派	The Shakers
史密斯森协会(联合国博物馆)	Smithsonian Institution (United States National Museum)
史塔博画廊	Stable Gallery

译后记

在这个日新月异、不断变更的时代，我们迈着匆忙的脚步，穿梭在一座座由钢筋水泥建构而成的摩天大厦之中。这个时代既让我们感到热血沸腾、无比振奋，又时时让我们陷入迷惑和彷徨的低谷。在建筑领域，仍然有那么多的疑问等待我们去探索，去解答：建筑的目的是什么？建筑师的使命是什么？在建筑设计中，我们是否应该抛弃传统而追求标新立异？建筑作品是用来宣扬建筑师的个性与风格的广告，还是用来维护与强化当地整体建筑体的风格？究竟什么样的建筑艺术最终能够通过历史长河的淘汰考验而被留下，是那种媚俗的建筑，还是那种静默地承担起社会责任的建筑？建筑设计的重点是什么，是给我们带来强悍的视觉冲击，还是多重感官的体验？

在芬兰建筑大师帕拉斯玛先生的这本以论文格式汇编的著作中，他对这些主题都进行了探讨和研究，他以渊博的知识和珍贵的亲身体验，为我们提出新的思考维度；他以谦虚的态度和令人信服的引证，牵引我们碰撞建筑，共同畅游在建筑、哲学、艺术和文化的海洋中。

在一个物质生活富足的社会中，我们需要的不是更多，而是更好的建筑作品。可悲的是，建筑已经逐渐转化为纯粹的时尚和视觉娱乐，建筑师通过玩弄形式，创造出各种令人眼花缭乱的作品，然而，这些一味追求新奇的建筑却往往令我们望而却步，敬而远之，它们对世界持有一种傲慢和疏远的态度。这种类型的建筑物无法让我们产生回家的亲切感，无法引发出与个体自身紧密相连的回忆和联想，无法产生心灵的共鸣和认可。那些信奉借助新奇来吸引人们视线的一些建筑师，把所有涉及传统的思想和见解都烙上守旧主义的印记，其实，没有昨天哪有今日，我们是具有历史感的人，文化传统为我们提供了一个坚固的立足点，一个共享的基础，一种扎根的感觉。例如，该书中提及的2012年普利兹克建筑奖的得主——中国的王澍先生，在他的那些充满现代气息的建筑作品中，人们却能够感受到中国传统的深厚魅力。

我希望能够借此机会向东南大学出版社的徐步政编辑和孙惠玉编辑致谢，非常感谢他们对我的信任与支持。在翻译过程中，我也曾多次向帕拉斯玛先生请教论文中的一些细节，也在此深切感谢他的详细解释。古有“一字之师”的说法，那么，为我的翻译全文进行校审的方海教授，就更是我的恩师了。因为该书中的大多数论文不仅仅是严谨的学术专题，而且还包罗了哲学、历史、艺术、音乐甚至动物学的知识与内容，从翻译的角度来说是具有一定难度的。方海教授工作繁重，却仍然在百忙之中，甚至利用难得的中国春节假期等时间对所有译文进行极其详细认真的审阅和修改，让我受益匪浅，不仅见识到高超的翻译技巧，更学习到大量辅助性的相关知识。最后，我还要感谢我的先生梁亭远(Uwe Jordan)在此书翻译过程中的大力支持。

读书，是一件个人的事情，却能够让我们不再感觉孤独。就如同一个安详的建筑空间，能够让我们体验到独居的快乐，而不是寂寞感。优秀的建筑会成为我们心灵的摇篮，我真诚希望这本书能够给您带来思想上的启迪和阅读的快感，欢迎您提供任何宝贵的批评和建议！

美霞・乔丹
2013年4月于德国

后记：帕拉斯玛断想

方海

在当今建筑界能被称之为建筑“百科全书”的人并不多，芬兰建筑大师帕拉斯玛就是其中一位。现年77岁的帕拉斯玛在建筑、设计、艺术、科学和技术等诸多方面的论述以及所取得的设计和艺术成就令人叹为观止，我心中时常惊奇：一个人何以能在如此多的领域都有所建树或有所贡献?

跨界创意已成为当今建筑和设计领域的必然现象。从达·芬奇到富勒，从牛顿到爱因斯坦，历代顶级的创意大师都是从科学、艺术和技术的交互研究中获取关键性灵感，帕拉斯玛的成就显然也是这一学术传统的延续。

帕拉斯玛是一位典型的芬兰建筑师，也是一位非常谦逊的学者。 多年担任普利兹克建筑奖评委的帕拉斯玛，与当今建筑界几乎所有著名的建筑师都很熟悉。我曾问他这个问题：一个人如何能在有限的生命中最大限度地获得自己感兴趣的知识? 帕拉斯玛告诉我：交朋友是最有效的手段。这时我想起，帕拉斯玛每次将他新出版的著作送给我时，都会在扉页上写道：心怀感激和友谊送给我亲爱的朋友。

孔子曰，独学而无友，则孤陋而寡闻。帕拉斯玛真正深谙其中三昧。

自称为“乡间男孩”且无家庭学术背景的帕拉斯玛如何成长为当今建筑界举足轻重的教父级人物，这一点时常让我内心深处发出感叹和疑问。这其中固然有因芬兰的功能主义设计传统自然而然地形成因素，有帕拉斯玛的老师包括阿尔托、威卡拉、布隆姆斯达特这一批世界级的设计导师的教诲和影响，然而这并非全部，帕拉斯玛会用他自己直截了当的方式开始建构并完善自己的朋友圈和学术圈，他会以研究的兴趣和求知的欲望为缘由和动力寻求学术的知音。

前不久，著名建筑师李贝斯金在其新出版的论文集的扉页列出他所敬佩的一批当代设计导师，其中包括帕拉斯玛，并饶有兴趣地回忆起他与帕拉斯玛的相识。“二十年前我在柏林设计犹太博物馆时，有一天有人来到我的办公室开门见山地自我介绍说，我是芬兰建筑师帕拉斯玛，现正研究建筑现象学和建筑行为心理学，我认为你的设计理念和实践与我的研究有关，因此特来拜访并希望与你深入交流。我们后来成为最好的朋友，帕拉斯玛的建筑理论对我的设计产生了巨大的影响。”

专注而高效，本已注定成功，再加上业内圈外的绝好口碑，帕拉斯玛的业绩水到渠成。

对芬兰和世界当代建筑界有重要影响力的帕拉斯玛，除了常年在欧洲和美国担任建筑学教授和开业建筑师之外还担任过大量社会公职和学术机构领导职务。20世纪70年代中叶年仅四十岁的帕拉斯玛被任命为赫尔辛基设计学院的院长，20世纪80年代帕拉斯玛担任过芬兰国家建筑博物馆馆长，同时兼任赫尔辛基理工大学建筑学院院长。在过去五十年的设计生涯中，帕拉斯玛创作了一系列影响深远的建筑与工业设计杰作，获得国内外大量建筑奖项，然而令人惊奇的是，与此同时帕拉斯玛还以30余种语言在世界各地出版过40余部著作和作品集，发表过500余篇文章。此外，帕拉斯玛在三十年的教学生涯中，系统开设建筑初步研究和公共建筑设计课程，同时在欧州、美国、日本数十所大学进行长期或短期讲学，以及世界各地学术会议上的发言和研讨。

这些令人难以想象的巨大的多领域学术成果是如何取得的？帕拉斯玛告诉我：阶段性的专注是最有效的方法，而艺术的修炼是创意的最重要源泉之一。参观过芬兰萨米博物馆的人都会对帕拉斯玛设计中的细腻与精美难以忘怀，它们只能是专注设计的结果。再看看帕拉斯玛数十本速写本，集艺术的天分和简洁的笔法于一体，尤其对色彩的运用与分析展示出他的导师布隆姆斯达特的系统影响，同时也倾注了他对毕加索、克利和康定斯基等艺术大师的热情，但最重要的还是他半个多世纪不间断创作的勤奋精神。我立刻想起爱迪生的名言：成功是百分之一的天才加百分之九十九的勤奋。

帕拉斯玛的建筑、设计和艺术作品，绝非仅仅是其理论或观念的注释与说明，更多的则是其设计思想和理论建构的延展和深入。对帕拉斯玛而言，设计、写作、管理与各领域国际交流，都是其创意活动的组成部分，它们互为佐证，交相延续，不断构建起帕拉斯玛专业生涯中一个又一个学术研究的兴趣点。

帕拉斯玛是如何取得这些影响深远而广泛的学术成就的？这是我非常关心也时常在思考的问题，并为此与帕拉斯玛有过多次深入而细致的交流。我当年的北欧求学虽然重点研究西方现代的建筑、家具和工业设计，但作为辅助研究对中国古代家具的发展曾进行过系统的梳理，那段时间与帕拉斯玛的交流中发现他对中国古代家具以功能主义的方式一步一步循序渐进的演化历程抱有浓厚的兴趣，现在想来帕拉斯玛从一个“乡间男孩”成长为国际建筑大师的历程实际上也是某种意义上“人文功能主义”的演化。在此我想起另外一位芬兰设计大师约里奥·库卡波罗，自20世纪60年代就名扬世界的库卡波罗曾被记者多次问及成功的秘诀，库卡波罗的回答因其朴实而让我永远难忘：所谓的成功实际上就是每天踏实的工作。在此我猛然感到帕拉斯玛和库卡波罗对中国建筑师和设计师而言具有更加重大的意义。改革开放中的中国在快速经济增长中狂喜，从而轻易将一切纳入速成的轨道，包括学术思考的速成、设计的速成、研究的速成，直至文化建构的速成。

健忘的中国文化精英们时常忘却流传数千年的中华古训：欲速则不达。

在当今的信息时代，建筑界有太多的大牌明星令我们眼花缭乱、不知所措，盖里、哈迪德、霍尔、库哈斯、蓝天祖、李贝斯金、福斯特、努维尔等各类建筑大师早已在中国各显神通，其耀眼的光辉给我们带来大幅度的表面光鲜之余也不可避免地干扰和左右着中国建筑师的理性思维，使他们大多成为追随时尚的建筑设计快枪手和随波逐流的学术研究生产者。而中国快速发展的现实则深切地呼唤思考型的建筑师，中国需要建筑师当中的思想家。帕拉斯玛的专业生涯和学术成就应该引起中国建筑师的深思。

当今世界跨界设计已成为主流甚至是时尚，而帕拉斯玛早在五十年前就已是欧洲跨界设计的明星，在他看来，建筑、艺术、设计与科技之间并无界限，它们都是从不同的角度和不同的视野来体会和研究大自然。帕拉斯玛告诉我，他对艺术与设计一体化的理解来自他童年时代在爷爷农场中的成长经历。当今的芬兰是高科技的典范，社会生产分工的发达和严密使人们很难看出仅仅半个世纪以前手工艺时代的痕迹，然而在帕拉斯玛的成长年代他的长辈和亲人都是在建筑、科技、手工技艺之间纵横驰骋的优秀艺人。帕拉斯玛最尊敬的父辈导师，芬兰著名设计大师威卡拉对所有传统手工技艺情有独钟，并亲手为其设计制作所有的模型，从而以此坚信设计师与大自然的最直接和天然的联系。威卡拉在建筑、室内、展览、工业设计、绘画、雕塑和其他艺术创作尤其是玻璃和陶瓷创作中的多方面的巨大成就，为帕拉斯玛留下了深刻的印象，更为帕拉斯玛的好奇心和求知欲打开了一扇大门。除威卡拉之外，帕拉斯玛有幸与一大批代表芬兰当代设计最高成就的设计大师们相交甚密或同台竞技：凯佛兰克，塔佩瓦拉，萨帕涅瓦，诺米斯涅米，库卡波罗和阿尼奥等。

在帕拉斯玛大学读书时代，芬兰建筑已形成以阿尔托和布隆姆斯达特为核心的两极，强调个性化、艺术化思维的阿尔托与强调理性化、标准化的布隆姆斯达特成为对芬兰建筑界影响深远的精神导师。当时还很年轻的帕拉斯玛幸运地加入到那场划时代的建筑论战中，并以其独立的思考能力获得布隆姆斯达特的赞赏、支持和提携。布隆姆斯达特成为帕拉斯玛专业生涯中第二位影响深远的导师。与阿尔托相比，布隆姆斯达特缺少巨大的国际声誉，然而对芬兰乃至北欧建筑师群体而言，布隆姆斯达特的专业影响力超过阿尔托，从某种意义上讲布隆姆斯达特的超强的理论研究能力、一丝不苟的专业实践精神、强有力的产学研建筑教学系统，以及对色彩、比例与和谐理论的深入研究为芬兰建筑师树立了榜样。对帕拉斯玛而言，布隆姆斯达特的理论与实践意味着更多的社会责任，而阿尔托的天才则是可遇而不可求，因此，他所提倡的艺术化和个性化的设计思维不可避免地失去了普遍性。

帕拉斯玛在最近的谈话中经常提到，随着年龄的增长他竟然发现越来越多的兴趣点，也对前辈大师们的理论和实践有了更多的体会和批评，与此同时，时代的变化、环境的变化、人类社会的变化都在催生新的理论和思维方式，从而解决人类遇到的新问题。

在60年代率先在芬兰打破阿尔托偶像崇拜的帕拉斯玛实际上也是对阿尔托研究的最为全面和深

入的学者，阿尔托的真正伟大之处在于其实践和理论观点的前瞻性、普遍性和持久性，尤其在当今全球环境污染、气候恶化的前提下，阿尔托所提出的地域主义的生态设计理念恰恰是当今全球建筑与设计思想的主流。阿尔托反复强调：建筑师的责任就是为普通人创造天堂，这更是当今北欧人文功能主义设计理念的最直接渊源。对阿尔托作品的深入研究和体验使帕拉斯玛开始系统思考建筑的现象学、空间感觉的几何学、功能主义的生态学以及存在主义的体验、场所的记忆等建筑的存在主义使命等诸方面的内容，与此同时帕拉斯玛对动物建筑的研究使他对人类的感知能力和建筑的局限性有了更加深刻的体验。

对于各个时期所接触的工作和相应压力，帕拉斯玛都把他们看成是一种获得朋友和知识的机遇，对于年纪尚轻时担任设计学院院长时所留下的某些遗憾，帕拉斯玛坦然视之为一种必然的人生经历。更重要的是帕拉斯玛在这一时期认识到工业设计和艺术创作对建筑学的发展所具备的存在意义并进而形成自己对跨界创意的全方位理解和实践。在我主编的《感官性极少主义》一书中，帕拉斯玛的创作不仅包括建筑工程和城市修复工程，而且包括产品设计、墓碑设计、美术设计、展示设计以及绘画和摄影等艺术作品。在美国的彼得·麦肯锡教授主编的《碰撞2》中帕拉斯玛的写作虽然越来越追求生命与诗意的内涵，但落在实处仍是对建筑、艺术和跨界创意的本质的探讨，其中包括建筑的本质、艺术家的素描、建筑的存在意义、建筑师的创作、跨界创意与边界的含义、建筑与艺术等话题。有人问帕拉斯玛如何在有限的时间内做如此多的研究，回答是兴趣不仅是最好的老师，而且也是合理安排时间的推动器，同时也能将压力与困难转化为动力。

美国著名建筑学家弗兰普敦教授在2000年的一次讲演中，将芬兰、法国、西班牙和日本列为20世纪建筑成就最高的国家。芬兰的建筑和设计成就以及相应的高端科技的迅猛发展不仅使芬兰成为全球科技竞争力最高的国家之一，而且使之成为全球最适合人类居住的国家。刚刚公布（2013年6月30日）的全球最安全国家排名，芬兰再次蝉联榜首。由此，芬兰和北欧几国早已成为某种意义上“人间天堂”的代名词。 这些成绩的取得，固然有赖于政治、经济、文化等多方面的因素，但设计立国所带来的丰硕成果同样举足轻重。

如此成就的取得首先是芬兰建筑师和设计师群体努力工作的结果，然而要真正在全球领导设计潮流就必须有作为思想家的建筑大师们来开拓指引并树立榜样。一百多年前当现代建筑开始成形之时，芬兰老一代建筑大师老沙里宁即已成为欧洲现代设计的先驱人物，并随后成为美国现代建筑与设计的领军人物。而作为现代建筑经典大师的阿尔托尽管在世界各地留有作品，但主要是其在芬兰的创作形成其设计思想的主题，并进而对全球产生深远的影响。老沙里宁是公认的第一代现代建筑理论家，其理论著作至今仍然是全球建筑界的最重要参考书之一。阿尔托尽管以建筑创作作为其工作的核心并因其某一阶段对建筑理论的攻击被误以为缺少理论系统，但实际上阿尔托近六十年的专业生涯中所发表的文章、讲座和会谈早已形成了庞大而系统的现代建筑理论体系，并成为北欧人文功能主义理念的核心。

与阿尔托在学术争鸣中时常针锋相对的布隆姆斯达特除了对建筑理论和建筑产学研教育系统的基本研究和长期实践外，其对比例与和谐系统和色彩系统的研究深受业内珍视，并因此与柯布西耶并列为20世纪对和谐理论研究的集大成者。同时，布隆姆斯达特与阿尔托的长期而活跃的学术争论为芬兰学术界增添了极大的活力，打开了芬兰和欧洲青年建筑师的眼界。紧随其后的另一位特立独行的芬兰建筑大师比尔蒂拉更是以“写建筑”而闻名于世，比尔蒂拉的理论研究与设计实践交叉进行，以实践检验理论，也以实践丰富理论，更以实践挑战理论。同路易斯康一样，比尔蒂拉以理论研究入手展开设计创作，而随后的莱维斯加则从古典音乐和欧洲巴洛克建筑中获取灵感，以光与影的交响乐章般的交织创作出充满诗意的现代空间。

榜样的力量是无穷的，而百家争鸣的榜样，更为人们提供多极多向度的启示。

芬兰当代著名建筑师艾沙·毕罗宁在长期的建筑实践中锲而不舍的收集各类有关建筑和设计的言论，几年前用芬兰和英语出版了《论建筑》一书，这本书的出版反映了芬兰建筑师注重思考、善于总结的个性。该书近日将出版增订后的中文版，毕罗宁希望该书能成为当代建筑师尤其是中国建筑师对当代社会和建筑的思考的参考或起点。作为开业建筑师的毕罗宁所主编的《论建筑》是芬兰当代建筑师重视理论，勤于总结的一个样板，而帕拉斯玛凭其在世界各地的教学、讲演、写作和设计实践，已成为当代建筑师中在实践和理论两方面都取得突出成就的一代宗师。作为建筑大师的魅力绝非对形式的追求，而是对人类社会的深切关注，对人类命运的全面思考，和对自然环境的生态规划。正如帕拉斯玛所强调的：人类是渺小的，资源是有限的，而社会的发展并非总是合理的，建筑师应承担起为人类创造家园的任务，这一任务不仅包括物质的家园，更包括人类的精神家园。

没有人能够否认中国建筑的巨大进步和飞跃发展，但中国人尤其是我们中国建筑师更不能否认我们的理性思维和设计水准与欧美日同仁的差异。再快的舶来速度永远赶不上深刻的思想和设计创意的步伐。我们曾经是发明的国度，曾经对人类的进步做出杰出的贡献。然而，曾几何时，中国艺术、设计和工艺逐渐陷入“以仿，临，摩为主”的“创意怪圈”。近两百年的中国，我们始终在追随西方欧、美、日的各类时尚，时至今日，“山寨”仍是中国建筑与设计领域的主旋律。我们在痛苦中摸索合理的体制时，西方在寻求科技与文化上的创意；我们开始接受国际式功能主义时，西方则进入后现代思维；我们捡起后现代的余韵进行盲目复古时，西方已进入设计理念和手法的多元化时代；我们借着改革开放的东风满怀热情地吸收、消化并运用来自各位大师的设计形式和手法时，以帕拉斯玛为代表的西方建筑师们早已开始思考建筑与空间的深层意义，人与自然的生态关系，以人为本的全方位设计理念，以及信息时代新美学的含义。

没有独立思想的后盾，没有深度全面的思考，我们只能追随，只能拾人牙慧。

在当代中国，我们有全球最大的建设工地，我们有几乎全球所有代表性建筑大师的作品落户中国，我们的视觉文化得到了极大的丰富。然而，正如帕拉斯玛所担忧的，铺天盖地的视觉城市拼图使人们离形式更近，却离家园越来越远。我们一味满足着我们的视觉奢欲，却渐渐失去听觉、嗅觉、触觉，以及身心的全方位体验。我们大量的建筑只有表面的光鲜，没有合理的功能；我们的院士和大师们为建筑的外观形式呕心沥血，却对室内空间的创造无能为力；我们的大量在国内外获奖的建筑作品，在完成了景观和氛围创造的同时，也时常为使用者提供了破碎而不健康的日用空间和场所；我们的大量的城市形象工程，时常斥巨资装点门面，却以最经济的方式购进有毒、有害并每天对使用者人身安全影响极大的家具、灯具和日用工业设计产品；我们的视觉、味觉、听觉和触觉正在相互脱离着……

中国的改革开放带来了中国的"大跃进"式的建设与开发，借助来自各国的建筑大师们的力量，中国许多城市已呈现令人耳目一新的现代化面貌。然而由于中国建筑师自身的先天不足，不仅使中国的发展出现严重的不平衡，而且在高度发达的领域和地区也存在巨大的隐患。中国建筑师不仅要向以帕拉斯玛为代表的西方现代建筑大师学习他们的敬业精神和专业素养；学习他们的创意理念和建筑、室内、家具的一体化设计手法，更应该深入思考和学习他们对建筑的理论研究的重视和追求。一个国家的建筑发展需要实践者，更需要思想家。我们需要深刻的思想家来系统思考我们的环境、我们的地球和作为一个系统的生存空间。

借用一句名言：思想有多深，人类就能走多远。